생물의 이름에는 이야기가 있다

# 생물의 이름에는 이야기가 있다

1판 1쇄 인쇄 2021. 8. 11.
1판 1쇄 발행 2021. 8. 23.

지은이 스티븐 허드
옮긴이 조은영

발행인 고세규
편집 이승환 | 디자인 윤석진 | 마케팅 박인지 | 홍보 박은경
발행처 김영사

등록 1979년 5월 17일(제406-2003-036호)
주소 경기도 파주시 문발로 197(문발동) 우편번호 10881
전화 마케팅부 031)955-3100, 편집부 031)955-3200 | 팩스 031)955-3111

값은 뒤표지에 있습니다.
ISBN 978-89-349-8247-0 03470

홈페이지 www.gimmyoung.com        블로그 blog.naver.com/gybook
인스타그램 instagram.com/gimmyoung        이메일 bestbook@gimmyoung.com

좋은 독자가 좋은 책을 만듭니다.
김영사는 독자 여러분의 의견에 항상 귀 기울이고 있습니다.

# 생물의 이름에는 이야기가 있다

## 생각보다 인간적인 학명의 세계

스티븐 허드

조은영 옮김

김영사

*Tarsius wallacei*

*Catasticta sibyllae*

*Gazella cuvieri*

# 사람의 이름을 가진 생물

인간을 인간으로 만드는 특징에는 자신을 둘러싼 세계를 향한 호기심이 있다. 그 궁금증을 해소하는 과정에 과학자들은 우리와 지구를 공유하는 수백만의 생물종을 발견하고 기술하고 이름을 지어준다. 그런데 이 신종新種에 특정 인물—살았든 죽었든, 실존 인물이든 가상의 인물이든, 경애의 대상이든 경멸의 대상이든—의 이름을 따서 붙인 학명이 화제가 될 때가 있다. 찰스 다윈의 따개비*Regioscalpellum darwini*, 영국 출신 가수 겸 배우 데이비드 보위의 거미*Heteropoda davidbowie*, 스펀지밥의 곰팡이*Spongiforma squarepantsii*, 전 미국 대통령 조지 W. 부시의 딱정벌레*Agathidium bushi*가 그 예다. 이런 학명들은 종을 명명한 과학자와 그 학명을 가진 종, 그리고 그 학명에 자기 이름을 제공한 사람을 하나로 연결한다.

  많은 사람이 이런 식의 학명을 이상하게 생각한다. 사람 이름을 라틴어화하여 학술용어 일색인 논문과 모노그래프(특정 분류군에 대한 종합적인 정보를 모아놓은 논문 - 옮긴이)에서나 쓰일 법한 종의 이름을 짓는다는 게 누군가에게 경의를 표하는 방법치고 참 별나지 않은가. 그렇게 생각하는 사람이라면 분명 제인 콜든Jane Colden(1724~1766)의 이모에게 깊이 공감하리라. 18세기 중반에 왕성하게 활동한 신대륙 최초의 여성 식물학자 제인 콜든은, 역시 식물학자였던 아버지 캐드월더 콜든의 영향으로 자연사에 관심을 가지게 되었다. 제인이 뉴욕주의 식물상植物相을 조사해 직접 쓰고 그린 원고가 런던에서 회람되면서, 새로 발견된 한 식물에 제인의 이름을 따서 피브루레아 콜데넬라*Fibrurea coldenella*라는 이름을 붙이겠다는 의견이 나왔다. 그러나 이 사실에 충격을 받은 제인의 이모는 크게 반대했다. "기독교도 여성의 이름을 잡초 따위에게 주다니 이런 천지개벽할 일이 있나!"[1]

거미가 데이비드 보위의 이름으로, 잡초가 제인 콜든의 이름으로 불리고, 또 그로 인해 이름에 얽힌 수많은 이야기가 탄생한 것은 모두 18세기 스웨덴의 저명한 식물학자 칼 폰 린네(1707~1778) 덕분이다. 린네 이전에는 동식물의 학명이 종을 묘사하는 수준에 그쳤다. 이름이란 종을 설명하고, 또 그 종을 비슷한 다른 종과 구별하는 라틴어 구절(때로는 꽤 긴 문장) 이상이 아니었다. 그러나 린네의 이명법二名法은 여러모로 달랐다. 가장 높이 살 만한 것은 지구의 생물다양성을 쉽고도 간단명료하게 정리할 수 있다는 점이다. 린네의 이명법에서 각 종의 학명은 한 단어로 된 종소명種小名, specific epithet과 해당 종이 속한 상위 분류군을 나타내는 속명屬名, genus name이 짝을 이룬다. 예를 들어 참꽃단풍의 학명 아케르 루브룸*Acer rubrum*은 아케르속의 단풍나무 약 130종 중 루브룸이라는 이름을 가진 종을 말한다. 그런데 린네식 명명법 이후 자리잡은, 잘 알려지지 않은 특징이 있다. 바로 종의 이름과 종에 대한 설명이 분리되었다는 점이다. 린네식 이름―린네 이후의 모든 학명, 즉 '라틴어' 이름―은 색인 장치로 기능한다. 따라서 이 명명법 아래서 학명은 '빨간 단풍나무'라는 뜻의 아케르 루브룸처럼 종의 형태를 설명할 수도 있지만, '다비드 신부Père David의 단풍나무'라는 뜻의 아케르 다비디이Acer davidii처럼 굳이 종을 설명하는 이름이 아니어도 상관없게 되었다.

이름이 종을 묘사하지 않아도 된다고 허용한 게 뭐 그리 대수롭냐고 할지도 모르지만, 이로써 과거에는 할 수 없던 일이 가능해졌다. 과학자들이 종의 이름으로 자신을 표현할 수 있게 된 것이다. 동명의 라틴어식 이름으로 누군가를 기념하면서, 과학자는 자신이 기리는 사람과 과학자 자신에 관해 동시에 이야기한다. 린네의 발명으로 학명, 특히 사람 이름을 딴 학명은 과학자들의 개성을 드러내는 창이 되었다.

그 창을 통해 무엇을 볼 수 있을까? 많은 사람의 생각과 달리 과학자들은 감정의 동요 없이 늘 침착하고 따분하기만 한 존재가 아니다. 이들은 기발한 방식으로 라틴명을 창조함으로써 인류의 미덕과 약점과 기벽을 모두 드러낸다. 어떤 과학자는 생물의 이름을 통해 박물학자, 탐험가, 또는 영웅에게 존경을 표한다. 어떤 과학자는 스승이나 후원자에게 감사를, 배우자와 딸과 부모에 대한 애정을 표현한다. 《해리 포터》나 펑크 음악의 팬으로서 명명권을 행사하는 과학자도 있고, 정의나 인권에 대한 견해를 피력하기도 한다. 선동정치가나 독재자를 향한 멸시를 표현하는 과학자가 있는가 하면, 그들을 옹호하고 인정하는 이들도 있다. 이런 식으로 생물에게 부여된 이름은 인류가 가진 수치스러운 편견과 선입견을 드러내는 동시에 잘못을 인정하고 실패를 극복하려는 자랑스러운 시도이기도 하다. 타인의 이름을 빌려오면서 과학자들은 때로는 진지한, 때로는 장난스러운, 때로는 엉뚱한, 때로는 품위 있는, 때로는 악의에 찬 모습을 보인다. 각 이름은 과학자들이 뱀의 비늘 패턴 못지않게 역사, 예술, 문화에 대해서도 강한 열정이 있다는 것을 보여준다.

사람과 동명인 학명을 통해 우리는 인간이 가진 선과 악의 극단을 모두 볼 수 있다. 또한 과학을 종 및 종의 이름을 지은 과학자, 그리고 이름을 빌려준 사람 간의 흥미로운 삼각관계로 형성된, 개성과 역사가 가득한 인간 활동의 일부로 보게 된다. A. S. 바이엇의 중편소설 《에우게니아 모르포나비Morpho Eugenia》에 등장하는 무펫 여사의 말처럼, "여러분이 알다시피 이름이란 세계를 하나로 엮는 방식"이다. 사람 이름으로 지어진 학명 안에서 놀랍고 매력적이고 가슴 아프고, 때로는 분개할 이야기들이 한데 엮인다. 앞으로 전개될 내용은 수많은 이야기들의 작은 일부다. 이 책에 열린 창문을 통해 즐겁게 감상하시길.

차례

## 일러두기

- 라틴어 학명을 포함한 외래어 표기는 국립국어원의 외래어 표기법을 기준으로 하였다. 다만 라틴어 이외의 언어로 된 인명이나 지명을 딴 학명은 그 이름이 실제로 속하는 언어의 표기 원칙을 따랐다.

# 누가 이 여우원숭이에게 이름을 주었는가

---

Introduction:
A Lemur and Its Name

## 서론

우리는 영장류다. 포유류 내에서도 영장류의 가계는 7,500만 년 전으로 거슬러 올라간다. 어떻게 보면 우리는 그렇게 성공적인 혈통은 아니었다. 예컨대 박쥐류 1,240종, 난류 2만 6,000종, 바구미류 6만 종에 비하면 살아 있는 영장류는 504종만이 알려졌을 뿐이다. 그러나 영장류는—오로지 인간의 활동을 통해—다른 어떤 종도 하지 못했던 방식으로 지구를 바꾸어놓은 종족이기도 하다. 우리는 이 점을 부끄러워할 수도, 자랑스러워할 수도 있다. 지금까지 이렇게 많은 호수를 더럽히고 이렇게 많은 숲을 잘라내고 이렇게 많은 종을 멸종으로 몰고 간 종은 없었다. 그러나 인간 말고는 교향곡을 작곡하고 도서관과 미술관을 지은 종이 없는 것도 사실이다. 게다가 세상을 이해하는 일에 이토록 목말라 하고 그 목표에 이만큼 다가간 종도 없다. 인간 역시 다른 종처럼 영역, 먹이, 짝짓기에 집착한다. 그러나 동시에 바위, 동물과 식물, 지형, 심지어 행성과 별을 공부한다.

인간이라는 한 종으로서 우리는 자신의 동족에게 지대한 관심을 보이는 경향이 있다. 여기서 동족이란 가계와 지리적 의미 모두를 포함한다. 인간은 자신의 가족과 자신이 속한 지역 공동체를 모두 소중히 여기기 때문이다. 이는 진화적인 측면에서도 마찬가지다. 19세기에 인간과 다른 고등 유인원의 밀접한 관계가 밝혀지면서 학계 일부에서 오늘날까지 지속되는 사회적 논란에 불이 붙었다. 어느 동물원이건 유인원관은 사람들로 붐빈다. 그리고 우리는 침팬지나 고릴라 등 인간에 가까운 친척에 대한 기사나 다큐멘터리를 열심히 챙겨 본다. 학부생들을 데리고 열대지방으로 야외 수업을 나가보면 원숭이가 숲우듬지에서 나무를 타는 것만큼 이들을 열광시키는 장면은 없다.

그러나 놀랍게도 이 친척들에 대한 우리의 지식은 일천하기 짝이 없다. 영장류 중에서도 몸집이 가장 크고 인간에 가장 가까운 침팬지, 보노보, 고릴라, 오랑우탄에 대해서는 제법 많이 안다고 으스댈 수 있을지 몰라도, 나머지 영장류에 대해서는 모르는 게 더 많다. 물론 소수의 영장류는 연구도 많이 되고 대중문화에도 자주 등장한다. 일본원숭이가 겨울철 온천에 몸을 담그고 목욕을 즐기는 흥미로운 장면을 떠올려보라. 그러나 그 외 대부분의 영장류는 기껏해야 수박 겉핥기 정도로만 알려졌다. 예를 들어 마다가스카르의 깊은 숲에는 학계에 이제 막 보고되어 사실상 알려진 게 하나도 없는 영장류들이 살고 있다.

인간의 가장 신비로운 친척 중에 쥐여우원숭이mouse lemur가 있다. 마다가스카르에는 모두 24종의 쥐여우원숭이가 사는데, 불과 25년

**베르트 부인의 쥐여우원숭이** *Microcebus berthae*

전만 해도 2종을 제외한 나머지는 알려지지 않았었다. 최근에 발견된 1종은 살아 있는 영장류 중 가장 몸집이 작다. 바로 베르트 부인의 쥐여우원숭이다. 다 자란 성체는 한 손에 쏙 들어오고 무게는 고작 30그램밖에 나가지 않는다. 미국 주화 25센트짜리 다섯 개, 또는 식빵 한 조각 정도의 무게다.

베르트부인쥐여우원숭이는 마다가스카르 서쪽 해안 키린디 포레스트 주변 소규모 지역에만 서식한다. 열대 낙엽수림인 키린디 포레스트는 나무들이 잎을 떨어뜨리고 동물들이 숨어서 가뭄을 견디는 긴 건기에는 한적하고 고요하지만, 비가 내리기 시작하면 헝클어진 초록 잎이 빼곡히 들어차고 동물들의 활동이 왕성해진다. 우기가 시작될 무렵, 황혼녘 키린디에서는 서쪽으로 기우는 해가 분홍빛으로 남긴 마지막 흔적 속에 한낮의 열기를 식히는 한 줄기 바람을 느낄 수 있다. 한참 조용히 있다 보면 누군가 나뭇가지에서 바스락대며 재잘거리는 소리가 들린다. 쥐여우원숭이들이 낮 동안 숨어 있던 나무 구멍 둥지에서 나와 숲의 하층부에서 열매와 나무 수액, 곤충이 분비하는 감로甘露를 찾아다니는 소리다. 손전등 불빛을 잘 조준하면 부드럽게 주황빛으로 반사하는 호기심 가득한 눈을 비출지도 모른다. 그중에 가장 작은 한 쌍의 눈이 인간의 가장 작은 친척의 것이다.

키린디 포레스트에 쥐여우원숭이가 살고 있다는 사실은 진작에 알려졌지만, 이 쥐여우원숭이가 1종이 아닌 2종이라는 사실은 1990년대 중반에 들어서야 밝혀졌다. 둘 중 덩치가 큰 놈인 회색쥐여우원숭이는 18세기 이후로 학계에 알려졌으나 작은 종인 베르트부인쥐여우원숭이는 2001년에야 정식으로 기재되어 존재를 인정받았고, 그 과정에 미크로케부스 베르타이*Microcebus berthae*라는 공식 명칭, 즉 학명을 부여받았다. 이 학명은 베르트 라코토사미마나나*Berthe Rakotosamimanana*라는 여성을 기리기 위해 붙여졌다. 베르트 라코토사미마나나가 누구일까? 어떤 사람이기에 인류의 가장 작은 친척이 그녀의 이름을 가지게 되었을까? 이 여성은 이런 영광을 누릴 자격이 있는 사람인가? 이는 많은 이에게 납득조차 가지 않는 영광일지 모르지만, 실로 진심 어린 찬사임에 분명하다.

누군가에게 과학은 따분하고 고루한 학문이며, 그중에서도 동식물에 붙이는 라틴어 학명들은 그저 재미없고 고리타분하기만 하다. 이 이름들은 길고 기억하기 힘들 뿐 아니라 발음도 어렵고, 생물학과 학생들이 일종의 신고식을 치르며 외워야 하는 필요악이라고 모두들 그렇게 알고 있다. 그렇다면 다들 잘못 알고 있는 것이다. 분명 어떤 학명은 어렵고 이해하기 힘들다. 그러나 아주 경이로운 학명들도 있다. 나는 이 책에서 사람, 즉 탐험가, 박물학자, 모험가, 심지어 정치가, 예술가, 가수를 기념하는 학명들의 뒷이야기를 나누어볼까 한다. 이 이야기들은 과학 문화와 과학자들의 개성을 보여주는 창이자, 명명자와 그 이름이 기념하는 사람과 그 이름을 가진 생물 사이의 놀라운 연관성을 드러낸다. 우리는 맺음말에서 베르트 라코토사미마나나와 그녀의 쥐여우원숭이 이야기로 다시 돌아올 것이다. 그때까지 독자에게 들려줄 이야기가 아주 많다.

# 이름이 왜 필요할까

The Need for Names

## 1장

모기가 물었다.
"대답도 안 할 거면 이름은 뭐 하러 가지고 있는 거지?"
앨리스가 대답했다.
"벌레들에게는 별 소용없지. 하지만 사람들한테 필요해서 붙인 것 같아."
- 루이스 캐럴, 《거울 나라의 앨리스》

우리 지구는 생명으로 가득하다. 열대우림과 산호초는 과학 다큐멘터리의 주요 소재인데, 그건 열대우림과 산호초가 놀라울 정도로 풍부하고 다양한 생명의 터전이기 때문이다. 어디를 보아도 새로운 종이 눈에 들어온다. 풋볼 경기장 크기의 아마존 우림에는 200가지나 되는 나무가 산다. 나무만 그 정도고 풀, 곤충, 곰팡이, 진드기, 그 밖의 다른 분류군들은 훨씬 다양하다. 인도네시아 우림, 아니 같은 아마존 숲에서도 조금만 길을 벗어나면 아까와는 또 다른 종이 보인다. 우림을 떠나 지구 곳곳의 건조림, 운무림, 사바나로 가면 전혀 다른 종들을 만난다. 세계를 일주하다 보면 이런 패턴이 계속된다. 유난히 생명이 풍부한 서식처도 있지만, 어쨌든 지구상의 모든 서식처가 길든 짧든 생물종 목록을 늘리는 데 일조한다. 끓어 넘치는 온천, 깊고 깊은 동굴, 히말라야 설원, 땅속 1킬로미터 아래의 바위틈처럼 극도로 척박한 환경에도 거주자는 있다.

그렇다면 얼마나 많은 종이 우리와 지구를 공유할까? 아직 그 답을 알지 못한다는 건 한편 흥분되는 일이지만, 전문가의 입장에선 감히 가늠조차 못 한다는 사실이 심히 부끄럽지 않을 수 없다. 아니, 추측이야 수없이 많이 했지만, 그저 상상을 초월할 정도로 많다는 사실만 확인했을 뿐 좀처럼 그 범위를 좁히지 못하고 있다. 지금까지 공식적으로 기재 및 명명된 종 수만도 150만에 이르고 전체적으로 300만에서 1억 종이 지구에 산다고 추정된다. 하지만 최근에 박테리아를 비롯한 미생물의 종류가 1조쯤 될 거라는 연구 결과가 발표되면서 사람들은 혼란에 빠졌다. 비록 그 수치를 믿어도 될지 의견이 분분하지만, 적어도 아직 최고치를 단정할 수 없다는 것은 명확해졌다. 게다가 이 추정치는 살아 있는 종만 센 것이다. 지구의 40억 년 생명의 역사 속에서 그보다 훨씬 많은 종이 살다가 멸종했다는 사실은 지구의 생물다양성을 한층 경이롭게 한다. 만약 여러 차례의 대멸종으로 한때 존재했던 모든 종의 99퍼센트가 사라졌다면(이것 역시 추정에 불과하고 실제 비율은 더 높을 것이다), 40억 년어치의 종은 오늘날 살아 있는 종 수에 0을 2개 더 붙인 수가 될 것이다. 그렇다면 3억? 100억? 100조? 종들은 각기 고유한 형태, 습성, 선호하는 서식처, 필요, 생태적 특성을 가진다. 이는 믿을 수 없이 놀랍고 멋진 일이지만, 한편으로 인간의 입장에서는 문제가 된다.

　지구의 생물다양성이 왜 문제가 된다고 했는지 궁금할 것이다. 그건 이 모든 종에 이름이 필요하기 때문이다. 심리적 이유는 물론이고 실용적인 이유로도 이름은 있어야 한다.

　심리적 이유를 대자면, 우리는 종의 이름을 지정함으로써 그 존재에서 위안을 얻고, 또 그 종에 대한 생각을 발전시킬 수 있다. 비단 생물뿐 아니라 우리가 이름을 붙이는 모든 사물과 존재에 대해서도 마찬가지다. 예를 들어, 저명한 프랑스 수학자 알렉산더 그로텐디크 는 다음과 같이 말했다. "나는 (어떤 수학 개념이) 내게 처음 모습을 드 리낸 순간, 그 개념을 이해하는 첫 단계로 이름을 주는 데 열정을 쏟 아붓는다."[1] 그로텐디크는 새로운 수학 개념이나 대상을 세상에 선 보이기 전에 정성을 다해 이름을 지어, 사람들의 주의를 끌고 사람 들이 그것에 대해 생각할 방향의 틀을 잡았다. 무한집합 내에서도 어떤 집합은 다른 집합보다 크기가 더 크다는(집합 중에는 무한하지만 그 수를 셀 수 있는 집합도 있고, 셀 수 없는 집합도 있다) 수학자 게오르크 칸토 어의 발견에도 비슷한 점이 있다. 칸토어는 이 서로 다른 크기의 무 한에 오늘날 우리가 알레프 수라고 부르는 이름을 주었다. 무한에 이름을 붙임으로써 칸토어는 수학자들이 무한의 개념에 접근하고, 더 나아가 수학적으로 사고할 수 있게 했다(덕분에 수학 논쟁에 불이 붙었 지만). 추상적인 수학 개념에 적용되는 이러한 진리는 구체적인 것에 도 적용된다. 이름이 있는 사물을 입에 올리기는 쉽지만, 이름이 없 는 상태로 기술만 된 사물은 딱히 지칭할 말이 없어 불편하다.

 이름 짓기는 한 종으로서 인간 안에 깊이 자리잡은 행위다. 구약 성경의 창조 이야기를 보면 아담에게 제일 먼저 맡겨진 임무가 세상 에 갓 지어진 생물들에게 이름을 지어주는 일이었다. "그래서 주 하 느님께서는 흙으로 들의 온갖 짐승과 하늘의 온갖 새를 빚으신 다 음, 아담에게 데려가시어 그가 그것들을 무엇이라 부르는지 보셨다.

아담이 생물 하나하나를 부르는 그대로 그 이름이 되었다.'(창세기 2장 19절) 심지어 이름을 부여하는 행위는 그것이 좋은 것이든 나쁜 것이든 대상을 지배한다는 기분까지 들게 한다. 이집트 신화와 북유럽 신화에서 《룸펠슈틸츠헨Rumpelstilzchen》(난쟁이가 나오는 독일 민화 - 옮긴이)을 거쳐 《어스시의 마법사A Wizard of Earthsea》(어슐러 르 귄의 판타지 소설 - 옮긴이)에 이르기까지 인간이 지은 이야기 속에는 이름을 주고 그로 인해 힘을 가지게 되는 장면이 반복해서 나온다.

이름을 주어야 한다는 심리적 충동이 아니더라도 우리는 보다 현실적이고 실용적인 이유로 종에 이름을 붙인다. 그건 지구상에 존재하는 수백만 가지 생물을 추적해야 할 필요 때문이다. 특정 생물을 언급할 때는 이 많은 종 중에 무엇을 말하는 건지 정확히 명시해야 한다. 즉 "숲에 가면 빨간 열매는 먹어도 되지만, 파란 열매에는 독이 들었으니 조심해"라는 말은 생명이 이렇게나 다양한 지구에서는 하나 마나 한 말이라는 뜻이다. 멸종위기종의 서식처 개발 금지법을 제정하려면 개발자와 환경보호론자 모두 보호 대상을 확실히 정의해야 출입금지 구역을 명확히 지정할 수 있다. 또 만약 야생 버섯을 먹고 중독됐다면 의사에게 정확히 어떤 버섯인지 알려주어야 그에 맞는 처치법을 찾을 것이다.

이름은 이러한 추적의 문제를 해결한다. 추적이 필요한 사물에 이름을 붙이면, 그 이름은 사물을 지칭하는 라벨이자 사물과 지식을 연결하는 색인 기능을 한다. 우리는 이름을 사용해 가계를 추적하고, 지각의 광물을 추적하고, 전시장에서 자동차 모델을 추적하고,

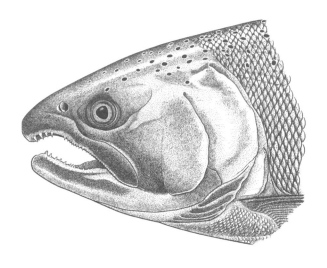

**은연어** *Oncorhynchus kisutch*

증권거래소의 거래 항목을 추적한다. 생물에 대해서도 마찬가지다. 우리는 불곰과 북극곰, 안경곰과 판다곰에게 이름을 주었고, 은연어, 치누크연어, 왕연어에게도, 튤립과 제라늄, 수선화에도 각각 고유한 명칭을 부여했다.

불곰과 은연어, 수선화는 일반명의 예다. 일반명이란 우리가 일상에서 쓰는 이름을 말한다. 일반명은 생물의 형태(제비의 영어 일반명인 'swallow'는 고대 영어로 '갈라진 막대기'라는 뜻으로 제비의 갈라진 꼬리를 의미한다), 의성어(떼까마귀를 나타내는 'rook'), 민속(염소의 젖을 빨아 먹는다는 뜻에서 'goatsucker'라는 이름이 붙은 쏙독새류), 심지어 인명('다윈의 핀치새Darwin's finch'라고 부르는 갈라파고스핀치새) 등에서 유래하며 대개 그 동식물을 생각하면 연상되는 이미지를 이용해 지은 것이 많다. 그러나 일반명은 여러 가지 면에서 우리에게 필요한 이름의 기준에 미치지 못한다. 무엇보다 일반명은 부정확한 경우가 많다. 엄밀히 말해 다윈의 핀치는 핀치가 아니고, 아프리카제비꽃은 제비꽃이 아니며, 전기뱀장어는 뱀장어가 아니다. 일반명은 종에 따라 이름이 너무 많거나 또는 부족하다는 점에서 더 문제가 된다. 우선 일반명이 너무 많다는 것은 한 생물이 여러 개의 일반명으로 불린다는 뜻이다. 일례로 신대륙에 서식하는 한 야생 고양이의 영어 이름은 쿠거cougar, 퓨마puma, 카타마운트catamount, 팬서panther, 페인터painter, 마운틴스크리머mountain screamer, 마운틴라이언mountain lion 등 무려 40개가 넘는다. 영어 이름만 그 정도고 그 외 프랑스어, 스페인어, 포르투갈어, 누차눌스어, 마야어, 우라리나어 등 수십 가지 언어로 된 이름이 있다. 이런 상황은 추적의 문제를 대단히 곤란하게 만들지만 치명적이지는 않다. 치명적인 상황은 반대로 일반명이 부족할 때 일어난다. 사람들은 빈번하게 하나의 일반명으로 여러 생물을 지칭한다. 이것은 미묘한 특징으로만 식별되는 비슷비슷한 종들을 비전문가가 미처 구분하지 못해서 그럴 수도 있고, 또는 같은 이름이 다른 장소에서 다른 사람들에 의해 다른 생물에 적용되는 바람에 일어난다. 예를 들어 로빈robin은 유럽과 북아메리카에서 각각 전혀 다른 새를 지칭한다. 블랙버드blackbird와 배저badger도 마찬가지다. 초파리fruit fly는 2개의 파리과에 속하는 수천 종이 넘는 파리 중 어느 것도 될 수 있다. 사람들은 아무 꽃이나 보고 데이지라고 부른다. 그러나 최악은 일반명이 아예 없는 경우다. 일반명이 없는 곤충이나 벌레는 셀 수도 없이 많다. 이 종들에 관해 이야기할 때 어떻게 해야 할까?

생물에 이름을 붙이고 체계적인 목록을 작성하려는 시도는 오래전부터 있었다. 기원전 612년에 제작된 바빌로니아 점토판에는 약용식물 약 200종의 이름이 적힌 목록이 있다. 총 365종의 목록이 적힌 중국의《신농본초경神農本草經》은 서기 약 250년에 쓰였으나 사실은 3,000년 전부터 구전된 내용을 문서로 기록했을 뿐이다. 기원전 300년경 고대 그리스의 아리스토텔레스와 테오프라스토스, 그리고 서기 50년경 고대 로마의 페다니우스 디오스코리데스와 플리니 디 엘더(가이우스 플리니우스 세쿤두스 또는 대플리니우스라고도 하는 고대 로마의 박물학자-옮긴이)는 수백 종의 동물과 식물의 이름을 지었고 그중 많은 것이 오늘날까지 살아남았다.

하지만 초기 학자들이 다루었던 종의 목록은 얼마든지 관리가 가능한 수준이었다. 그러다 1600년대에 이르러 한 편에 수천 종씩 다룬 논문들이 출판되면서 압박이 시작됐다. 스위스 식물학자 가스파드 보앵은 1623년에 출간한《식물도감Pinax theatri botanici》에 6,000종을 실었고, 영국 박물학자 존 레이는 1686년에 쓴《식물의 역사Historia Plantarum》에서 무려 1만 8,000종 이상을 다루었다. 이 초창기 근대 연구에서는 길이가 길다는 점만 제외하면 오늘날과 아주 비슷한 형식의 라틴명을 지정했다. 예를 들어 보앵은 2종의 아스포델asphodel 식물에 각각 'Asphodelus foliis fistulosis'('잎이 통형인 아스포델'이라는 뜻)

와 '*Asphodelus purpurascens foliis maculates*'(대충 해석하자면 '잎에 보
라색 반점이 있는 아스포델'이라는 뜻)라는 이름을 붙였다. 그러나 이것도
1738년에 스웨덴 박물학자 피터 아르테디가 오늘날 메를랑기우스
메를랑구스*Merlangius merlangus*로 불리는 민대구 종에 붙인 '*Gadus, dorso
tripterygio, ore cirrato, longitudine ad latitudinem tripla, pinna ani
prima officulorum trigiata*'라는 이름에 비하면 아무것도 아니다. 왜
이렇게 복잡하고 다루기 힘든 이름을 붙였을까? 그건 이름이 명명
과 기술이라는 두 가지 기능을 동시에 수행해야 했기 때문이다. 더
구나 이 기술의 내용으로 해당 종을 비슷한 다른 종과 구분해야 했
는데, 그러다 보니 신종이 추가될수록 이름이 복잡해지는 문제가
있었다. 그중에서도 최악은 신종이 발견될 때마다 비슷한 종끼리
구분할 수 있도록 매번 먼저 명명된 다른 종의 이름까지 죄다 뜯어
고쳐야 했다는 사실이다.

　종을 기술하는 방식으로서의 명명법은 17세기에 들어서면서 이
미 생물다양성의 무게를 견디지 못해 삐걱거렸고 시간이 갈수록 더
심해질 게 뻔했다. 이 문제를 해결한 사람이 스웨덴의 위대한 박물
학자 칼 린네다. 린네는 이름의 기능을 분리했다는 점에서 혁신을
일으켰다. 종의 이름은 오로지 식별을 위한 일종의 라벨로 기능하게
두고, 그 라벨을 이용해 종이 기재된 문헌을 찾게 했다. 사실 린네가
처음부터 작정하고 이런 체계를 만든 것은 아니었다. 처음에 린네는
종마다 2개의 이름을 주었다. 하나는 짧은 라벨이고, 다른 하나는 앞
에서 나온 보앵의 예에서와 같은 설명적 명칭이었다. 그러나 어느덧

사람들은 짧은 라벨 부분만을 진짜 이름으로 받아들였다. 그리고 이 라벨을 색인어로 사용해 누구도 군이 외우거나 산책길에서 떠올리거나 글에서 사용할 것 같지 않은 길고 전문적인 기재문을 찾았다. 린네가 창안한 라벨로서의 명명 체계가 바로 우리가 오늘날 사용하는 학명이다.

린네가 기술의 멍에를 벗겨준 이후로 라틴명은 짧지만 고유성을 지니게 되었다. 린네가 고안한 짧은 라벨 방식이 오늘날 우리가 사용하는 '이명법二名法'이다. 이명법에 따르면 모든 종은 각각 한 단어로 된 속명과 종소명을 가진다. (속genus은 유사한 특징을 지닌, 그리고 이제는 잘 알려졌듯이 진화적으로 가장 밀접하게 연관된 종이 모인 집단을 말한다.) 예를 들어 인간의 학명인 호모 사피엔스*Homo sapiens*는 호모속의 사피엔스종이라는 의미다. 현재 인간은 현존하는 유일한 호모속 구성원이지만, 멸종한 친족으로 호모 에렉투스*Homo erectus*, 호모 네안데르탈렌시스*Homo neanderthalensis*, 호모 날레디*Homo naledi* 등이 있다. 이 중에 '현명한'이라는 뜻의 사피엔스나 '직립한'이라는 뜻의 에렉투스는 분명 종을 기술한 것이지만, 앞에서 린네가 짧은 라벨 뒤에 붙인 설명적 명칭과는 다르다는 사실에 주목해야 한다. 사피엔스나 에렉투스라는 이름만으로는 이들을 다른 친척과 구분할 수 없기 때문이다. 게다가 네안데르탈렌시스와 날레디라는 종소명에는 아예 설명적 특징이 없다. 둘 다 각각 화석이 발견된 독일의 네안데르탈 지역과 남아프리카의 라이징스타 동굴('날레디'는 소토어로 '별'이라는 뜻) 지역을 뜻한다. 그러나 호모 사피엔스라는 학명은 길이가 짧아 얼마든지 쉽게 기억하고 말이나 글에 사용할 수 있다. 그러면서도 세계 어떤 곳의 누구에게든 정확히 동일한 생물을 지칭한다.

일반적으로 두 단어로 된 이명식 학명이 가장 익숙하지만, 많은 생물이 종 이하로 분류되는 삼명식 학명을 가진다는 사실도 알아두면 좋다. 예를 들어 가시올빼미burrowing owl는 신대륙 전역에 걸쳐 서식하는 조류로, 모든 개체가 아테네 쿠니쿨라리아*Athene cunicularia*라는 이명식 학명을 갖고 있다. 하지만 그중에서도 플로리다주에 서식하는 가시올빼미는 깃털의 모양이 북아메리카 서부 지역에 있는 것들과는 달라 아종subspecies으로 취급된다. 따라서 플로리다주의 가시올빼미 종에는 아테네 쿠니쿨라리아 플로리다나*Athene cunicularia floridana*, 그리고 서부에 서식하는 종에는 아테네 쿠니쿨라리아 히푸가이아*Athene cunicularia hypugaea*라는 학명이 주어졌다. 비록 타당성에 대한 논쟁은 있지만 카리브해와 남아메리카에 서식하는 종들은 20개의 아종으로 분류되었다. 산맥 같은 지형물을 중심으로 각각 동쪽과 서쪽에 사는 개체, 섬과 육지에 사는 개체가 서로 다른 것처럼, 보통 한 종 안에서 지리적 차이로 변이가 나타난 경우 아종으로 간주한다. 아종 말고도 다른 복잡한 패턴의 변이를 '변종', '아변종', '품종' 등으로 분류한다.

아종명을 비롯한 삼명법은 특히 새나 나비 같은 분류군에서 빈번하게 사용되지만, 어떤 분류군에서는 거의 사용되지 않는다. 하여 이런 체계를 두고 어지간히 복잡하다고 투덜대더라도 할 말은 없다. 그렇지만 이것은 '종'을 바라보는 시각에 관한 아주 중요한 종류의 복잡한 문제다. 린네 시대에는 모든 종이 신에 의해 창조되었으며 창조된 후에는 변하지 않는다고 생각했다. 이런 맥락에서 아종은 납득이 되지 않는 개념이었다. 만약 신이 서로 다른 2개의 형태를 창조했다면, 애초에 이름 다른 별개의 종으로 분류해야 마땅하기 때문이다. 그러나 1859년 찰스 다윈의 《종의 기원》이 출간된 이후, 과학자들의 사고방식은 완전히 달라졌다. 이제 아종과 종 이하의 다른 변이들은 종에 돌연변이가 일어난다는 증거가 됐다. 플로리다주의 가시올빼미는 다른 개체군과 격리되어 조상이나 자매인 서부 가시올빼미와는 구분되는 특징을 가지고 새로운 종으로 진화 중인 집단으로 이해되었다. 과학자들이 생물 간의 지리적 변이를 다윈의 새로운 발상에 대한 증거로 서둘러 문서화하면서, 19세기 후반에는 삼명법을 따른 학명이 난무하게 되었다. 그러나 어원학적으로 삼명법은 이명법을 보완하는 방식일 뿐 기본 개념은 다르지 않다. 따라서 이 책에서는 종명과 아종명을 굳이 구분 짓지 않고 넘어가겠다.

린네가 발명한 이명법은 학명이 종을 설명해야 한다는 부담을 덜어줌으로써 과학자들에게 더욱 창조적인 세계의 문을 열어주었다. 설명식 명칭은 원래 생물의 형태(양파아스포델의 학명인 *Asphodelus fistulosus*의 'fistula'는 라틴어로 '속이 빈 갈대'라는 뜻), 색깔(유럽불개미의 학명인 *Myrmica rubra*의 'rubra'는 '붉다'는 뜻)과 같은 외형적 특징에 크게 중점을 두었다. 그러나 린네를 시작으로 학명은 형태는 물론이고 거의 모든 것을 지칭할 수 있게 되었다(다음 장 〈학명은 어떻게 짓는가〉에서 자세히 설명하겠다).

독자가 읽고 있는 이 책은 린네가 과학자들로 하여금 누군가의 이름을 따서 학명을 지을 수 있게 했다는 사실에서 출발한다. 린네 역시 자신이 열어놓은 문을 수시로 들락거리며 동물학자 및 식물학자, 후원자의 이름을 딴 학명을 지었다. 국화과의 루드베키아속*Rudbeckia*은 스웨덴 과학자 올로프 루드베크Olof Rudbeck의 이름을, 염색 원료로 쓰이는 헤나가 속한 로스니아속*Lawsonia*은 린네의 걸작《자연의 체계*Systema Naturae*》출간을 후원한 아이작 로슨Isaac Lawson의 이름을 사용했다. 린네는 심지어 자신의 이름을 딴 학명도 지었는데, 린네풀인 린나이아 보레알리스*Linnaea borealis*가 그것이다. 린네는 학명의 길이를 줄여 학자들이 마음껏 창의력을 발휘하게 했다. 그리고 그가 의도한 바는 아니었을지라도 작명에서 드러난 창조성은 과학 문화와 과학자의 개성을 보여주는 창이 되었다. 종에게 부여하는 이름을 통해, 우리는 과학을 지워지지 않는 인간의 노력으로 이해할 수 있다.

린네는 세상에 이름이 필요한 종이 얼마나 많은지 알지 못했기 때문에 자신의 새로운 명명 체계가 얼마나 대단한 진보인지 몰랐을 것이다. 그는 지구에 식물이 기껏해야 1만 종쯤 있다고 생각했겠지만, 이미 지금까지 35만 종이 이름을 부여받았다. 다른 분류군의 다양성에 대한 린네의 추정치는 훨씬 낮다. 우리는 현재 수십만, 결국에는 수백만 종에 이름을 붙여야 한다는 사실을 알고 있다. 이름에 대한 필요성은 과학자들에게 분명 하기 싫은 번거로운 일을 제공하지만, 동시에 엄청난 기회도 준다.

# 학명은 어떻게 짓는가

How Scientific Naming Works

**2장**

종에는 이름이 있어야 한다. 그런데 어떻게 이름을 얻는 걸까? 짧게 답하면, 신종을 발견한 사람에게 명명의 권리가 주어진다. 하지만 좀 더 자세히 설명하기 위해 두 가지 질문을 던져보겠다. 첫째, 신종을 발견한다는 것은 무슨 뜻인가? 둘째, 구체적으로 어떻게 종을 명명하는가?

'신종 발견!' 하면 아주 간단하고 낭만적으로 들린다. 마체테를 휘두르며 미지의 우림을 헤치고 나아가던 용감한 탐험가의 눈앞에 우거진 리아나 덩굴 틈에서 지금까지 알려진 어떤 종과도 닮지 않은 경이로운 자줏빛 꽃이 짠! 하고 나타난다. 우리의 탐험가는 그 꽃을 땅에서 캐낸 다음, 보무도 당당하게 고향으로 돌아가 신종 발견을 선포하고 유명해진다. THE END. 물론 정말 이런 식으로 신종이 발견되는 때도 있다. 하지만 대개는 이것보다 조금 복잡한 과정을 거친다.

학계에 알려지지 않은 동물이나 식물 표본을 인지한다는 게 간단할 것 같지만 보기보다 굉장히 어려운 작업이다. 이는 변이를 생산하는 진화의 놀라운 능력이 발휘된 결과다. 지금까지 명명된 150만이라는 어마어마한 종 수를 생각하면 세상 누구도 그 종들을 다 식별하지 못하는 게 당연하다. 물론 새나 양치류, 비단벌레 등 특정 분류군에 대해서는 좀 안다고 하는 사람이 많다. 그렇다면 예를 한번 들어보자. 비단벌레에 관심이 있는 당신이 방금 숲에서 몸이 가늘고 겉이 금속성 색을 띠는 작은 곤충 한 마리를 발견하고는 호리비단벌레속*Agrilus* 벌레라고 확신했다. 과연 이 벌레가 기존에 알려진 호리비단벌레일까 아니면 신종일까? 지금까지 알려진 호리비단벌레만도 3,000종이 넘는다. 이들 중 일부는 아주 미묘한 차이밖에 나지 않기 때문에 종을 식별하려면 상당히 전문적인 지식이 필요하다. 그렇다면 아무래도 호리비단벌레 전문가의 의견을 묻는 것이 좋겠다. 다행히 호리비단벌레는 경제적으로 중요하기 때문에―일례로 아그릴루스 플라니펜니스*Agrilus planipennis*는 현재 북아메리카 전역에 걸쳐 물푸레나무를 초토화하고 있다―전문적으로 연구한 사람들이 존재한다. 물론 호리비단벌레 전문가도 3,000종이나 되는 호리비단벌레를 모두 대번에 알아보지는 못한다. 하지만, 적어도 어떤 책과 논문을 참조해야 하는지는 알고 있다. 문헌을 찾아 들여다보고 작업하는 데는 몇 시간, 또는 며칠이 걸린다. 하지만 일단 모든 자료 조사가 끝난 후 이 호리비단벌레가 지금까지 기재된 어떤 호리비단벌레와도 일치하지 않는다는 결론을 내렸다고 해보자. 그렇다면 당신은 신종을 발견한 것인가?

그럴 수도 있고, 그렇지 않을 수도 있다. 같은 종이라도 개체마다 모습은 조금씩 다르기 마련이다. 그리고 당신이 발견한 호리비단벌레가 별종이 아닌 신종이라고 확신하게 된 차이점은 두드러지는 것이 아닐 수도 있다. 숲에서 발견한 이 표본은 사실 아그릴루스 아브디투스*Agrilus abditus* 중에서 좀 더 몸집이 큰 놈일 수도 있고, 아니면 좀 더 납작한 아그릴루스 아브하이이*Agrilus abhayi*이거나, 좀 더 초록색이 도는 아그릴루스 아브소누스*Agrilus absonus*, 또는 살짝 더 기이하게 생긴 아그릴루스 아베란스*Agrilus aberrans* 일지도 모른다. 어쨌든 종은 적어도 직접 눈으로 관찰할 수 있는 차이로만 정의되지는 않는다. 종이란 (책 여러 권을 쓸 수 있을 정도로 복잡한) 교배를 통해 서로 유전자를 교환할 수 있는 잠재력이 있는 개체의 집합이다. 개체 간의 차이를 보고 유전자 이동을 막는 장벽을 인지할 수 있지만 그 차이점이 종을 가르는 장벽과 일대일로 매치되지는 않는다. 때로 별종은 그저 별종일 뿐이다. 다양한 유전자 조합의 가능성, 또는 환경의 영향으로 무리의 다른 구성원보다 좀 더 크거나 작거나 납작하거나 초록색인 개체가 나올 수 있는 것이다. 어떤 분류군에서는 종을 구별하는 좀 더 믿을 만한 지표로 쓰이는 형태적 특징이 있는데, 전문가라면 대개 그 특징이 무엇인지 안다. 센털bristle의 개수나 위치는 믿을 만한 형질로 증명되었지만, 색깔은 아니다. 곤충에서는 보통 생식기 모양이 가장 신뢰할 만한 특징이다. 그래서 앞서 발견한 그 정체불명의 호리비단벌레는 몹시 사적이고 불편한 정밀 조사를 받을지도 모른다. 이때 표본을 하나 이상 보는 게 바람직하다. 종이란 다른 종과의 차이가 불연속적일 때, 즉 2종의 개체 사이에 나타나는 변이가 겹치지 않을 때 더 확실히 종으로 인정받기 때문이다. 마지막으로, 지난 수십 년간 DNA 염기 서열 데이터가 종을 식별하는 매우 유용한 지표임이 밝혀졌다. 외형적 차이가 전혀 없는 경우에도 DNA 분석으로 새로운 별개의 종이 판별된 사례가 있다.

그러나 하나의 지표만으로는 완전히 확신할 수 없다. 또한 진화의 복잡성은 종종 의심스러운 구석을 남긴다. 그런 이유로 저 호리비단벌레가 신종이라는 주장은 최선의 추측, 좀 더 과학적으로 말하면 미래에 언제든 다른 전문가에 의해 뒤집힐 수 있는 가설에 불과하다. 신종이라는 주장은 그 증거가 강력할 수도, 때로는 약할 수도 있다. 실제로 아주 빈약한 근거만 가지고도 신종을 주장하는 경우가 왕왕 있다. 유럽의 담수성 홍합인 아노돈타 키그네아*Anodonta cygnea*를 예로 들어보자. 많은 이들이 아노돈타속(대칭이속)*Anodonta*의 '신종' 홍합이라며 공식적으로 500건 이상 보고했지만, 결국 그들의 표본은 모두 아노돈타 키그네아인 것으로 밝혀졌다(따라서 신종으로 발표되었던 이 500개의 이름은 이제 아노돈타 키그네아의 이명異名이 되었는데, 이명에 대해서는 아래에서 다루겠다). 이 담수성 홍합은 단단한 바닥과 부드러운 바닥, 유속이 빠른 곳과 느린 곳 등에 살면서 아주 다양한 형태의 껍데기가 발달하므로 별종이 쉽게 나타났다. 설상가상으로 19세기에는 미묘한 차이만 있어도—별종까지 갈 것도 없이 조금만 특이하게 생겨도—신종 홍합이라고 발표하는 이상한 열정이 유행했다. 홍합을 연구하는 생물학자들은 이 해프닝으로 엉망이 된 족보를 지금도 바로 잡는 중인데, 다행히 이후로 좀 더 엄격한 기준에 따라 신종을 발표하게 되었다.

마체테를 휘둘렀든 아니든 신종이 대개 야생에서 바로 '발견'되지 않는 것은 이처럼 복잡한 과정 때문이다. 대신 신종은 야생에서 수집된 지 한참 뒤에 실험실이나 박물관에 소장된 표본에서 인지되어 기재되는 게 대부분이다. 그곳에서 생물학자들은 신종으로 추정되는 표본을 과거에 기재된 다른 종의 표본들과 비교하고, 곤충이라면 생식기 같은 미세 부위를 해부하고, DNA를 추출해 염기 서열을 분석하고, 300년 분량의 분류 논문을 뒤적거린다. 여기에서 박물관 표본은 특히 중요하다. 박물관에는 나중의 연구를 위해 야외에서 수집된 표본을 보관하는 역할이 있다. 그 표본이 명명과 기재가 필요한 신종으로 드러날 수도 있지만, 표본 한 점만 따로 연구해서는 정보가 충분치 않으므로 박물관이 다양한 종, 여러 개체의 표본을 포함하는 대규모 컬렉션을 보유하는 것이 대단히 중요하다. 이것은 비단 종 간의 다양성뿐 아니라 종 내의 변이까지 보여주므로, 과학자들은 이 표본들을 참조해 다음의 두 가지 중요한 과제를 수행한다. 첫째, 수집된 표본들을 비교한 결과에 근거해 전 세계에서 과거에 명명된 종과 다른 '새로운' 종을 식별한다. 둘째, 수집된 표본들을 비교해 계통수에서 신종의 위치를 결정한다. 신종은 이미 잘 알려진 속의 새로운 구성원일 수도 있고, 새로운 속(심지어는 새로운 과나 목, 강)으로 독립되어야 할 정도로 크게 다른 종일 수도 있다. 이렇게 보면 신종은 두 번 발견되는 셈이다. 야외에서 수집한 사람에 의해서 한 번, 그것의 다름을 인지하고 낯익은 종들과의 관계를 해독한 사람에 의해서 한 번 더. 이 두 발견자는 동일 인물인 경우도 있지만 대부분은 그렇지 않다.

이제 아까의 호리비단벌레로 돌아가보자. 당신과 전문가가 찾아낸 이 호리비단벌레가 지금까지 기재되지 않은 종이라고 확신한다면(더 정확히 말해, 이 가설을 공식적으로 발표할 생각이라면) 이 벌레는 이름이 필요하다. 이름 짓기가 혼돈의 장이 되는 것을 막기 위해 정해진 몇 가지 규칙만 지킨다면, 이 호리비단벌레의 이름은 당신 마음대로 지어도 좋다. 그 규칙이 바로 학명을 일반명과 구분 짓는다. 종의 일반명은 우리 언어의 다른 명사들처럼 무작위적으로 나타나고 진화한다. 하지만 공식적인 학명은 다르다. 적어도 현재에 와서는 그렇다. 명명의 초기 역사는 혼돈 그 자체였다. 과학자들은 자기가 원하는 이름을 마음대로 적용했고, 또 제멋대로 과거의 이름을 바꾸었다. 이런 무절제한 행위가 학명의 유용성을 담보하는 안정성과 정확성을 위협했다. 그래서 과학자들은 이름을 짓고 적용하는 체계를 공식적으로 지정했다. 이 명명 체계는 19세기에서 20세기에 걸쳐 진화했고, 오늘날에는 명명 행위를 통제하는 규약들로 문서화되었다. 솔직히 말해 이 명명규약들은 정독을 권할 만큼 흥미롭지는 않은데, 다행히 일반인들은 세부 규칙까지 알 필요는 없다. 이 책에서는 아래의 두 가지 중요한 상황에 대해 모두가 합의한 기본적인 규칙만 알면 된다. 첫째, 명명규약은 아직 학명이 없는 종에 부여할 이름을 짓고 배정하는 방식을 명확히 알려준다. 둘째, 1종에 2개 이상의 학명이 발표되었을 때—앞서 아노돈타 키그네아에 붙여진 500개의 이름을 떠올려보길 바란다—어떤 이름을 공식적인 학명으로 인정할지 합의를 돕는다.

독자는 내가 '규약들'이라고 복수로 지칭한 것을 알아챘는지도 모르겠다. 지구상의 모든 생물에 동일하게 적용되는 단일 명명규약이 있으면 좋겠지만, 안타깝게도 역사적인 이유로 그렇게 되지 못했다. 대신 명명규약은 다섯 가지 규약으로 나누어졌다. 각각 1)동물, 2)야생식물, 조류藻類, 균류, 3)재배식물, 4)세균, 5)바이러스에 적용된다. 이 중 첫 번째와 두 번째가 이 책에 해당한다. 비록 깊이 들어가면 규약 간에 전문적인 차이가 있긴 하지만 본질은 거의 같다. 각 규약은 길고 상세한 규칙을 제공하지만 공통되는 기본 규칙은 다음과 같다.

• 새로운 종 또는 속의 이름은 과학적으로 뒷받침되는 최소한의 근거와 함께 문헌으로 출판될 때 인정된다. 즉, 신종의 근거가 되는 기준표본type specimen(보통 미래의 연구를 위해 보존되는 참조 표본)과 해당 종에 대한 설명이 있어야 한다. 여기에서 '문헌으로 출판'되어야 한다는 조항은 비교적 관대하게 정의되는데, 꼭 전문적인 과학 저널일 필요는 없다. 여러 부수가 제작되고, 굳이 원저자나 출판사를 거치지 않아도 접근이 가능한 인쇄물 또는 전자 출판된 문서이기만 하면 된다. 이 항목은 아마추어들도 신종을 명명할 수 있고, 그 이름이 전문 과학자가 붙인 이름과

똑같이 유효하다는 뜻에서 중요하다. 아마추어들의 명명 전성기였던 1800년대에 출판된 신종의 이름을 찾는 것은 큰 모험이다. 당시에는 인기 있는 자연과학 도서나 여행기, 심지어 소량만 인쇄하는 팸플릿에서도 신종을 발표했기 때문이다. 무엇보다 이 시기는 출판물의 색인 작업이 자리잡기 이전 시대였다.

• 신종의 이름은 몇 가지 간단한 기준만 지킨다면 어떤 식으로든 만들 수 있다. 우선 현대식 라틴 알파벳(우리가 사용하는 영어 알파벳)으로 쓰여야 하며, 억양 표시나 아포스트로피 같은 특수 부호나 기호는 사용하면 안 된다(하이픈은 특정한 조건하에 허용된다). 이름은 꼭 라틴어에 어원을 두지 않아도 된다(수백 가지 언어에 어원을 둔, 또는 추적조차 불가능한 종명이 많다). 그러나 일단 언어의 뿌리가 결정되면 그것은 라틴어의 접미사(이 책에서처럼 사람 이름을 따서 짓는 경우, 이름 뒤에 보통 남성은 -i, 여성은 -ae를 붙인다 – 옮긴이)나 라틴어 문법을 사용해 라틴어로 취급된다(이런 라틴어화 과정 때문에 다른 언어에서 기원한 이름이라도 모든 학명을 '라틴명'이라고 부르는 것이다). 속명과 종소명은 최소 두 글자 이상이어야 하고 적절히 발음할 수 있어야 한다. 마지막으로 종소명은 같은 속에 배정된 기존의 다른 이름과 구별될 수 있어야 하고, 속명은 동일한 규약이 적용되는 기존의 다른 속 이름과는 달라야 한다. 이 마지막 규칙이 '로빈', '배저', '데이지' 같은 일반명이 가져오는 혼란의 대부분을 제거한다. 이 규칙 때문에 뽕나무속인 *Morus*에 *alba*라는 종소명을 가진 종은 오직 하나, 즉 누에가 먹고 비단

**북방가넷** *Morus bassanus*

실을 만드는 흰뽕나무*Morus alba*밖에 없다. 게다가 다른 어떤 식물도 '*Morus*'라는 속명을 가질 수 없다. 참고로 식물 명명규약이 아닌 동물 명명규약에 따라 바닷새의 일종인 가넷gannet의 속명은 합법적으로 '*Morus*'이다. 그러나 동물과 식물이라 하더라도 속명이 겹치는 것은 어쩔 수 없는 위험 부담이 있다.

- 1종에 대해 2개 이상의 학명이 발표되었을 때는 먼저 출판된 것이 정명으로서의 유효한 권리를 가진다. 나중에 발표된 이름은 후행이명junior synonym이라고 부르며, 사용되지 않는다(오래

된 문헌에는 후행이명이 정명처럼 쓰이는 경우가 종종 있으므로 주의 깊게 살펴지 않으면 혼란을 줄 수 있다). 이러한 선취권 법칙_principle of priority_의 중요한 예외가 있다. 즉, 이 법칙의 공식적인 기준시점 이전에 발표된 학명에는 선취권 법칙이 적용되지 않는다. 편의상 식물 명명규약에서는 1753년에 린네가 출간한《식물의 종_Species Plantarum_》초판을 기준으로 삼는다. 동물 명명규약은 린네의《자연의 체계_Systema Naturae_》10판(1758년)을 시작점으로 한다. 그전에 발표된 이름은 무시한다.

흥미롭게도 이 명명규약에는 법적 강제성이 없다. 하지만 생물학계는 (대부분) 그것을 따르는데 명확한 규칙이 정해지지 않았을 때 일어날 혼란 때문이기도 하거니와, 학술지들이 규약을 준수하지 않은 논문은 게재하지 않을 가능성이 크기 때문이다.

이제 학명과 그 기원의 추적을 돕는 마지막 세부사항이 남았다. 모든 학명에는 '명명자'가 표기되는데, 해당 학명을 최초로 지은 사람을 말한다. 예를 들어 'Agrilus planipennis'라는 학명의 명명자는 'Fairmaire'로 표기하는데, 1888년에 프랑스 곤충학자 레옹 페르메르_Leon Fairmaire_가 처음으로 이 이름을 지었기 때문이다. 학명에 'Agrilus planipennis Fairmaire' 혹은 'Agrilus planipennis Fairmaire(1888)'처럼 명명자까지 표기된 것을 본 적이 있을 것이다. 이는 '여러분이 알다시피 아그릴루스 플라니펜니스는 페르메르 씨가 기재했습니다'라는 문장을 줄인 것이다. 이런 식의 표기는 종의 원 기재를 쉽게 찾아볼 수 있게 하므로 유용하다. 미국수리부엉이 '*Bubo virginianus* (Gmelin)'의 예처럼 명명자의 이름이 괄호 안에 표기된 경우도 종종 볼 수 있는데, 이는 종이 처음에 다른 속으로 발표되었다가 나중에 현재의 속으로 재분류되었다는 뜻이다. 어떤 종의 속이 바뀌는 경우는 덩치가 큰 속을 여러 개로 나누거나 반대로 작은 속 여러 개가 합쳐질 때, 또는 신종의 혈연관계를 잘못 알았을 때가 있다. 명명도 얼마든지 복잡하고 엉망이 될 수 있다! 마지막으로, 명명자를 표기하면 같은 학명이 1종 이상에 적용될 때 발생하는 혼란을 피할 수 있다. 이런 일은 종종 일어나는데, 보통 명명자가 선택한 학명이 과거 다른 이의 마음에도 들었다는 사실을 인지하지 못하는 경우다. 그러나 이는 규약에 위배되므로, 나중에 발표된 이름은 거부되고 사실이 밝혀진 순간 교체되어야 한다.

독자는 명명규약이 생각보다 엄격하지 않다는 인상을 받았을지도 모른다. 그래서 명명이 그렇게 재미있고 창조적인 행위가 되는 것이다. 학명은 종의 외형을 따서 짓는 경우가 많다. 미국미역취의 학명인 솔리다고 기간테아*Solidago gigantea*는 아주 큰 미역취라는 뜻이다. 울음소리를 묘사한 학명도 있다. 발뜸부기의 학명인 크렉스 크렉스*Crex crex*는 제 이름을 부르며 운다. '홍콩에 사는 개구리'라는 뜻의 아몰롭스 홍콩겐시스*Amolops hongkongensis*처럼 분포 지역을 나타내거나, 이름에 '바위틈에 산다'라는 뜻의 'saxatilis'를 사용한 상사줄자돔*Abudefduf saxatilis*처럼 해당 종이 선호하는 서식처를 표현하기도 한다. 신화나 종교를 상징하는 경우도 있다. 올리브개코원숭이*Papio anubis*의 학명은 이집트 신 아누비스의 이름을 따왔다. 동굴에 사는 한 메기의 이름은 사탄 에우리스토무스*Satan eurystomus*다. 학명을 이용해 유머를 구사하는 과학자도 있다. 딱정벌레의 한 종인 아그라 바티온*Agra vation*은 '짜증나게 하다'라는 영어 단어 'aggravation'을 변형한 것이다. 또 다른 딱정벌레는 카이사르가 죽어가며 마지막으로 외친 "브루투스 너마저You too, Brutus!"를 변형한 이투 브루투스*Ytu brutus*라는 이름을 받았다. 또 학명은 특정한 사람을 기념하기도 한다. 이 특별한 사람은 해당 종을 처음으로 과학적 관심의 대상으로 만든 수집가인 경우가 많다. 노래기 게오발루스 카푸탈부스*Geoballus caputalbus*는 조지 볼George Ball과 도널드 화이트헤드Donald Whitehead가 처음 수집했는데, 종소명 '*caputalbus*'는 라틴어로 '화이트 헤드'라는 뜻이다(caput=head, albus=white). 명명자의 배우자나 친구, 친척의 이름을 기념하기도 한다. 미역취의 일종인 솔리다고 브렌다이*Solidago brendae*는 명명자의 아내 브렌다Brenda의 이름을 땄다. 후원자의 이름으로 학명을 짓기도 한다. 여우원숭이의 하나인 아바히 클리시*Avahi cleesi*라는 학명은 이 종의 보전을 위해 기부한 영국 배우 존 클리즈John Cleese의 이름에서 왔다. 유명인사의 이름을 사용하는 경우도 심심치 않게 등장한다. 거미의 일종인 압토스티쿠스 스티븐콜베어티*Aptostichus stephencolberti*라는 학명은 미국 희극인이자 풍자가 스티븐 콜베어Stephen Colbert의 이름을 땄다. 도요타조(티나무)의 일종인 노투라 다위니이*Nothura darwinii*는 저명한 과학자 다윈의 이름을 가졌다. 세간에 잘 알려지지 않은 인물의 이름을 따오는 경우도 있다. 달팽이의 일종인 스펄링기아속*Spurlingia*이 있는데, 이 달팽이에 대해서는 7장에서 더 얘기할 것이다. 다른 사람의 이름을 딴 학명의 가능성은 계속된다.

세상에 얼마나 많은 학명이 있고, 그중에서 이 책의 소재인 사람 이름에서 유래한 학명은 얼마나 될까? 두 질문 모두 대답하기 쉽지 않다. 중복된 학명 때문에 여태껏 출간된 학명 수는 지금까지 알려진 생물종 수보다 훨씬 많다. 홍합 아노돈타 키그네아처럼 500개의 이름을 가진 것은 예외로 하더라도 하나의 종이 두세 개, 또는 대여섯 개의 학명을 가지는 건 드문 일이 아니다. 선취권 법칙에 의해 정해진 유효한 이름(정명) 하나를 제외하고 나머지는 모두 이명이다. 이명들은 사용되지 않지만 어쨌든 누군가가 지은 이름이고, 이야기를 품고 있다. 그러나 누구도 지금까지 발표된 이름의 총수를 알 수 없고, 이 수가 정명과 비교해 얼마나 많은지도 모른다. 세계의 모든 학명을 실은 단일 데이터베이스가 적어도 현재는 없다. 현재까지 기재된 종 수가 약 150만 종이라고 가정하고 대략, 그러나 적게 잡아 이 수의 두 배라고 치면 린네가 이명법을 처음 만든 이후로 약 300만 개의 학명이 만들어졌다고 추정할 수 있다. 이 중에서 다른 사람의 이름을 따서 지은 학명은 수십만 개 정도 될 것이다. 독일 식물학자 로테 부르크하르트가 최근에 취합한 자료에 따르면 식물의 이름에만 1만 4,000개가 있다. 특히 덩치가 큰 알로에속*Aloe* 안에는 사람 이름을 딴 것들이 거의 3분의 1이다. 지구의 경이로운 생물다양성 전반에 걸쳐 비슷한 추산을 하는 데는 평생이 걸릴 것이다. 그러나 타인 이름으로 학명을 지을 수 있게 한 린네의 명명법이 우리에게 무엇을 남겼는지는 명확하다. 이 수십만 개의 이름에는 모두 이야기가 있다. 이름을 빌려준 사람과 그 이름으로 학명을 지은 사람의 이야기다. 이 이야기보따리는 지금도 풍성하지만, 아직 기재되지 않은 지구의 수백만 종이 앞으로 더 많은 기회를 제공하면 얘깃거리는 더욱더 많아질 것이다.

　지금부터 우리는 학명의 기원이 된 사람들의 이야기를 몇 가지 살펴볼 것이다. 그럼 시작해보자.

# 이름 속 이름,
# 개나리와 목련

Forsythia, Magnolia,
and Names Within Names

## 3장

매년 이른 봄 고향 집 잔디와 정원이 아직 회갈색이고 산비탈과 그 늘진 건물 뒤로 녹지 않은 눈이 쌓여 있을 때, 가장 서둘러 꽃을 피 우는 나무에서는 꽃망울이 터지기 시작한다. 나는 쌀쌀한 초봄을 장 식하는 봄꽃의 색채를 열망한다. 개나리의 발랄한 노란색, 목련의 분홍빛 도는 우아한 크림색. 나는 개나리와 목련의 학명을 벌써 수 십 년 전에 알았지만, 러시아 인형 마트료시카처럼 그 이름에 다른 이름이 들어 있다는 사실은 근래 들어서야 알게 됐다.

　비교적 드문 일이지만, 개나리와 목련 둘 다 일반명과 속명이 같 다. 개나리속*Forsythia*은 10여 종이 속한 작은 속이고 대부분 동아시아 에 자생한다. 목련속*Magnolia*은 좀 더 다양하여 동아시아에서 신대륙 까지 약 200종이 자생한다. 두 속의 꽃들은 이제 전 세계 온대 지방 의 정원에서 자라고, 이들이 꽃을 피우면 누구나 금방 알아볼 수 있 다. 쉽게 알아채지 못하는 건 이들의 학명에 들어 있는 누군가의 이 름이다. 뭐 굳이 말해보라면, 개나리속을 뜻하는 포시티아*Forsythia* 뒤

**태산목** *Magnolia grandiflora*

에는 '포시스Forsyth'라는 사람이 있다는 것까지는 추측할 수 있다. 목련속을 뜻하는 마그놀리아*Magnolia*의 어원은 짐작하기 힘들지만, 여기에도 누군가가 있었다. '마뇰Magnol'이라는 사람이다. 두 이름 뒤에는 숨은 이야기가 있다.

　개나리속은 1804년에 마르틴 바흘이 명명했다. 바흘은 노르웨이 식물학자로 린네에게서 배웠고 수많은 식물명 개론서를 썼다. 바흘이 한창 일하던 시절에 개나리속 식물이 막 유럽 식물학자들의 눈에 들어오게 되었다. 역시 린네의 학생이던 칼 페테르 툰베리는 일본에서 수집한 한 식물에 시링가 수스펜세*Syringa suspense*라는 이름을 붙이고 라일락속*Syringa*에 편입시켰다. 그러나 바흘은 툰베리의 동정

identification(생물을 식별해 정확한 이름을 확인하는 일 - 옮긴이)이 옳지 않다고 보고 새로운 속인 포시티아속*Forsythia* 즉, 개나리속을 제안했다.

바흘이 확실히 언급한 건 아니지만, '*Forsythia*'라는 속명은 스코틀랜드 식물학자이자 원예사인 윌리엄 포시스William Forsyth를 기념한 것이라고 보아도 좋다. 포시스는 영국 왕립원예협회 창립 멤버이자 영국 왕실 정원인 켄싱턴 팰리스와 세인트 제임스 궁의 감독관이었고, 수목병리학에 박식한 전문가였다. 마침 포시스는 바흘이 개나리속을 명명할 당시 식물학자들의 입에 한창 오르내리던 인물이었다. 그는 나뭇재, 똥과 오줌, 비누 거품 등 불쾌한 재료를 섞어 만든 반죽plaister이라는 물질을 나무의 상처에 바르면 상처가 낫는다고 주장했다. 당시 영국 해군은 프랑스혁명과 나폴레옹전쟁에 참전할 군함을 만드는 데 참나무 목재가 꼭 필요했으므로 이것은 매우 중요한 사안이었다. 포시스는 영국 정부로부터 반죽 연구 자금으로 오늘날 13만 파운드(한화 약 2억 5백만 원)에 해당하는 1,500파운드를 받았다. 이 후한 연구비 때문에 포시스는 경쟁 관계에 있던 식물학자들로부터 비난을 받았고 온갖 이의 제기, 내기, 모욕, 상처 입은 감정들이 뒤따랐다. 그러나 포시스의 명예를 위해 포시티아라고 속명까지 지은 것을 보면 바흘은 아마 그를 옹호하는 쪽이었던 것 같다. 그러니까 똥을 듬뿍 바른 나무줄기의 편에 선 것이다. 마침내 원예계가 포시스의 반죽이 전혀 효과가 없다고 합의를 본 것은 포시스가 죽고 포시티아속이 명명된 후였다. 하지만 개나리속 식물들은 예나 지금이나 아름답다.

목련속*Magnolia*에는 아주 다른 이야기가 숨어 있다. 이 속명은 1703년에 프랑스 식물학자 샤를 플뤼미에가 지었다. 그는 프랑스령 서인도제도로 세 차례 식물 원정을 떠난 적이 있는데, 마르티니크섬에서 처음 목련을 채집하고 마그놀리아*Magnolia*라는 새로운 속으로 분류했다. 그는 *Magnolia amplissimo flore albo, fructu caeruleo*라는 풀네임을 주었는데, '크고 흰 꽃과 푸른 열매를 가진 목련'이라는 뜻이다. 참고로 플뤼미에는 린네의 이명법이 시행되기 전에 이 이름을 지었으므로, 나중에 보다 간단한 마그놀리아 도데카페탈라*Magnolia dodecapetala*라는 학명으로 재명명되어 오늘날까지 알려지고 있다. 이 종의 기재문은 "걸출한 인물 피에르 마뇰Pierre Magnol, 왕실 자문가, 의사학회 교수, 몽펠리에 식물원 교수"라고 요란하게 헌정사를 시작한다.[1] 이것만 보면 피에르 마뇰이 식물학계의 원로 회원이자 왕실에서 임명된 사회의 저명인사로서 윌리엄 포시스와 비슷한 사회적 지위를 누린 것처럼 보인다. 그러나 마뇰의 이야기는 전혀 다르게 전개된다. 그의 진짜 이야기는 오늘날 우리에게 시사하는 바가 크다.

피에르 마뇰은 1638년 프랑스 남부 몽펠리에에서 태어났다. 몽펠리에는 르네상스 프랑스의 교육 및 상업 중심지로, 유명한 의대가 있고 프랑스 최초의 식물원 몽펠리에 왕립식물원이 세워진 곳이기도 하다. 게다가 몽펠리에 왕립식물원은 의학과 약물학을 전문적으로 가르쳤으므로(16, 17세기에는 식물학과 의학이 실질적으로 하나의 학문처럼 밀접하게 관련되어 있었다) 그 학문들에 관심이 있던 마뇰에게 몽펠리에는 완벽한 곳이었고, 마침내 그는 1659년 의대 수련을 마쳤다. 그러나 마뇰은 환자를 치료하기보다는 시골을 돌아다니며 식물을 수집하고 연구하는 일을 더 좋아했다. 그는 몽펠리에 지역의 식물상을 주제로 첫 논문을 썼다. 1668년, 대학의 교수직 두 자리가 공석이 되어 마뇰은 다른 네 명의 식물학자들과 함께 후보에 올랐다. 그는 이미 명성이 높았을 뿐 아니라 시험에서도 다른 후보보다 월등한 성적을 보였으므로 대학에서는 그의 이름을 왕실에 올리고 임명을 기다렸다. 그러나 왕실은 임명을 거부했다. 왕이 식물학자로서 마뇰의 실력을 의심해서가 아니라, 그가 위그노(프랑스 프로테스탄트 신자를 경멸하는 호칭 - 옮긴이)였기 때문이다.

마뇰이 태어나기 전 프랑스는 1598년 헨리 4세가 낭트칙령을 선포하기 전까지 계속된 가톨릭과 개신교의 내전으로 고통받았다. 낭트칙령은 개신교 신자들에 대한 차별을 금지하고, 이들에게 마뇰이 지원했던 대학교수 자리와 같은 민사 임명권을 비롯한 시민의 권리를 부여했다. 그러나 법적으로 존재하는 권리가 현실에서도 항상 적용되는 것은 아니어서 17세기 후반 개신교도들은 공식, 비공식적으로 상당한 차별을 받았다. 헨리 4세의 손자 루이 14세는 유난히 개신교에 적의를 품어, 개신교도들을 공직에 임명하기를 거부하고 그들의 집을 근위용 기병대 숙소로 강제 제공하게 하는 모욕을 주었다. 마뇰을 임명하지 않은 것은 낭트칙령을 훼손하려는 루이 14세의 노골적 행동 중 하나에 불과했다. 루이 14세는 1685년 마침내 낭트칙령을 폐지하고 마뇰을 비롯한 개신교도들에게 적극적인 박해 속에 살든지 프랑스를 떠나든지 아니면 가톨릭으로 개종하라는 세

가지 선택권을 주었다. 수십만 명이 프랑스를 떠났지만, 마뇰은 결국 마지못해 개종했다. 가톨릭교도라는 새 신분으로 마뇰은 마침내 1687년 의대생들에게 식물학을 가르치는 실습 조교로 임명되었다. 다시 말해 교수직은 아니었다. 비록 개종하고 눌러앉았으나 명망 있는 자리에 임명하기엔 석연치 않은 면이 있었던 것 같다. 하지만 마뇰은 결국 1694년에 몽펠리에 왕립식물원 원장 및 의학교수 자리에 올랐다. 이때 마뇰은 56세였다. 프랑스에서 가장 능력 있는 식물학자라는 명성에도 불구하고 30년 넘게 그에 걸맞은 자리에 임명되지 못한 것이다.

마뇰이 오늘날까지 가장 지속적으로 식물학에 공헌한 부분은 1689년 출판한 《식물 일반의 역사에 앞서Prodromus historiae generalis plantarum》에 있다. 이 책은 전 세계 식물 목록과 전반적인 분류 체계를 제공했으며, (동물에 이어) 최초로 식물을 과family로 묶는 분류를 시도했다. 과거에는 대개 알파벳 순서로 종을 나열했지만, 마뇰은 비슷한 특징을 가진 식물들을 한 집단으로 묶으려고 애썼다. 이후 수백 년 동안 이와 경쟁하는 분류 체계가 많았지만 마뇰의 분류 체계는 최초이자 더 수준 높은 시도였는데, 그 이유는 그가 하나의 형질을 절대적인 기준으로 삼아(예를 들어 50년 뒤 린네가 전적으로 꽃의 부위별 개수에 기반한 체계를 세운 것처럼) 종을 분류하려는 유혹에 저항했기 때문이다. 대신 마뇰은 "식물 사이에는 각 부분을 따로따로 보는 대신 전체적인 조합으로 봐야만 알 수 있는 유사성과 연관성이 있다. 그것이 무엇인지 감은 오지만 말로 설명하기는 힘들다"라고 말했다.[2]

3 이름 속 이름, 개나리와 목련

이런 깨달음이야말로 식물의 계통에 대한 근대적 이해의 시작이었다. 예를 들어 피튜니아, 토마토, 감자는 모두 가짓과Solanaceae에 속하고, 수선화와 마늘은 수선화과Amaryllidaceae, 장미, 복분자, 사과는 장미과Rosaceae에 속한다. 식물의 다양성을 정리하고 배우는 데는 이런 분류가 편리하므로 마뇰은 식물을 과로 묶은 것이다. 그러나 궁극적으로 이러한 시도에는 훨씬 중요한 의의가 있다. 마뇰은 몰랐겠지만(설사 알았더라도 종교적 이유로 거부했겠지만) 그가 정리한 체계는 모든 식물, 더 나아가 지구의 모든 생물이 하나의 공통된 진화적 기원을 가지고 진화의 역사를 공유한다는 깨달음의 첫 단계였다. 그가 그랬듯이 생물을 조직하는 인류의 능력 역시 진화적 역사로 설명할 수 있다. 우리는 수선화와 마늘이 서로 같은 특징을 공유하므로 함께 묶는다. 두 식물이 비슷한 이유는 진화적으로 서로 가깝기 때문이다. 이 사실은 근대 생물학의 근간이고, 매년 봄 목련나무에 피는 꽃은 마뇰이 이 깨달음에 이바지한 바를 기념한다. 오늘날 거의 누구도 기억하지 못하지만, 이보다 중요한 것은 없다.

종교적 차별을 견디면서 마뇰의 잠재력이 얼마나 억눌렸는지는 알기 어렵다. 공식적인 직책이 없는 상황에서도 그는 상당한 명망을 쌓아올렸다. 마뇰은 위대한 영국 식물학자 존 레이의 프랑스 방문을 주선했고, 린네는 마뇰의 몽펠리에 지역 식물상 연구를 높이 샀다. 아마도 마뇰이 부유한 약제상의 아들로 태어나 경제적 여유가 있었기에 공직에 임명되지 못했어도 연구를 계속할 수 있었을 것이다. 하지만 종교에 의한 제약이 없었다면 그는 얼마나 더 많은 일을 해냈을까? 또한 가문의 배경이 없는 다른 많은 능력 있는 개신교 도들은 얼마나 철저히 소외되었을까? 여기에는 결국 마뇰이 몽펠리에 의학교수로 임명되었다는 역설에 뿌리를 둔 중요한 교훈이 있다. 르네상스 시대의 의학, 특히 몽펠리에 의대의 교과과정은 아랍 세계 의사와 과학자가 생산해낸 방대한 양의 지식에 빚을 지고 있었다. 유럽이 중세 암흑기를 보내는 동안 이슬람 세계에서는 수 세기 동안 과학, 특히 의학이 발전했다. 인간의 진보는 국적, 인종, 종교의 경계를 뛰어넘는다는 명백한 교훈이 17세기 프랑스에서는 사라졌으며, 오늘날에도 여전히 많은 분야에서 소실된 상태다. 우리는 과학을 비롯해 많은 인간 제도를 여성, 유색인종, 성 소수자에게 개방하는 큰 진전을 이루었지만 아직 해야 할 일은 많다. 외국인 혐오와 종교적 편견은 여전히 살아 있을 뿐 아니라, 정치적으로 우익의 대중 선동이 우세를 보이는 나라에서는 공개적으로 옹호되기까지 한다. 이런 맥락에서 우리는 매해 피는 목련을 관용 없던 과거를 상기시키고 좀 더 포용적인 미래를 향한 희망의 암시로 볼 수 있다.

이처럼 포시티아와 마그놀리아라는 이름 안에는 이야기가 있다. 이 이야기는 식물학은 물론이고 역사와 개성, 갈등과(적어도 마뇰에 대해서는) 역경 속에서의 성취도 포함한다. 포시스와 마뇰의 이야기는 오늘날 사람들 입에 오르내리지 않는다. 그러나 그들의 이름을 딴 라틴 학명은 호기심 많은 이들이 찾아볼 수 있도록 이야기에 닻을 내리고 깃발을 달았다. 다양한 생명 전반에 걸친 수천 개의 다른 이야기들 역시 이와 다르지 않을 것이다.

# 만화가 게리 라슨의 이

**4장**

지구상의 생물 중에는 캘리포니아 레드우드나 부채머리수리처럼 위엄 있는 것도 있고, 극락조나 복주머니란처럼 눈부시게 아름다운 종도 있고, 또 백상아리처럼 무시무시한 종도 있다. 북극곰 같은 종은 이 모두를 한 몸에 지니고 있다. 이런 종이 내 이름을 갖는다면 더할 나위 없이 영예롭고 또 짜릿할 것이다.

그런데 게리 라슨Gary Larson은 하필 이louse를 가졌다.

게리 라슨은 1980년에서 1995년까지 신문에 연재된 만화《더 파 사이드The Far Side》를 그린 작가다.《더 파 사이드》를 한 번도 읽어본 적 없는 사람에게 이 만화를 설명하기는 좀 난감하다. '엽기적'이라는 말은 아주 절제된 표현이다. 이 책의 주요 소재는 자연과 자연을 연구하는 과학자로, 민달팽이의 만찬이나 놀이터 미끄럼틀에 거미줄을 치고 기다리는 거미("누구라도 여기에 걸려들기만 하면 우린 왕처럼 먹고 살게 될 거야"), 펑크식 헤어스타일을 고수하는 고슴도치, 참가자들이 아주 작은 이름표를 달고 있는 아메바학회 등이 등장한다. 라슨의 만화는 종종 터무니없지만, 그 부조리는 많은 생물학자를 연구에 끌어들인 자연의 기이함이 주는 매혹에 뿌리를 둔다. 그 결과《더 파 사이드》는 많은 생물학자에게 사랑받았고, 복사된 페이지들이 지금 도 대학교, 박물관, 연구소 실험실 문을 장식하고 있다. 누군가 신종 의 이름으로 라슨을 기념하는 것은 시간문제였다. 스타트를 끊은 것 은 데일 클레이턴, 새의 깃털에 붙어 사는 이를 연구하는 곤충학자 였다.

인간의 몸에 기생하는 이는 누구나 잘 알고 있다(어떤 이들은 아주 심 한 스트레스를 받겠지만). 사람 몸에 사는 이는 머릿니, 몸니, 사면발니, 이렇게 3종이 있다. 그러나 이건 빙산의 일각일 뿐이다. 전 세계적으 로 지금까지 알려진 이만 5,000종이 넘고, 아직 기재되지 않은 종도 수천은 더 있을 것이다. 이가 이처럼 다양한 이유는 특화된 먹이만 먹고 사는 데 적응했기 때문으로 추정된다. 인간의 머릿니가 히말라 야원숭이에게 옮지는 않는다. 반대로 히말라야원숭이의 이가 인간 의 머리로 건너오는 일도 없다. 이런 까탈스러운 습성 때문에 이는 숙주인 조류와 포유류의 진화에 발맞춰 방사했고, 그 결과 새의 깃 털을 뜯어 먹고 사는 종에도 아주 다양한 계통이 생겨나게 되었다. 깃털이 다 거기서 거기 아니냐고 할지 모르지만, 많은 이가 1종 또 는 기껏해야 소수의 조류 종에 정착하여 살아간다.

그중에서도 데일 클레이턴은 석사학위 주제로 올빼미 깃털에 특 화된 스트리기필루스속 *Strigiphilus*을 연구했다(적절하게도 이 속명은 '올 빼미를 사랑하는 자'라는 뜻의 라틴어에서 유래했다). 1990년 발표한 논문에

서 클레이턴은 스트리기필루스속 3종을 새로 기재했는데, 하나는
자신의 대학원 지도교수 이름을 따서 스트리기필루스 스켐스케이
*Strigiphilus schemskei*라고 지었고, 다른 하나는 동료 과학자의 이름을 빌려
스트리기필루스 피터스니*Strigiphilus petersoni*, 그리고 마지막은 게리 라슨
의 이름을 따 스트리기필루스 게리라스니*Strigiphilus garylarsoni*라고 지었
다. 클레이턴은《더 파 사이드》의 팬으로서 라슨에게 두 가지를 감
사했다. 자연의 작동 방식에 대한 라슨의 통찰력 있는 이해, 그리고
자연에 대한 대중의 관심을 확산시키는 데 일조한《더 파 사이드》의
역할이다. "유머보다 나은 선생은 없으니까."[1]

스트리기필루스 게리라스니는 기껏해야 2밀리미터밖에 안 되는
작은 곤충으로, 오직 남방흰얼굴올빼미*Ptilopsis granti*라는 작은 아프리
카 올빼미의 깃털에만 기생한다. 이 종은 이의 세계를 전공한 분류
학자들에게 털 길이와 수컷 생식기 모양 등 미묘한 특징으로 다른
이들과 구별된다. 라슨의 이는 색깔이 선명하지도, 외모가 우아하지
도 않다. 아름답게 노래하지도 않고, 생태계를 지탱하는 중심축 역
할도 하지 못한다. 그러나 다음과 같은 헌사와 함께 게리 라슨에게
바쳐졌다. "그가 자연의 이치를 향해 비춘 고유한 빛에 감사하며."[2]

그렇다면 이런 평범하지 않은 찬사를 받은 당사자는 이를 어떻게
생각할지 궁금할 것이다. 잘 알지도 못하는 작은 기생충의 이름으로
불멸을 얻은 것이 누군가에게는 마냥 축하받을 일이 아닐지도 모르
니까 말이다. 클레이턴 역시 이를 염려한 나머지, 학명을 발표하기
전에 라슨에게 편지를 보내 자신의 의도를 설명하고 "이런 다소 수

**게리 라슨의 이** *Strigiphilus garylarsoni*

상쩍은 영광"을 받아주겠냐고 물었다. 라슨은 흔쾌히 허락했다. 실제로 라슨은 1989년에 출간한《더 파 사이드: 선사시대The Prehistory of The Far Side》에 스트리기필루스 게리라스니의 사진과 함께 클레이턴의 편지를 싣고 이렇게 덧붙였다. "크나큰 영광이다. 어차피 백조에 내 이름을 붙여도 되냐고 묻는 사람은 없을 테니까. 기회란 있을 때 잡아야 한다."[3] 또한 라슨은 책의 마지막 장에 스트리기필루스 게리라스니가 500마리로 불어난 그림을 그려놓았다. 이 책이 200만 부 이상 팔리자 클레이턴은 어리둥절해하면서도 이 그림이 역사상 가장 많이 복제된 과학 이미지가 될지도 모른다는 생각에 (누구라도 그랬겠지만) 조금 우쭐해했다. 클레이턴과 라슨은 처음 편지를 주고받은 이후로 30년 가까이 서로 크리스마스카드를 보내거나 저녁 식사를 함께하며 연락을 이어갔다. 심지어 라슨은 클레이턴의 최신작에 추천사까지 썼다. 기생충과 숙주의 공진화에 관한 이 책으로 클레이턴은 학술 저서에 만화가의 추천을 받은 유일한 진화생물학자가 되었다.

그렇다면 비록 우아한 백조로 태어나지는 못했어도 스트리기필루스 게리라스니에게는 행복한 결말이다. 반면 일장춘몽으로 끝난 이야기도 있다. 1990년, 미국 곤충학자 커트 존슨은 신열대구에 서식하는 나비 칼리코피스속*Calycopis*을 재검토한 논문을 발표했는데, 여기서 이 분류군을 엄청나게 잘게 쪼개는 바람에 20속 235종의 새로운 이름이 대량으로 쏟아져 나왔다. 그중에는 세라토테르가*Serratoterga*라는 새로운 속의 세라토테르가 라스니*Serratoterga larsoni*라는 부전나비도 포함되었다. 이렇게 결국 라슨은 아름다운 나비를 얻었다. 아니, 그랬었다. 14년 후, 또 다른 곤충학자인 로버트 로빈스는 세라토테르가 라스니를 비롯해 존슨이 신종으로 기재한 여러 종이 사실 칼리코피스 피시스*Calycopis pisis*라는 아주 흔한 종이라고 주장했다. 앞서 나온 커트 존슨은 분류학자들이 말하는 소위 세분파splitter로, 이 부류는 아주 사소한 변이로도 신종, 심지어 새로운 속을 만드는 경향이 있었다. 반대로 로버트 로빈스는 병합파lumper였는데, 이들은 하나의 종에 유전자, 형태, 습성 면에서 다양한 개체들이 모여 있다고 주장하는 사람들이다. 같은 분류군을 놓고도 세분파는 그 안에서 수십 개의 종을 본다면, 병합파는 변이의 폭이 큰 하나의 종을 본다. 이는 과학자들이 종을 기재하는 한 계속될 논쟁이다. 당시 곤충학계의 분위기는 로빈스의 병합으로 기울었다. 그렇다면 세라토테르가 라스니라는 명명은 불필요한 것이 된다. 존슨이 신종으로 분류한 나비들은 칼리코피스 피시스 중에서도 조금 별난 개체일 뿐, 새로 발견된 별개의 종이 아니기 때문이다. 라슨의 나비에게는 이미 100년 이상 불려온 다른 이름이 있었다.

세라토테르가 라스니라는 학명은 전문 용어로 칼리코피스 피시스의 '후행이명'으로 강등되어 이제 더는 쓰이지 않는다. 분류학에는 이런 유령 이름들이 수도 없이 많다. 분류학자들 사이에서 예컨대 세분파와 병합파의 충돌과 같은 논란은 드물지 않다. 이 분야에서 종의 경계를 놓고 학계의 전반적인 의견이 여러 차례 뒤집힌 시대도 있다. 예를 들어 1920년대와 1930년대에 조류의 총수에 어떤 변화가 있었는지 살펴보자. 이 기간의 초기에는 조류학자 대부분이 세계적으로 약 1만 9,000종의 새가 있다고 합의했다. 그러나 마지막에 이 목록은 9,000종 미만으로 가지치기되었다. 세라토테르가 라스니처럼 영구히 버려진 이름이 있는 반면에 종 내에서 지리적 변이가 인정된 것들은 아종으로 수정되었다. 물론 시간이 지나면서 이름은 이렇게 저렇게 바뀔 수 있지만, 개체군 내의 변이는 그대로 남아 있다. 마침내 2016년에 조지 배로클라우가 이끄는 세분파가 다시 조류의 수는 9,000종이 아닌 1만 8,000종에 가깝다고 주장해 형세를 뒤집고자 했다. 만약 1만 8,000종으로 합의가 이루어진다면, 한참 동안 사용되지 않았던 이름들이 오랜만에 먼지를 털고 나올 것이다. 그러나 참고로 말하면 앞서 세분파가 쪼개놓은 아노돈타 키그네아*Anodonta cygnea*의 이명 500개에는 다행히도 같은 일이 일어나지 않을 것이다. 그리고 라슨의 나비 세라토테르가 라스니 역시 부활할 가능성은 없다.

세라토테르가 라스니는 사라진 이름이다. 게리 라슨에게 영광을 돌리려는 존슨의 의도는 알겠지만 뜻한 바를 이루었다고 보기는 어렵다. 만약 라슨이 나비의 이름을 가져야 한다면, 다른 곤충학자가 기재되지 않은 진짜 신종에 라슨의 이름을 부여해야 한다. 라슨의 나비와는 대조적으로 라슨의 이는 스트리기필루스 게리라스니라는 이름으로 남아, 올빼미 깃털에서 채집되고 동정되어 그림과 글로 기록된 모든 표본과 함께 영원히 이 만화가에게 경의를 표할 것이다.

물론 이름을 빌려주긴 했으나 외모가 아름답지 못한 종이 가져간 탓에 다소 애매한 찬사를 받은 사람은 게리 라슨만이 아니다. 백조, 나비, 맹금류, 난초도 모두 이름이 필요하고 특히 나비나 난초는 아직 이름을 받지 못한 종이 수천이나 되지만, 라슨의 이처럼 특정 인물의 눈에만 아름답게 보이는 종에 비하면 아무것도 아니다. 지구는 칙칙한 갈색의 딱정벌레, 작은 말벌, 현미경으로나 보이는 선충, 그리고 응애(거미강 진드기목의 벌레 - 옮긴이)로 가득 차 있다. 특히 응애는 그 수가 '정말' 많다. 최소 수십만, 어쩌면 100만 종이 넘을 수도 있다. 응애는 어디서나 발견된다. 흙, 식물, 강, 개울, 심지어 사람의

속눈썹에도 붙어 산다. 그러나 대부분 티끌처럼 작고, 오직 응애를
공부하는 과학자들에게만 사랑받는다. 이런 응애 중 하나에 닐 슈
빈Neil Shubin의 이름이 붙었다.

닐 슈빈은 미국의 진화생물학자이자 고생물학자인데, 화석 물고
기 틱타알릭 로세아이Tiktaalik roseae를 공동으로 발견했고, 또 그가 쓴
동명의 책을 바탕으로 제작된 PBS 다큐멘터리 〈내 안의 물고기Your
Inner Fish〉를 진행해 유명해졌다. 틱타알릭은 3억 7,500만 년 전 데본
기 후기에 살았던 육기어류肉鰭魚類의 한 종으로 어류에서 최초의 양
서류로 진화하는 과정의 특징을 갖고 있다. 2004년에 발견된 틱타
알릭은 언론에 돌풍을 일으켰다.《내 안의 물고기》는 물고기(그리고
훨씬 더 오래된 조상)가 지금 이 책을 읽는 독자의 몸으로 변신하는 과
정을 좀 더 폭넓게 이야기한다. 닐 슈빈은 이렇게 고생물학자로서
과학에 기여한 것은 물론, 대중과학서의 저자이자 다큐멘터리 진행
자로서 과학의 소통에도 이바지했다. 이런 슈빈의 공헌이 북아메리
카 물응애 집단인 토렌티콜라속Torrenticola을 연구하던 박사과정 학생
레이 피셔의 눈에 들어왔다. 이 응애의 약충은 깔따구에 기생하며,
길이는 1밀리미터도 채 안 되지만 모습은 성체와 같고, 유속이 빠
른 개울 바닥의 모래 퇴적물 속에서 먹이를 사냥한다. 2017년 피셔
는 닐 슈빈의 이름을 딴 응애 토렌티콜라 슈비니Torrenticola shubini를 포
함해 토렌티콜라속 신종 66개를 명명했다. 피셔는 "고생물학자인 닐
슈빈이《내 안의 물고기》(2009)와 동명의 텔레비전 시리즈(2014)를
통해 인간 진화 이야기를 대중화시키려 노력한 바를 기리기 위해 그

의 이름을 빌려 명명했다. 틱타알릭 로세아이를 필두로 슈빈이 연구한 많은 종과 함께 토렌티콜라 슈비니는 진화의 중요한 전이 과정을 보여줄 것이다"라고 이 학명을 짓게 된 배경을 설명했다.[4]

클레이턴이 스트리기필루스 게리라스니라고 라슨의 이를 명명하기 전에 라슨에게 허락을 구했던 것과 달리, 피셔는 먼저 학명을 발표한 다음 슈빈에게 논문을 보냈다. 이때는 이미 토렌티콜라 슈비니가 공식적인 이름으로 확정된 후였다. 나는 이런 식의 명명이 좀 위험하다고 생각하지만, 어쨌든 슈빈은 신종 응애가 자신의 이름을 가졌다는 사실에 매우 기뻐하며 다음과 같이 말했다. "비록 보잘것없는 일개 응애에 불과하지만, 내 응애다. [라슨의 나비 세라토테르가 라스니에게 일어난 것처럼] 학명이 수정되지 않는 한, 이 이름은 나보다 더 오래 살아남을 것이다. 작지만 참으로 멋진 영광이 아닐 수 없다. 이 이름은 문헌에 남아 제 삶을 살 것이다. 정말 사랑스러운 이름이다. 그것이 인류의 신종이든 이의 신종이든 응애의 신종이든 영광스럽기는 마찬가지다. 누군가 내가 한 일이 인정받을 만한 가치가 있다고 생각한 게 아닌가."[5] 사실 만화가나 생물학자에게 부여되는 공식적인 영예는 많다. 보통은 과학 저널에 실린 동명의 학명으로서가 아닌, 좀 더 대중적인 가시성을 띤다. 예를 들어 라슨과 슈빈 둘 다 이런 영예를 누렸는데, 라슨은 미국 만화가 협회가 주는 루벤상을, 슈빈은 미국 과학 아카데미 커뮤니케이션상을 받았다. 라슨과 슈빈 둘 다 아직 수상 통보를 받을 기회는 없었지만, 퓰리처상이나 노벨상도 있다. 그러나 적어도 생물학자라면 ─ 라슨까지 포함해서 ─ 누군가 자신의 이름으로 종의 학명을 짓는다는 사실을 영광스럽게 생각할 것이다. 린네가 지은 속명 콜린스니아*Collinsonia*에 이름을 빌려준 18세기 식물학자 피터 콜린슨Peter Collinson의 말처럼, 동명의 라틴명을 통해 기억된다는 것은 "인간과 책이 남아 있는 한 (…) 영원히 지속될 종"에게 자신의 이름이 주어졌다는 뜻이기 때문이다.[6]

따라서 자신의 이름이 일개 응애나 이의 이름으로 자손 대대 불린다는 것은 세상에서 가장 이상한 찬사일지도 모르지만, 그 안에 담긴 진심을 제대로 이해하는 수여자에게는 지극히 환영받을 만한 것이다. 이름이 필요한 응애와 이는 널렸고, 응애나 이 말고도 덜 영광스러운 종은 많이 있다. 하지만 기분 나쁠 일이 아니다. 어쨌거나 모두 북극곰과 극락조에게 이름을 줄 수는 없으니까.

# 마리아 지뷜라 메리안과 자연사의 변천사

Maria Sibylla Merian and
the Metamorphosis of Natural History

**5장**

도마뱀 살바토르 메리아나이*Salvator merianae*, 나비 카타스틱타 시빌라
이*Catasticta sibyllae*, 나방 에린니이스 메리아나이*Erinnyis merianae*, 거미 메
텔리나 메리아나이*Metellina merianae*, 노린재 플리스테네스 메리아나이
*Plisthenes merianae*, 꿀벌 에울라이마 메리아나*Eulaema meriana*, 붓꽃 왓스니아
메리아나*Watsonia meriana*, 메꽃속 메리아나*Meriana*, 야모란속 메리아니
아*Meriania*. 남아메리카 도마뱀에서 유럽의 흔한 거미를 거쳐 남아프
리카 파인보스 지역의 나팔붓꽃에 이르기까지 이 종들은 모두 한 가
지 공통점이 있다. 라틴명이 과학사에서 가장 중요하고 매혹적인 여
성을 기린다는 점이다. 그런데 이 이름들은 이 여성의 관심과 성취,
과학사에서 차지하는 위치 등 다양한 면을 각기 다른 방식으로 기념
한다. 어떤 면에서 이 다양성은 부분의 합보다 크다.

　마리아 지뷜라 메리안*Maria Sibylla Merian*은 1647년 프랑크푸르트에서
태어났다. 삶은 이 여인을 인쇄소에서 금욕 공동체와 사교계로, 독
일에서 네덜란드를 거쳐 수리남, 다시 독일로 데려왔다. 식물과 동

물을 보는 예리한 눈과 예술가로서의 뛰어난 재주가 결합하여 메리
안은 나비와 나방을 비롯한 곤충 자연사를 다룬 혁명적인 책을 출간
했다. 살아생전에는 명성을 얻었지만, 사후에 그녀는 비판받았고 그
후 잊혔고, 마침내 재발견되었다.

메리안은 대단히 유리한 배경에서 박물학자이자 예술가의 길을
걸었다. 그녀는 폭발적으로 증가한 해외 원정과 무역에서 탐험가들

1700년의 마리아 지빌라 메리안. 《곤충 책 Das Insektenbuch》에서.
야코뷔스 하우브라컨 Jacobus Houbraken의 동판 인쇄.

과 함께 들어온 이상하고 아름다운 표본들이 호기심 캐비닛curiosity cabinet(17세기 유럽 귀족들이 신대륙에서 가져온 진기한 물건들을 전시한 방-옮긴이)을 가득 채우던 시대에 살았다. 메리안의 아버지는 출판인이자 판화가였고, 그의 인쇄기는 자연사와 지리학 삽화가 실린 많은 작품을 찍어냈다. 세상을 떠날 때에는 세 살된 딸에게 상당한 재산을 남겼다. 메리안의 의붓아버지와 남편도 모두 예술가였는데, 당시의 예술 경향은 자연 풍경이나 꽃, 곤충, 그리고 자연에 대한 호기심 가득한 정물화에 집중되었다. 이런 환경에도 불구하고 여전히 별은 그녀의 손이 닿지 않는 높은 곳에 단단히 박혀 있었다. 메리안은 17세기를 사는 여성이었다. 자연에 관심을 쏟는 여성은 좋게 봐야 기이한 사람으로 취급되었고, 최악의 경우 마녀로 몰릴 수도 있었다.

메리안은 늘 식물과 곤충에 집착했다. 어려서는 화가인 의붓아버지를 도와 꽃과 곤충을 채집했고, 판화와 삽화 작업을 거들었다. 한번은 메리안이 그림을 그리려고 이웃집 정원에서 튤립을 훔쳤는데, 그 이웃이 메리안의 작품을 보고 감탄한 나머지 그녀를 용서하고 그림을 달라고 요청했다는 이야기가 전해진다. 말년에 메리안은, 자연사를 향한 관심이 열세 살 때인 1660년 누에의 발달 과정을 관찰하고 스케치하면서 시작되었다고 말했다. 1679년에 메리안은 나비와 나방, 애벌레에 관한 명저《애벌레의 신비한 변태 과정과 그들의 놀라운 먹이, 꽃Der Raupen wunderbare Verwandlung und sonderbare Blumennahrung》을 출간했다.

이 책은 메리안이 뛰어난 예술가임을 증명했지만, 그 이상으로 학문의 경계를 허무는 과학자의 모습을 더 분명히 보여주었다. 메리안은 곤충의 생활사와 발달 과정을 이해했고, 특히 알, 유충, 번데기, 성충, 그리고 숙주식물을 직접 관찰한 다음 그 결과를 하나로 엮는 데 중점을 두었다는 점에서 동시대 박물학자들과 달랐다. 다른 과학자들은 여전히 표본 중심의 정적인 관심을 유지했기 때문이다. 예를 들어 영국 박물학자 토머스 모펫이 1634년에 출간한 《곤충 극장Theater of Insects》은 메리안 시대의 주요 참고문헌이었다. 이 책에도 나비와 나방 애벌레, 번데기, 성충의 삽화가 실렸지만 전체적인 생활사에서 분리되어 각각 다른 장에 그려졌고, 어떤 애벌레가 어떤 성충으로 이어지는지 명확하게 보여주지 않았다. 당시에는 이런 식의 구성이 전혀 이상하지 않았는데, 학자 대부분이 알에서 성체로, 다시 알로 태어나는 곤충 생활사 주기를 이해하지 못했기 때문이다. 사실 이때는 많은 이들이 여전히 자연발생을 믿었다. 1660년에 출간된 대니얼 세닛의 유명한 《자연철학에 관한 13권의 책Thirteen Books of Natural Philosophy》에서는 비록 나비는 애벌레에서 발달하지만, "경험으로 미루어 보건대 그 애벌레는 식물에 맺히는 이슬과 빗방울에서 생겨난다"라고 확신했다. 알에서 유충을 거쳐 성충으로, 다시 알로 돌아가는 연속성을 인지하지 못한 박물학자들은 곤충 연구를 단계 간의 관계를 중심으로 정리할 생각을 하지 못했다.

　메리안의 연구는 이러한 태도를 완전히 바꾸어놓았다. 그녀는 알과 애벌레를 수집해 먹이 식물 위에서 직접 키우며 발달 과정 전체를 관찰하고 단계별로 먹이 식물과 함께 그렸다. 메리안의 그림은 번데기에서 자신이 예상하던 성충 나비가 아닌 기생성 말벌이 나오는 장면까지 포착했다. 이것은 그녀를 혼란스럽게 만들었다. 메리안은 애벌레와 나비의 자연발생설에 격렬히 반대하면서도, 말년이 될 때까지 포식성 기생체의 기원으로 자연발생설을 배제하지 않았다. 따라서 메리안의 사고는 완벽하게 정확하지는 않을지라도 중요한 진전을 나타낸다. 물론 메리안의 연구가 자연발생이라는 교리를 단독으로 반박한 것은 아니다. 혁명은 메리안의 세심한 관찰과 더불어 네덜란드 생물학자 얀 스바메르담과 이탈리아 의사 프란치스코 레디 같은 동시대 과학자들이 실험을 통해 찾아낸 반대 사례들이 쌓이면서 진행되었다. 이 사례들이 반박할 수 없는 증거가 되고, 마침내 곤충 생활사에 대한 메리안식 접근이 보편적으로 받아들여지기까지 150년이 더 걸렸다. 이 모든 것은 과학이 발전하는 전형적 과정이다. 잘못된 출발점과 실수를 딛고 때로는 함께, 때로는 혼란스러운 상태로 한 단계씩 앞으로 나아가며, 한 명의 뛰어난 외톨이에 의해 전체가 한 번에 전복되는 것이 아니라 대개는 많은 과학자의 연구가 쌓여서 발전이 이루어진다.

1680년대까지 예술가이자 박물학자로서 확고한 명성을 쌓아올린 메리안은 1680년대 중반에 자신의 삶에서 처음으로 새로운 모습을 보여주었다. 메리안은 남편인 야코프 그라프를 떠나 네덜란드 비우어르트 지역에 있는 개신교 금욕 단체인 라바디파 공동체(프랑스의 장 드 라바디가 설립한 17세기 개신교 공동체-옮긴이)에 들어갔다. 야코프가 메리안을 따라왔지만, 그녀는 만나주지 않았다. 라바디스트들은 수리남을 포함한 신대륙에 식민지를 건설했고, 이 공동체에서 메리안은 이후에 자신이 집착하게 될 열대 나비를 처음 만났다. 1691년 라바디파 공동체가 해체된 다음에도 메리안은 남편이 있는 고향으로 돌아가는 대신 암스테르담으로 가서 자리를 잡았고, 그곳에서 독립적이고 존경받는 상류사회의 일원이 되었다. 메리안에게는 안락한 집, 무역을 통해 유입된 이국의 표본들, 작품을 사려는 부유한 사회 인사들, 그녀가 소속된 예술가 및 학자 공동체가 있었다. 그러나 그것으로 만족할 수 없었다. 메리안은 수집가와 박물학자가 생물을 원래의 환경에서 분리해 열대식물을 온실에서 키우고, 죽은 표본을 해부하고, 핀으로 박아놓은 나비와 박제된 새를 연구하는 방식에 불만을 품게 되었다. 유럽 나비와 나방을 연구했던 방식대로, 신대륙 나비와 나방이 살아 있는 상태로 자연 속에서 먹고 자라고 발달하는 모습을 관찰하고 기록하고 싶었다. 그래서 1699년에 한 번 더 새로운 삶에 도전했다. 남아메리카 열대우림의 곤충과 동물상을 연구하기 위해 암스테르담을 떠나 수리남의 네덜란드 식민지로 향한 것이다. 메리안은 스물한 살짜리 딸 도로테아 말고는 모두 두고 떠났다.

수리남으로 가는 항해는 아주 이례적인 사건이었다. 그녀는 쿡 선장이 처음 태평양을 항해하기 69년 전, 그리고 훔볼트가 중앙아메리카와 남아메리카로 원정을 떠나기 100년 전, 다윈의 유명한 비글호 항해가 있기 312년 전에 유럽을 떠났다. 1690년대에 유럽인이 설탕 및 노예 무역을 제외한 다른 이유로 수리남에 가는 일은 매우 드물었다. 더군다나 여성 홀로 간다는 것은 전례가 없는 일이었다. 다른

17세기 예술가나 박물학자는 군주나 무역회사로부터 재정적 지원과 보호를 받아 항해했지만, 메리안은 꽃과 곤충을 그린 그림 255점을 팔고, 유럽 수집가들에게 표본 공급을 약속하며 자신이 직접 원정 자금을 마련했다. 메리안은 난파와 해적의 위험, 항해 중의 끔찍하고 부적절한 식단을 감내했다. 그러나 수리남에 도착한 다음에도 안전은 보장되지 않았다. 원주민들과 탈출한 노예들이 시시때때로 반란을 일으켰고, 프랑스는 침략의 조짐을 보이고 있었고, 열대우림에는 독사와 기생충, 말라리아와 황열병을 옮기는 모기가 득시글거렸다. 메리안은 파라마리보에 짐을 풀었다. 그곳은 당시 1,000명도 안 되는 유럽 식민지 이주자들이 사는 마을이었는데 주민 대부분이 강제로 군 복무를 하게 된 기결수이거나, 배가 수리되기를 기다리는 선원이었다. 그곳은 그녀에게 어울리지 않았다. 메리안은 다른 유럽 이주민들이 "이 나라에서 설탕이 아닌 다른 걸 찾아 헤매는 자신을 조롱했을 것"이라고 썼다.[1] 파라마리보에서 메리안은 깊은 밀림을 탐색하며 생물을 채집하고 그림을 그렸다.

　수리남에 머무는 동안 메리안은 나비뿐 아니라 딱정벌레, 꽃, 두꺼비, 뱀, 거미, 새, 그 밖의 많은 것을 채집하고 연구하고 그렸다. 때로는 통과할 수 없다고 알려진 정글을 뚫고(정확히 말하면 하인이나 노예를 시켜) 나무를 베어 우듬지에서 애벌레를 채집했다. 메리안은 신대륙 우림을 맨 처음 묘사한 유럽인은 아니었으나—1648년 네덜란드 박물학자 빌럼 피소가 브라질 여행기를 출간했다—아마 밀림의 상층부와 하층부가 얼마나 다른지 직접 보고 기술한 최초의 사람이었

을 것이다. 게다가 처음으로 열대우림을 생태적 그물망이라는 관점
에서 본 사람임은 틀림없다. 메리안은 표본과 스케치북으로 끝없이
나무 상자를 채웠다. 이곳에서 메리안의 예술은 유럽에서보다 생태
적인 측면이 더욱 강조되었다. 덜 장식적이고 덜 감상적이고 더 무
질서한 이 그림들에는 자연의 붉게 물든 이빨과 발톱, 곤충의 턱에
대한 증거가 풍부하게 담겼다.

　그러나 2년 뒤, 건강이 악화되면서 메리안은 탐험을 중단해야 했
다. 말라리아에 걸렸을 가능성이 높다. 그녀는 암스테르담으로 돌아
와 자신이 버렸던 사회적 지위를 되찾고 학계에서 당시 여성으로서
누릴 수 있는 최고의 명성을 얻었다. 메리안은 걸작이 된《수리남 곤
충의 변태Metamorphosis insectorum Surinamensium》를 완성하기 위해 열과 성
을 다했다. 이 책에는 전면 도판 60쪽 그리고 60쪽의 동물, 식물, 수
리남 사회에 대한 관찰 기록이 실려 있다. 메리안은 예약을 받아 책
을 팔았는데, 손수 채색한 초판 가격이 45플로린으로 당시에는 맥
주 1,300파인트를 마실 수 있는 돈이었다. 영국의 한 광고에서는 메
리안을 "궁금한 사람Curious Person, 마리아 지빌라 메리안 부인"이라고
묘사했는데, 여기에서 '궁금한'이란 '궁금증을 불러오는'이라는 뜻뿐
아니라 '궁금증이 많은'이라는 뜻으로도 쓰였다. 1705년, 이 책의 초
판과 이후의 출판을 후원할 궁금증 많은 구독자들은 충분했다.

　메리안은 1717년, 70세를 불과 몇 달 앞두고 세상을 떠났다. 그녀
의 작품은 1700년대 전반에 걸쳐 엄청난 영향력을 행사했다. 메리
안의 책은 널리 읽히고 인용되고 찬사를 받았다. 린네는 메리안의

그림을 100번 이상 참조했고, 적어도 여러 차례 그녀의 삽화를 이용해 자신이 따로 보지 못한 종을 묘사했다. 린네는 메리안을 기념하며 나방 팔라이나 메리아넬라*Phalaena merianella*와 나비 파필리오 지뷜라*Papilio sibilla* 2종을 명명했지만, 안타깝게도 둘 다 현재는 유효하지 않은 학명이다. 1800년대 중반에 들어서면서부터 메리안은 (좋게 말해서) 다양한 평가를 받았다. 헨리 월터 베이츠, 루이 아가시, 앨프리드 러셀 월리스를 비롯한 몇몇 위대한 박물학자가 여전히 그녀의 책을 칭송했지만 메리안을 비난한 사람도 많았다. 예를 들어 1834년 랜스다운 길딩은 《수리남 곤충의 변태》에 대해 조목조목 비판한 글을 발표하면서 메리안의 삽화가 부주의하고 가치 없고 심지어 "절대 용납할 수 없는" 수준이며, "어린 곤충학자들"조차 뻔히 아는 명백한 실수를 저질렀다고 비난했다. 참고로 길딩은 한 번도 수리남에 가본 적이 없었을 뿐 아니라, 메리안이 죽고 한참 뒤 출간돼 채색이 엉망이고 또 실제로 그녀가 그리지도 않은 그림이 실린 판본을 보고 작업했다. 길딩은 이런 사실을 전혀 고려하지 않았다. 제임스 던컨은 1841년에 발표한 《박물학자의 도서관*Naturalists' Library*》에서 메리안의 삽화가 "상당한 수준의 허구*fabulous*"라는 말도 안 되는 소리를 했는데, 만약 그가 오늘날의 '대단히 멋진'이라는 의미에서 'fabulous'라는 단어를 사용한 거라면 그는 백번 옳았다. 또 다른 박물학자 윌리엄 맥리는 유난히 《수리남 곤충의 변태》에 실린 그림 하나를 물고 늘어졌는데, 벌새를 잡아먹으려는 자세를 취한 타란툴라 거미를 그린 삽화였다. 맥리는 타란툴라가 나무에서 사냥을 한다거나, 더욱이 새를 잡아먹는다는 사실을 진짜 믿는 사람은 없을 거라고 주장했다. 그로부터 40년 뒤, 그리고 메리안이 타란툴라를 관찰한 지 170년이 지난 후 유명한 탐험가이자 박물학자인 헨리 월터 베이츠는 메리안이 옳았고 맥리가 틀렸다는 사실을 확인했다. 사실 메리안의 명성이 추락한 원인은 오류와는 상관없이(그녀도 몇 가지 틀린 부분이 있었지만, 그건 다른 과학자들도 마찬가지였다) 과거의 과학을 일절 신뢰하지 않은 빅토리아 시대의 태도와 더 관련이 있는 것 같다. 그나마 19세기에는 사람들의 기억에 남아 있었으나 20세기에 들어서면서 메리안은 세간에서 완전히 잊혔다.

메리안의 연구는 1970년대에 구소련 과학 아카데미 고서관에서 그녀가 쓴 곤충 책들의 복사본을 발행하면서 충분히 자격 있는 르네상스를 맞이하기 시작했다. 박물관들은 메리안의 작품을 전시하며 그녀의 이야기를 들려주었고, 이윽고 메리안은 독일 우표와 500마르크짜리 지폐에도 등장했다. 메리안은 다윈이나 린네처럼 누구나 아는 이름은 아니지만 적어도 곤충학자들은 그녀의 놀라운 업적을 받아들이고 있다. 곤충의 변태 과정에 감춰진 많은 비밀을 드러내고, 더 나아가 동물과 식물에 대한 박물학자의 사고방식을 변화시켰다는 점에서 우리는 그녀에게 많은 빚을 졌다. 과거의 삽화는 대개 양식화되고 깨끗하게 다듬어져 정확성보다는 장식성에 더 치중했다. 그러나 메리안은 자연사를 생태학적으로 접근한 선구자다. 그녀의 연구는 곤충에게 먹혀 상처 난 꽃과 잎을 보여주었고 이를 통해 애벌레, 먹이 식물, 그리고 적과 자연이 복잡하게 뒤엉켜 만든 연관성을 강조했다. 메리안의 이런 진보적 발상은 거의 인정받지 못했다. 흔히 최초의 근대 생태학자로 독일 생물지리학자 알렉산더 폰 훔볼트를 꼽지만, 그는 1790년대까지 책을 내지 않았다. 하지만 메리안의 영향력에는 의심의 여지가 없다. 메리안 이후로 자연사 삽화와 자연사는 결코 전과 같지 않았다.

그렇다면 마리아 지뷜라 메리안의 이름을 딴 종들은 어떤 의미가 있을까? 그 종들은 메리안의 삽화를 보고 종을 기재하고, 이름에 목마른 자신들의 표본을 통해 메리안이 예술, 식물학, 곤충학, 동물학에 기여한 바를 기리고자 했던 사람들이 깨달은 그녀의 중요성과 우리가 그녀에게 진 빚을 상징한다. 신대륙의 메리아니아속*Meriania*과 메리아나속*Meriana*, 그리고 남아프리카의 왓스니아 메리아나*Watsonia meriana*처럼 식물 종에 메리안의 이름을 붙인 사람들은 메리안이 그린 그림의 아름다움을 강조한다. 실제로 메리안이 그린 최초의 삽화집《새로운 꽃에 관한 책*Neues Blumenbuch*》은 이러한 예술적 아름다움을 제대로 보여주는 갤러리 같은 책이다. 그러나 메리안의 이름을 가진 꽃들이 아름답긴 하지만 그것만으로는 그녀를 완전히 평가하지 못한다. 좀 더 적절한 찬사는 신대륙 나비인 카타스틱타 지뷜라이*Catasticta sibyllae*와 에린니이스 메리아나이*Erinnyis merianae*에 깃들어 있다. 이 곤충들은 메리안 평생의 열정이었고, 메리안의 가장 큰 과학적 공헌은 식물학이 아닌 곤충학에 있었기 때문이다. 카타스틱타 지뷜라이는 유난히 수려한 나비인데, 이 학명을 지은 명명자는 다음과 같은 말로 예술가이자 과학자로서 메리안의 역할을 높이 샀다.

"메리안의 연구는 그림을 통해 (…) 곤충에 대한 과학적 연구의 모태가 되었다."[2] 나는 분명히 그녀의 그림을 보았을 유럽 거미 메텔리나 메리아나이*Metellina merianae*의 명명에도 흥미를 느꼈다. 이 거미는 1763년에 오스트리아 박물학자 조반니 스코폴리가 명명했는데, 이름의 배경은 설명하지 않았다. 하지만 그 덕분에, 메리안이 충만한 호기심으로 자연을 관찰했듯 그런 그녀의 모습을 관찰했을 거미를 떠올리며 미소 짓는 스코폴리를 상상할 수 있다.

전반적으로 메리안은 자신의 이름을 품은 다양한 종들을 보고 매우 만족했을 것이다. 그러나 그중에서도 내가 개인적으로 제일 반가운 것은 아르헨티나자이언트테구인 살바토르 메리아나이*Salvator merianae*이다. 왜냐하면 비록 메리안이 평생 나비에 열정을 쏟았지만, 메리안의 호기심이 나비에 그치지 않았음을 상기시키기 때문이다. 메리안은 자연의 그물망이 가진 전체적인 복잡성에 예리한 시선을 던졌다. 그녀가 그린 테구도마뱀은 카사바 나뭇가지에 앉아 있는데, 아마 거기서 식사 중인 흰공작나비*Anartia jatrophae*의 애벌레를 사냥하려는 참이었을 것이다. 그렇다면 이 하나의 그림 안에 먹이사슬의 세 단계가 모두 들어 있는 셈이다. 아르헨티나자이언트테구는 메리안이 삽화집을 출판한 지 130년 이상 지나 일부 박물학자들이 메리안의 연구에 회의를 품기 시작한 시기인 1839년에 명명되었다. 그럼에도 이 도마뱀에 메리안의 이름을 붙인 세 명의 프랑스 박물학자들은 메리안의 그림을 보고 이 종을 인지하는 데 아무 어려움이 없었다. 그들은 메리안의 그림을 바탕으로 종을 기재했다. 그렇다면

**아르헨티나자이언트테구** *Salvator merianae*

살바토르 메리아나이는 메리안의 지식욕과, 우리의 자연관에 오래 지속된 메리안의 영향력을 모두 잘 요약한다. 메리안보다 불멸을 누릴 자격이 있는 자가 어디 있겠는가.

# 데이비드 보위의 거미,
# 비욘세의 파리,
# 프랭크 자파의 해파리

David Bowie's Spider, Beyoncé's Fly,
and Frank Zappa's Jellyfish

**6장**

대중들의 상상 속 과학자는 세상 물정과는 거리가 먼 사람들이다. 괴짜, 범생이, 다리에 테이프를 칭칭 감은 안경, 여기저기 잉크를 잔뜩 묻힌 실험 가운, 현실 세계에서 동떨어진 상아탑. 까놓고 말하면 이런 게 흔한 과학자의 이미지다. 그리고 유독 이런 고정관념이 적극적으로 적용되는 과학자 집단이 아마 분류학일 것이다. 분류학자는 박물관 지하의 꽉 막힌 방에서 먼지로 뒤덮인 표본이 가득한 캐비닛을 뒤적거리고, 이 종과 저 종을 구분짓는 미세한 특징을 찾아내려고 실눈을 뜨고 표본을 들여다보는 신경질적인 노인네(전형적으로 남성)로 묘사된다. 과학자, 특히 분류학자들이 죽었다 깨어나도 관심을 가지지 않는 것이 대중문화다. 안 그런가?

잠깐, 그렇게 성급하게 결론짓지 말자. 과학자들도 남들과 똑같다. 과학자 중에는 괴짜나 범생이도 있지만 보디빌더도 있고, 버드라이트 맥주만 고집하는 주당도 있고, 오페라광, 팝 가수 저스틴 비버의 팬도 있다. 타인의 이름이 들어간 학명이 대체로 역사적 인물이나 다른 과학자의 이름에서 유래하긴 하지만 데이비드 보위David Bowie의 이름을 가진 거미와 비욘세Beyonce의 이름을 가진 말파리horsefly, 프랭크 자파Frank Zappa의 이름을 가진 해파리가 있다는 걸 알면 아마 놀랄 것이다. 이 셋은 음악가, 배우, 그 밖의 연예계 유명인사의 이름을 가진 종의 일례일 뿐이다. 이들의 존재는 분류학을 색다른 시각으로 보게 해주고, 어떤 과학 분야도 놀기 좋아하는 인간의 천성에서 면제되지 않음을 입증한다.

　데이비드 보위의 거미 헤테로포다 데이비드보위*Heteropoda davidbowie*는 좋은 예다. 이 거미는 2008년에 말레이시아에서 발견되어 피터

**데이비드 보위의 거미** *Heteropoda davidbowie*

예거가 명명했는데, 2016년 겨울 69세의 나이로 보위가 사망하고 그의 삶과 음악이 구석구석 언론에 공개되면서 15분간 공중파를 탔다. 물론 데이비드 보위는 대중음악계의 왕족이었다. 그는 1969년, 아폴로 11호가 달에 착륙하기 불과 5일 전에 〈스페이스 오디티Space Oddity〉라는 곡을 발표하면서 유명해졌다. 보위의 음악은 1970년대와 1980년대 초기에 피해 갈 수 없는 것이었고, 그는 죽기 이틀 전에 마지막 앨범인 〈블랙스타Blackstar〉를 발표했다.

왜 거미일까? 보위는 음악인으로 50년을 살면서 계속해서 색다른 음악 양식과 무대 매너를 선보이며 꾸준히 자신의 새로운 모습을 보여주었다. 그의 페르소나 중에는 초창기 분신으로 1970년대에 활동했던 지기 스타더스트Ziggy Stardust가 있는데, 보위는 세션 밴드 '화성에서 온 거미들Spiders from Mars'과 함께 가늘고 긴 다리에 주황색으로 염색한 머리를 하고 무대를 누비며 공연했다. 헤테로포다 데이비드 보위는 이 이름에 걸맞게 날씬하고 긴 다리에, 온몸에는 주황색 털이 달린 거미다. 감히 말하건대, 유명인사의 이름은 이렇게 갖다 붙이는 것이다. 종에서 특정인을 연상케 하는 특징이나 연관성을 찾아 그에 적절한 이름을 부여해야 한다는 말이다.

데이비드 보위와 비욘세는 함께 무대에 오른 적은 없지만, 둘 다 자신의 이름을 딴 종을 가졌다는 공통점이 있다. 보위가 전성기에 그랬듯, 21세기 팝계에서 빼놓을 수 없는 미국 R&B 가수 비욘세는 말파리의 이름으로 기념된다. 이 말파리는 2011년, 브라이언 레사드와 데이비드 예이츠가 오스트레일리아에 자생하는 스캅티아속Scaptia

에 추가한 신종 말파리 다섯 종 중 하나다. 딱 표본 세 점이 수집되어 수십 년 동안 박물관 표본관에 처박혀 있다가, 한참 뒤에야 다른 근연종近緣種들과 구별되는 것으로 인지되어 신종이 되었다. 스캅티아 비욘세아이*Scaptia beyonceae*는 "앞을 향하는 네 개의 등판 위에 두드러진 황금색 털" 때문에 스캅티아속의 다른 종과 구별되었는데, 전문용어를 쓰지 않고 말하면 '황금색 둔부가 튀는 종'이라는 뜻이다.

레사드와 예이츠는 학명의 어원을 설명하면서 단지 "이 종소명은 비욘세를 기리기 위한 것이다"라고만 썼다.[2] 그러나 언론은 이 이름에 숨어 있는 비욘세의 엉덩이에 대한 암시를 놓치지 않았다. 어쨌든 비욘세는 굴곡진 몸매를 과시하는 황금 의상을 선호하기로 유명하다. 이것이 좋은 취향의 한계에 도전하는 것일까? 그럴지도 모른다. 과학자들도 다른 사람들처럼 이러한 한계에 도전한다. 그러나 당시 비욘세는 2001년 그룹 데스티니스 차일드Destiny's Child의 리드 보컬로 싱글 〈부틸리셔스Bootylicious〉에서 자신의 둔부에 대해 열창했다. 그렇다면 스캅티아 비욘세아이와 이 학명의 기재문은 아마도 아티스트 자신과 크게 다르지 않을 것이다.

물론 학명에 붙여진 유명인사들의 이름이 뮤지션들에만 국한된 것은 아니다. 앞서 만화가 게리 라슨의 이름을 딴 스트리기필루스 게리라스니의 이야기에서 보았듯이, 과학자들도 세계 문화의 끝에서 끝을 아우르는 총체적인 관심사를 갖고 있다. 미국 희극인 존 스튜어트Jon Stewart와 스티븐 콜베어Stephen Colbert는 각각 알레이오데스 스튜어티*Aleiodes stewarti*라는 말벌과 압토스티쿠스 스티븐콜베어티

*Aptostichus stephencolberti*라는 거미의 이름을 소유했다. 운동선수도 예외는 아니다. 메이저리그의 한 시즌 역대 최다 안타 기록을 보유한 이치로 스즈키Ichiro Suzuki도 디올코가스테르 이치로이*Diolcogaster ichiroi*라는 말벌에게 이름을 빌려주었다. 영국 판타지 소설가 테리 프래쳇Terry Pratchett은 화석 바다거북 프세포포루스 테리프래체티*Psephophorus terrypratchetti*에 이름이 붙여졌는데, 프래쳇의 소설이 우주의 행성들 사이를 헤엄치는 한 마리 거대한 거북 위에 차례로 올려진 네 마리 코끼리 꼭대기에 자리잡은 납작한 행성인 디스크월드를 배경으로 한다는 걸 알면 아마 바로 고개가 끄덕여질 것이다. 거대한 흰 고래 모비딕에 관해 쓴 소설가 허먼 멜빌Herman Melville은 리비아탄 멜빌레이*Livyatan melvillei*라는 화석 향유고래를 차지했다. 화석만으로는 이 고래가 흰색인지 알 수 없지만 오늘날의 범고래보다 두 배나 크고, 세상에 존재했던 어떤 포식자보다 크다 하니 아주 거대한 짐승임은 틀림없다. 멜빌이 이 소식을 들었다면 명예를 회복했다고 느꼈을지도 모르겠다. 《모비딕》은 상업적으로는 실패한 작품이고 멜빌은 살아 있는 동안 미국 문학계에서 보잘것없는 인물로 평가받았기 때문이다.

소설가 러디어드 키플링Rudyard Kipling은 거미 바기라 키플링기*Bagheera kiplingi* 안에 약간의 반전과 함께 살아 있다. 이 거미의 이름은 키플링과 그의 소설 《정글북》의 등장인물인 모글리의 친구 흑표범 바기라Bagheera를 동시에 기념한다. 영화배우 케이트 윈즐릿Kate Winslet과 아널드 슈워제네거Arnold Schwarzenegger는 각각 아그라 케이트윈즐리타이*Agra katewinsletae*과 아그라 슈워제네거리*Agra schwarzeneggeri*라는 딱정벌레에 이름이 붙여졌다. 특히 슈워제네거의 딱정벌레는 다리의 체절이 적절히 부풀어 꼭 이두박근처럼 보인다. 스티븐 스필버그Steven Spielberg는 익룡Coloborhynchus spielbergi, 교황 요한 바오로 2세는 하늘소 Aegomorphus wojtylai로 기려진다(교황 요한 바오로 2세의 본명이 카롤 유제프 보이티와Karol Jozef Wojtyła다 – 옮긴이). 이 두 사람의 이름이 방금처럼 한 문장에 등장한 경우는 처음일 것이다. 이 목록에는 끝이 없고, 지금도 거의 매주 새로운 유명인사의 이름이 학명으로 발표된다.

분류학자를 비롯한 과학자들은 유명인사의 이름으로 학명을 짓는 것이 과연 좋은 생각인지를 두고 의견이 갈린다. 어떤 이들은 음악적 가치를 떠나 비욘세나 데이비드 보위는 생물학과 관련이 없으므로 이 사람들의 이름을 학명에 쓰는 것은 적절하지 않으며 과학자에게 자리를 양보해야 한다고 주장한다. 심지어 좀 더 강력한 입장을 취하는 사람들은 어떤 식으로든 대중문화 유명인사들을 과도하게 미화해서는 안 된다고 말한다. 이들은 근대 과학이 그저 자기 일을 할 뿐인 가짜 영웅들에게 이미 지나치게 집착하고 있다고 판단한다. 그것이 야구공을 멀리 치는 것이든, 웃기는 이야기를 하는 것이든, 시간을 넘나드는 사이보그 암살자(혹시 잊어버렸을 사람들을 위해 말하자면, 영화 〈터미네이터〉에서 슈워제네거가 연기한 배역) 행세를 하든 말이다. 물론 과학자가 비욘세나 이치로의 팬이 되면 안 된다고 말하는 건 아니다. 단지 팬심과 과학을 분리해야 한다는 뜻이다. 하지만, 왜 그래야 하는가? 왜 학명, 또는 과학의 테두리 안에 있는 것들은 비인간화되고, 무조건 진지해야 하고, 기능적인 것 이상이 되면 안 된단 말인가? 그 열정이 무엇이건 간에 왜 과학자들은 제 열정을 자축하면 안되는가? 왜 스캅티아 비욘세아이가 사람들에게 학명은 때로 회색빛이 아닌 황금빛을 띨 수 있다고 보여주면 안 된다는 말인가?

스캅티아 비욘세아이와 같은 학명에 반대하는 두 번째 주장은 유명인사의 이름을 빌린 학명은, 학명의 가치를 낮추고 대중에게 종의 발견과 계통분류학을 시답잖은 장난처럼 보이게 만든다고 말한다. 유명인사의 이름을 딴 명명은 어쨌든 신종의 발견을 대중의 눈에 띄게 하는 극소수의 사건이긴 하지만 이 점은 일리가 있다. 예를 들어, 비욘세 파리는 싱어송라이터 로이 오비슨의 딱정벌레와 프레디 머큐리의 등각류, 기타리스트 제리 가르시아의 바퀴벌레, 또 다른 뮤지션 마크 노플러의 공룡, 키스 리처즈, 폴 사이먼, 아트 가펑클과 네 명의 비틀스 멤버의 이름을 딴 삼엽충과 함께 미국의 대중문화 잡지 〈롤링 스톤〉에 실렸다. 〈롤링 스톤〉과 〈오스트레일리아 곤충학회지〉를 동시에 읽는 독자가 한 명도 없지는 않겠지만, 그리 많지도 않으리라.

말파리와 신종 발견에 대중의 이목을 집중시키는 일은 중요하다. 오늘날 각국의 정부는 대학, 박물관, 기초과학 연구를 위한 연구비를 삭감하고 있고, 분류학은 연구 보조비의 짧은 줄에서도 제일 끝에 서 있다. 생물 표본을 소장하는 박물관의 예산이 너무 부족해 표본관을 유지하거나 재난으로부터 수집품을 보호하지 못하는 경우가 허다하다. 2018년 9월에는 브라질 국립박물관이 화재로 소실되었다. 만성적인 예산 부족으로 스프링클러 장치를 제대로 설치하지 못한 것이 참사의 주요 원인이었다. 소실된 소장품에는 500만 점의 곤충 표본이 포함되는데, 그중에는 분명 표본장 안에서 신종으로 명명되기를 이제나저제나 기다리던 수백 종의 미확인 종들이 있었을 것이다. 스캅티아 비욘세아이도 수십 년 전 박물관에서 이처럼 하염없이 기다렸을 테고, 소장품 속 미기재 종들도 다를 바가 없다. 현재 이름이 발표되길 기다리고 있는 알렉산드로 카마고의 신종 강도파리 *robberfly*를 살펴보자. 2018년에 카마고는 런던 자연사박물관에서 과거에 알려지지 않은 강도파리속인 이크네우몰라프리아 *Ichneumolaphria*를 대표하는 한 표본을 발견했다. 이 표본은 브라질에서 헨리 월터 베이츠가 1859년까지 이어진 11년의 탐험 기간에 수집한 것이었다. 이 '신종' 이크네우몰라프리아는 160년, 어쩌면 그보다 더 오래 박물관 큐레이터의 보호 아래 기다려야 했다. 이것만이 아니다. 카마고의 신대륙 열대 강도파리 '신종'들은 박물관 서랍장 어딘가에서 평균 50년 이상 묵혀 있었다. 그러나 투표권을 가진 일반 시민들은 박물관의 컬렉션 부서가 무슨 일을 하는지 잘 알지 못하고 관심도 없으므로, 정부는 좀 더 눈에 보이는 공공 서비스에 치중하기 위해 박물관의 예산부터 삭감하려고 든다. 안타깝게도 브라질 박물관의 재앙은 유일한 사례가 아니다. 불과 2년 전, 같은 일이 인도 뉴델리의 국립 자연사박물관에서도 일어났다. 이런 일이 다시 일어나지 않을 거라고 생각한다면 오산이다. 이런 맥락에서 생각하면, 그게 무엇이든 분류학에 대중의 관심이 쏠리게 하려는 시도를 함부로 비난하기는 어렵다.

유명인사의 이름을 빌린 학명에 대한 세 번째 비판은, 그것이 명명자의 입장에서 세간의 관심을 얻어보려는 쇼이거나, 심지어 유명인사를 만나기 위한 꼼수에 지나지 않는다는 것이다. 분류학자들이 정말 이런 명명이 효과가 있다고 생각할까? 그게 뜻대로 될까? 실험음악가 프랭크 자파에게는 자신의 이름을 딴 생물이 적어도 다섯 종이나 있다. 거미 *Pachygnatha zappa*, 말뚝망둥이 *Zappa confluentus*, 화석 달팽이 *Amaurotoma zappa*, 아직 소속을 알 수 없는 신비의 화석동물 *Spygoria zappania* 그리고 해파리 *Phialella zappai* 까지. 이 중 마지막 종의 명명자는 실제로 학명을 이용해 자파를 만나려고 계획했다. 이탈리아 해양생물학자 페르디난도 보에로는 해파리를 연구하러 캘리포니아의 보데가 해양연구소에 갔던 이야기를 전한다. 태평양 해파리 연구가 미흡하다는 사실을 알았던 보에로는 이렇게 말했다.[3] "이곳에서 신종이 발견될 것을 알았다. 그럼 이름을 붙여야 할 텐데, 그중 하나를 프랭크 자파에게 헌정하고 그에게 알릴 것이다. 그러면 나를 초대해주겠지."

보에로 본인도 놀랐겠지만, 계획은 성공했다. 그는 자파에게 편지를 보냈고, 자파의 아내 게일이 보낸 답장에서 자파의 반응을 전해 들었다. "내 이름을 가진 해파리라니, 정말 최고예요!"[4] 답장에는 보에로를 자신의 집으로 초대하겠다는 내용도 있었다. 이를 계기로 오랜 우정이 시작되었다. 자파는 심지어 1988년, 이탈리아 제노바에서 열린 자신의 마지막 콘서트를 보에로에게 바치고, 그를 위해 노래했다. 여기에서 보에로의 명명이 조금이라도 과학에 실례가 되거나 과학을 하찮게 만든 점이 있는가? 분류학이나 무척추동물학에 누를 끼친 점이 있는가? 그런 점을 찾기는 어려울 것이다. 해파리 피알렐라 자파이*Phialella zappai*는 이름이 필요했고, 그래서 이름을 받았다. 자파는 이 땅에 작은 유산 하나를 더 남기고 떠났고, 보에로에게는 추억과 이야깃거리가 남았다. 자신의 이름을 가진 해파리에 대한 자파의 반응을 통해, 과학 밖의 사람들이 실제로 신종의 중요성과 신종의 명명을 통한 영예를 인지할 수 있다는 사실까지 엿볼 수 있다. 신종 발견의 과학에 매우 고무적인 일이 아닐 수 없다.

신종에게 이름을 빌려준 연예인 중에는 오래도록 명성을 유지하는 경우도 있지만, 일시적인 유명세에 그치는 경우도 많다. 과학자들이 연예인 이름으로 학명을 짓는 일에 탐닉해서는 안 된다고 반대하는 마지막 이유가 여기에 있다. 이런 이름들은 결국 세상에서 잊혀 어원적으로 하등의 도움도 주지 못한다는 것이다. 아무리 운이 좋아도 몇 년이 지나면 '카다시안Kardashian 가족'이 누구인지 결국 모두 잊게 될 테니까. 그러나 대중문화 유명인사의 단명短命이라는 속성은 사실 사람 이름을 딴 모든 학명에 똑같이 적용된다. 다음 장에서 확실히 보여주겠지만, 이미 오래전에 잊힌 사람들의 이름을 가진 종이 수천이나 된다. 최악의 경우, 이런 이름들은 뒤죽박죽 뒤섞여 누가 누군지도 모르게 된다. 수많은 곤충학자 중에 모기 비에오미이아 스미티이*Wyeomyia smithii*가 어떤 스미스를 기념하는지 아는 사람은 단 한 명도 없을 것이다. 하지만 잘하면 이런 이름들은 역사 속 매력적인 인물과 숨겨진 보물 같은 이야기의 단서가 되어 그 자취를 쫓는 사람들에게 보상을 줄 수 있다. 아마 100년이 지나 누군가 존 스튜어트의 말벌을 채집해 동정한다면, 그가 진행했던 〈더 데일리 쇼〉를 있게 한 21세기의 별난 역사를 알고 당황할 것이다. 혹은 헤테로포다 데이비드보위에 대한 호기심으로 데이비드 보위의 음악을 재발견할지도 모른다. 박물관에서는 스필버그의 익룡 콜로보링쿠스 스필버기*Coloborhynchus spielbergi*의 새로운 화석을 전시해 22세기 버전 넷플릭스 사용자들을 영화 〈조스〉에서부터 〈레이더스〉, 〈컬러 퍼플〉, 〈쉰들러 리스트〉로 이끌지도 모른다. 분명 한번 떠나볼 가치가 있는 시간 여행이 되지 않겠는가.

# 스펄링기아:
# 학명이 아니었다면 잊혔을
# 누군가의 달팽이

*Spurlingia:*
*A Snail for the Otherwise Forgotten*

**7장**

오스트레일리아 북부 퀸즐랜드주의 덥고 관목이 우거진 숲에는 작고 잘 알려지지 않은, 무엇보다 (대부분의 사람들에게는) 끌리는 구석이 하나도 없는 달팽이 스펄링기아 엑셀렌스*Spurlingia excellens*가 살고 있다. 이 달팽이는 1933년에 스펄링기아*Spurlingia*라는 이름의 속으로 배정된 12종의 오스트레일리아 달팽이 중 하나다. 'Spurlingia'라는 말과 어원이 같은 다른 학명은 없다. 만약 이 단어의 어원이 달팽이의 형태적 특징에서 유래했다면 어원이 같은 다른 학명이 없다는 건 참 의외인데, 그런 종류의 이름은 대개 반복해서 사용되는 경향이 있기 때문이다. 예를 들어 라틴어로 '붉은'이라는 뜻을 가진 'rubra'에서 기원한 학명은 수천 개도 넘을 것이다. 하지만 'Spurlingia'라는 단어는 생물의 형태와는 아무 상관이 없다. 껍데기에 가시나 돌기spur가 있는 것도 아니고 혀ligua와 비슷한 특징도 없다. 사실 이 책에 등장하는 이름이니 눈치챘겠지만, 스펄링기아는 사람 이름에서 유래했다. 그렇다면 스펄링Spurling이라는 사람이 도대체 누구고, 이 이름에는 어떤 이야기가 숨어 있을까?

스펄링기아라는 속명은 톰 아이어데일이 지었다. 아이어데일은 열정이 넘치는 조류가이자 박물학자로 성장했지만 대학 교육은 받지 못했다. 병약한 청소년기를 보낸 그는 스무한 살에 요양하기 좋은 기후를 찾아 고향인 영국과 가족을 떠나 뉴질랜드로 향했다. 날씨 때문인지 환경의 변화 때문인지는 모르지만 아이어데일은 건강을 회복했다. 아이어데일은 그곳에 남아 사무원으로 일하면서 여가 시간에는 시골을 횡보하며 뉴질랜드의 자연을 탐구했다. 그리고 자신의 시골 탐험에 합류한 친구들 덕분에 달팽이에 관심을 갖게 됐다(또래집단의 압력이 언제나 부정적인 것만은 아니다). 사무실 생활이 견딜 수 없이 따분했는지, 6년 후인 1908년에 아이어데일은 뉴질랜드 동북쪽으로 1,000킬로미터 떨어진 아열대 군도 케르마데크제도로 탐험을 떠났다. 아이어데일은 그곳에서 10개월을 머물며 새를 연구하고(또는 잡아먹고) 달팽이를 수집했다. 이렇게 그는 평범한 직장 생활을 끝내고, 비록 대학 교육은 받지 못했지만 과학자로서의 삶을 시작했다.

그 후 20년에 걸쳐 아이어데일은 세계 곳곳을 탐험했고, 마침내 오스트레일리아 시드니에 정착해 오스트레일리아 박물관 연체동물 부서에 조수로 취직했다. 그러다 오래지 않아 박물관 소속 패류학자(달팽이를 비롯한 연체동물의 수석 큐레이터)가 되어 20년간 오스트레일리아의 연체동물과 새를 수집하고 연구했으며 글을 썼다. 아이어데일은 다작을 했는데, 글 쓸 시간이 부족해 오죽하면 시간을 단축하

**스펄링의 달팽이** *Spurlingia excellens*

려고 알파벳 소문자 i의 점이나 t의 가로획을 빼먹고 쓰곤 했다. 그
는 평생 400편 이상의 논문을 발표했고, 스펄링기아속을 포함해 약
2,600개의 종과 속의 이름을 지었다. 이처럼 업적이 많은 경력을 고
려할 때, 아이어데일의 이름을 딴 종들만 모아 컬렉션을 만들 수 있
다고 해도 놀랍지 않을 것이다. 수십 종의 연체동물과 적지 않은 새
들이 그의 이름을 가졌다. 그중에 오스트리아솔새류인 아칸티자 아
이어데일리*Acanthiza iredalei*가 있는데, 이 새는 조류판 스펄링기아의 좋
은 예로 헌신적인 조류가의 눈이 아니고서야 두드러지는 점을 찾을

수 없는 갈색의 작은 새다. 그러나 이 이름도 누군가를 기리고 있다.

스펄링기아라는 이름을 지으면서 아이어데일은 이 학명이 아니었다면 잊히고 말았을 윌리엄 스펄링William Spurling이라는 표본 수집가의 이름을 기념하기로 했다. 어느 무명 수집가의 이름을 가진 어느 무명 달팽이의 이야기는 따분하기 짝이 없을 것 같지만, 사실 스펄링 이야기는 전혀 지루하지 않을뿐더러 배울 점까지 있다.

윌리엄 스펄링은 빅토리아 시대가 낳은 위대한 조류학자 존 굴드와 간접적인 연관이 있다. 굴드는 1800년대 중반에 매우 영향력 있는 인사였다. 오늘날까지 적어도 생물학자들 사이에서 굴드는 두 가지로 잘 알려져 있다. 첫째, 굴드는 새를 주제로 한 훌륭한 논문들을 출간했다. 그중에는 〈오스트레일리아의 새The Birds of Australia〉, 〈영국의 새The Birds of Great Britain〉, 〈유럽의 새The Birds of Europe〉, 〈파푸아뉴기니의 새The Birds of Papua New Guinea〉가 있다. 둘째, 다윈이 비글호 항해에서 수집한 조류 표본을 동정한 사람이 굴드였다. 여기에는 우리가 오늘날 다윈의 핀치라고 부르는 유명한 갈라파고스섬 새들이 포함된다. 이 새들이 부리 형태나 먹이 습성 등에서 서로 크게 다르지만 사실 모두 가깝게 연관되어 있음을 인지한 것도 다윈이 아닌 굴드였다. 다윈은 블랙버드나 핀치를 비롯한 여러 분류군이 뒤죽박죽 섞여 있다고 생각했을 뿐, 굴드가 이들을 동정할 때까지 이 개체들이 가지는 유사점과 차이점의 중요성을 깨닫지 못했다. 결과적으로《종의 기원》에서는 언급되지 않았지만, 그것은 유기체를 형성하고 생물다양성을 구축하는 자연선택의 힘을 보여주는 고전적인 예가 되었다. 참고로 말하면 위에서 말한 다윈의 핀치는 사실 핀치류가 아닌 풍금조류에 속한다.

다윈의 핀치 외에도 굴드는 세계적인 수집가들로부터 표본을 받아 조사했다. 그중에 프레더릭 스트레인지라는 사람이 있었는데, 그는 영국 출생으로 오스트레일리아에서 표본을 수집했다. 스트레인지의 삶은 간단히 기록되어 있다. 어느 짧은 전기에서는 스트레인지가 반#문맹이고 재정적으로도 무능했다고 강조하는데, 이는 인간이 진짜 기억해야 할 것을 선별하는 능력이 얼마나 떨어지는지를 잘 보여준다. 스트레인지는 분명히 뛰어난 수집가이자 박물학자였다. 스트레인지는 최초로 앨버트왕자금조*Menura alberti* 표본을 수집했는데, 꿩 크기의 이 새는 은밀히 행동하는 습성이 있어서 유럽인들이 오스트레일리아 동부 지역을 40년에 걸쳐 탐험했는데도 발견된 적이 없었다. 참고로 이 새의 학명 메누라 앨버티*Menura alberti*는 샤를 뤼시앵 보나파르트가 명명했는데, 정치적 편의성을 제외하면 영국 빅토리아 여왕의 배우자였던 앨버트 공과는 아무런 관련도 없다. 조류와 포유류 중에서 스트레인지가 수집한 표본으로 밝혀진 신종에는 가면올빼미속*Tyto*, 개구리입쏙독새*Podargus ocellatus plumiferus*, 맹그로브꿀빨기새*Gavicalis fasciogularis*, 백발아랫볏박쥐*Chalinolobus nigrogriseus*, 작은나뭇가지등지쥐*Leporillus apicalis* 등이 있다. 스트레인지는 곤충, 그리고 특히 연체동물을 적극적으로 수집했지만, 이 덜 매력적인 종들의 표본은 스트레인지가 채집했다는 명확한 문서 기록을 남기지 않은 채 거래 또는 기재되었던 것 같다. 그럼에도 불구하고 현재 꽤 많은 달팽이들의 종소명이 스트레인지이*strangei*이다.

1854년에 스트레인지는 50톤짜리 범선 비전호를 구입하고, 아홉 명의 선원과 함께 호주 북동부 해안을 따라 3~4개월로 계획된 수집 원정을 떠났다. 첫 번째 경유지는 오늘날의 글래드스톤 근처의 커티스 아일랜드였다. 다음 경유지인 매카이 남부의 미들 퍼시 아일랜드에는 10월 14일에 도착했다. 배에 물을 보충하고 수집도 해야 했으므로 스트레인지는 원정대의 식물학자 월터 힐, 오스트레일리아 원주민 델리아피, 그리고 세 명의 조수 헨리 기팅스, 리처드 스핑크스, 윌리엄 스펄링과 함께 미들 퍼시 해변에 발을 딛었다. 수집 과정에서 스펄링의 정확한 역할은 기록되지 않았다. 그는 선원 목록에 이름이 올라 있지만, 배 위에서 하는 일은 고정되지 않고 그때그때 달랐다. 스펄링이 실제 직접 표본을 채집했든 아니든, 그가 수집을 위해 해변에 내린 다른 이들과 합류한 것은 분명하다.

미들 퍼시에 간 것은 불행이었다. 이들은 오스트레일리아 원주민들을 만나 거래를 시도했는데, 원주민들이 말을 알아듣지 못한다고 불평했다(여왕의 언어인 영어가 아니라 자기네 말로 이야기하는 배짱을 가졌을 테니). 하루는 월터 힐이 홀로 고원지대를 수색하고 돌아왔더니 스펄링이 목이 잘린 채 맹그로브 숲에 쓰러져 있었다. 기팅스, 스핑크스, 스트레인지는 실종되었는데 그들 역시 살해되었다고 추정된다(이후에 델리아피가 원주민들이 스트레인지를 창으로 공격하는 것을 보았다고 진술했다). 이들 중 가장 나이가 많은 축에 속했던 스트레인지가 고작 서른다섯 살이었고 기팅스는 스무 살이었다. 아마 스핑크스와 스펄링도 그리나이가 많지는 않았을 것이다.

이 네 명의 수집가가 왜 살해되었는지는 알 수 없지만, 과거에 이 지역을 방문한 유럽인들의 전력을 생각하면 추정은 해볼 수 있다. 그들은 그다지 점잖게 행동하지 않았고, 특히 영국인 탐험가들과 정착민들이 오스트레일리아 원주민들을 학대한 사실은 잘 알려져 있다. 여기에 당시의 지역적 상황을 덧붙이자면, 7년 전 영국 왕립해군 조사선 래틀스네이크호가 오스트레일리아 북동부와 뉴기니를 조사하는 항해 중에 미들 퍼시 아일랜드에 들른 적이 있는데, 래틀스네이크호에는 식물학자 존 맥길리브레이와 선박의 보조 의사이자 해양생물학자인 토머스 헨리 헉슬리가 승선하고 있었다(헉슬리는 이후 다윈의 진화론을 맹렬히 지지해 '다윈의 불독'이라는 별명이 붙은 인물이다). 이들은 미들 퍼시 아일랜드에서 선박을 수리했고, 승무원들과 박물학자들은 해변에 올랐다. 이들은 원주민들과 마주치지는 않았지만, 맥길리브레이가 최근에 사용된 적이 있는 우물과 모닥불, 그 밖의 흔적을 보았다. 승무원들은 얌전히 배로 돌아오는 대신 관목 숲에 불을 질렀다. 그 불이 며칠 내내 꺼지지 않고 섬 전체를 검게 그을렸다.

이런 과거의 사건들이 있었으니 스트레인지 일행을 만난 원주민들이 위협을 느낀 것은 당연하다. 그러나 식민당국은 군함 토치호를 보내 수집가들 죽음에 책임이 있는 자들을 색출하거나 최소한 희생양이라도 찾으려 했다. 토치호 승무원들은 미들 퍼시 아일랜드 주민들을 심문한 끝에 이 살인 사건에 대한 대단히 납득하기 힘든 결론을 내렸다(예를 들면 토치호 지휘관은 원주민들이 스트레인지의 총에 맞아 죽은 동족의 몸을 먹고 그 뼈를 섬에 숨겼다고 주장했다. 이런 혐의는 사건의 진위를 떠나 원주민들에 대한 19세기 유럽인의 태도를 여실히 말해준다). 어쨌든 원주민 남성 세 명이 체포되었고 재판을 받기 위해 여성 세 명 및 아이 네 명과 함께 시드니로 송치되었다. 놀랍게도 이들은 증거 부족으로 무죄 선고를 받았다. 물론 증거 부족이 놀라운 게 아니라 무죄를 받았다는 사실이 의외라는 뜻이다. 하지만 안타깝게도, 그리고 충분히 예상한 대로 이들은 고향으로 돌아가지 못하고 죽은 듯하다. 살해된 수집가 중 스펄링의 시신은 수습되어 퀸즐랜드의 포트 커티스에 묻혔지만, 다른 이들의 행방은 확실치 않다.

역사는 불운한 프레더릭 스트레인지 원정대 대원들을 그저 아주 잠시 기억했다. 그중 하나가 다소 조악한 시다. 이 시는 1784년, 오스트레일리아 예술가이자 박물학자인 조지 프렌치 앵거스가 〈박물학자 프레더릭 스트레인지를 기억하며〉라는 제목으로 발표했다. 그 시는 이렇게 시작한다.

오스트레일리아여! 앞으로 나아가는 자
얼마나 많은 과학자의 아들이 쓰러졌는가
미래에 그대의 시인들이
그들의 고귀하고 담대한 행동을 노래하지 않겠는가?

그대들이여 불멸하라! 비록 부와 긍지는
그 뒤에 이름 하나 남기지 않았지만,

과학을 위해 목숨을 버린 이들
변치 않는 명성의 화환을 받아 마땅할지어다!

사실 "변치 않는 명성의 화환"은 스트레인지뿐만 아니라 원정대의
다른 사상자들도 피해갔다. 스펄링, 기팅스, 스핑크스가 남긴 거라고
는 달랑 몇 줄짜리 신문 기사와 묘비 하나(스펄링의 묘비), 스펄링기아
밖에 없다.

그럼 스펄링기아를 명명한 톰 아이어데일은 어떻게 되었는가? 무
려 2,600종이나 명명한 것으로 미루어, 그는 대단한 박물학자이자
패류학자였음이 틀림없다. 스펄링기아라는 이름을 명명함으로써 그
는 사람들이 흔히 놓치는 과학 발전의 일면을 이해하고 있음을 보여
주었다. 신종과 새로운 지식을 찾아 세계 곳곳을 뒤진 빅토리아 시
대 박물학자들의 그림은 주로 다윈, 베이츠, 월리스, 굴드 등의 모습
으로 그려진다. 이들은 교육을 받았거나 적어도 부유한 배경의 유럽
또는 미국인(거의 남성)으로서, 오랫동안 탐험을 했고 또 그 이야기를
글로 남겼다. 그러나 이 그림은 한심할 정도로 잘못되었다. 사실 이
그림에는 다윈, 베이츠, 월리스, 굴드라는 주인공을 위한 수십 명의
스펄링이 함께 있었다. 사람들에게 기억되지 않고 (아마) 교육조차
제대로 받지 못했을 이름 없는 사람들 말이다. 이 중에 어떤 이들은
자칭 과학자였을 테고, 일삼아 취미 생활을 하는 사람도 있었을 것
이다. 가이드, 선원, 요리사나 기술자로서 탐험에 참여한 이들의 뒤
치다꺼리가 없었다면 원정 자체가 불가능했음은 분명하다. 또한 수

십 명의 델리아퍼들도 있었을 것이다. 이들은 언급할 가치가 없다고 여겨진 현지의 비유럽인 조수들이었다(이 부분은 뒤에 더 다루겠다). 다윈과 월리스가 과학 발전에 크게 기여했기 때문에 기억되는 것은 사실이다. 하지만 이들이 그 일을 혼자 해낸 것은 아니니, 우리는 마땅히 이 스펄링들을 기억해야 한다. 그리고 아이어데일이 명명한 스펄링기아가 그 일을 해냈다.

# 악마의 이름

The Name of Evil

## 8장

타인의 이름을 따서 지은 학명은 거의 예외 없이 동명의 인물을 기리기 위한 목적으로 지어진 것이다. 명명은 명명자가 보여줄 수 있는 최고의 존경 행위이며 적어도 이름 뒤에 있는 사람이 그 존경을 받을 만한 인물이라고 암묵적으로 가정한다. 그러나 제안된 학명이 이러한 가정을 지켰는지 확인하는 위원회 같은 것은 없다. 따라서 이 가정에 위배되는 학명이 명명되는 경우가 왕왕 있다.

슬로베니아의 어느 축축한 동굴에 사는 갈색의 작고 둔한 딱정벌레는 바닥의 퇴적물을 뒤지며 암흑 속에서 더 작은 곤충을 사냥한다. 이 딱정벌레는 동굴 밖에서 인간의 문명이 흥망성쇠를 거듭하고 수많은 전쟁과 전투를 벌이고 제국이 세워졌다 사라지는 수천 년 동안 동굴 안에서 그렇게 살아왔다. 당연히 이 딱정벌레는 인간의 역사에 대해서 하나도 알지 못한다. 자신에게 어떤 이름이 붙여졌는지는 더군다나 알 길이 없다. 그러나 알았더라도 그다지 기쁘지는 않았을 것이다. 이 딱정벌레의 이름은 아놉탈무스 히틀러리*Anophthalmus* *hitleri*다.

속명인 아놉탈무스*Anophthalmus*라는 말에는 아무 문제도 없다. '눈이 없는'이라는 뜻의 평범한 라틴어일 뿐이다. 아놉탈무스속에 속한 약 40종의 친척들, 그리고 영원한 암흑 속에서 살아가는 다른 수많은 동굴 속 동물처럼 아놉탈무스 히틀러리는 눈이 없고 또 있을 필요도 없다. 하지만 종소명인 히틀러리*hitleri*는 바로 그 히틀러를 뜻한다. 나치 독일의 독재자이자 홀로코스트의 설계자이며 이 세상에 실존했던 인물 중 악의 화신에 가장 가까운 인간인 아돌프 히틀러*Adolf Hitler* 말이다. 앞도 보지 못하는 딱정벌레가 무슨 죄를 지었기에 이런 봉변을 당했을까? 왜 이 작은 벌레가 증오와 잔혹, 그리고 상상조차 할 수 없는 대량 학살을 떠올리게 하는 이름을 받아야 했을까? 당연히 이 벌레는 죄가 없다. 하필 그때 그 사람에게 발견되어 기재된 죄 외에는.

아놉탈무스 히틀러리는 이 유감스러운 이름을 1937년, 오스트리아 철도 엔지니어이자 아마추어 곤충학자인 오스카어 샤이벨로부터 받았다. 샤이벨은 슬로베니아의 한 수집가로부터 표본을 넘겨받고는 이것이 아직 발견되지 않은 신종임을 알았다. 샤이벨은 아마추어였지만, 동굴 딱정벌레와 아놉탈무스 히틀러리가 속한 분류군인 꼬마먼지벌레아과*Trechinae*에 관한 전문가였으므로 신종을 알아보는 안목이 있었다. 이렇게 샤이벨의 과학적 판단은 정확했으나, 정치적 판단은 전혀 그렇지 않았다. 그는 1937년에 출판한 짧은 논문에 다음과 같이 신종 아놉탈무스 히틀러리를 발표했다. "아돌프 히틀러 수상을 숭배하며 이 이름을 바칩니다*Dem herrn Reichskanzler Adolf Hitler als* ausdruck mein verehrung zugeeignet.„[1]

 그 밖에 샤이벨의 삶과 가치관에 대해서 알려진 바는 거의 없다. 히틀러 숭배가 정치적 목적 때문에 가장된 것이라는 주장도 있지만, 한 가지 미묘한 단서로 미루어보아 샤이벨의 히틀러 숭배는 진짜일 것으로 추정된다. 아놉탈무스 히틀러리를 명명한 논문에서 샤이벨은 표본을 수집한 레흐레르 코드리치의 이름을 언급하면서 괄호로 "고체Gottschee"라고 주를 달았다. 고체는 슬로베니아 남부에 있는 소수 게르만족 정착지였다. 그러니까 샤이벨은 코드리치의 이름이 비록 슬라브어에서 유래했지만 실은 게르만 혈통이라는 사실을 일부러 언급한 셈이다. 고체는 그 표본이 수집된 지역도 아니었고, 신종 기재와 아무런 상관이 없는 정보였다. 따라서 아리안주의를 선언하려는 목적 말고는 논문에 이런 구체적 정보를 포함시킨 다른 이유를 찾기 어렵다. 아놉탈무스 히틀러리의 명명에 다른 목적이 있다고 보기는 힘들다는 말이다. 설사 그게 아니더라도, 다시 말해 샤이벨이 아리안주의를 가장한 것이었다 해도 결국엔 크게 다를 게 없다. 이 이름과 샤이벨이 내세운 명명의 변은 영원히 기록으로 남아 모두가 보게 될 테니.

 아놉탈무스 히틀러리와 같은 명명은 그저 한 개인의 일회성 일탈 행동이었다고 위안하고 싶지만, 안타깝게도 부끄러운 명명을 공유하는 친구들이 있다. 1934년, 오래전에 멸종한 곤충 분류군인 팔레오딕티오프테라Paleodictyoptera에 속하는 한 화석 곤충이 뢰힐링기아 히틀러리Rochlingia hitleri라는 이름으로 발표되었는데, 이는 히틀러

뿐 아니라 격렬한 반유대주의자이자 강철업계 거물인 헤르만 뢰힐
링Hermann Röchling까지 함께 기념한다. 히틀러의 동맹인 파시스트 베
니토 무솔리니Benito Mussolini의 이름도 산딸기속의 루부스 무솔리니
이Rubus mussolinii에 등장한다. 다행히 이 종은 루부스 울미폴리아Rubus
ulmifolia의 변이에 불과했으므로 루부스 무솔리니이라는 학명은 후행
이명으로 무시되었다. 안타깝게도 두 히틀러에게는 이런 행운이 따
라오지 않았다. 둘 다 유효한 종으로 남았고, 선취권 우선 법칙에 따
라 이 이름들은 동물 명명규약의 특별 판결이 내려지지 않는 한 바
뀔 수 없다. 이런 판결을 요구하는 공식적인 청원이 이루어질 것 같
지도 않고, 그렇다 한들 성공하지도 못할 것이다. 우리는 아놉탈무
스 히틀러리, 뢰힐링기아 히틀러리와 영원히 함께해야 한다.

　앞에서 설명했듯이, 다른 사람의 이름을 따서 학명을 지을 수 있
는 기회를 도입한 것은 린네였다. 그러니 잘못된 명명의 가능성을
열어둔 것도 그다. 린네는 이런 가능성을 예상했고, 나름대로 이런
불상사를 피할 방법을 고민했다. 하지만 그의 제안이 그다지 감동적
이지는 못하다. 린네는《식물학 비평Critica Botanica》에서 이렇게 썼다.
"타인의 이름을 빌려 학명을 지을 때는 적절한 이름을 선별해야 한
다. 그러기 위해서는 훌륭한 식물학자들에게 명명을 맡기는 게 바
람직하다. 너무 젊거나 식물학에 갓 입문한 이가 아닌, 나이가 지긋
한 중견 식물학자들이 적합하다. 왜냐하면 애송이 시절에 타오른 열
정의 불꽃도 나이가 들면 사그라들기 때문이다."[2] 젊은 식물학자들
은 너무 충동적이라 판단을 신뢰할 수 없으므로 사람 이름을 딴 명

명을 맡길 수 없다는 뜻이다. 자칫 지나친 열정으로 일을 그르칠 수도 있다는 것이다. 물론 린네 자신은 30세라는 아주 성숙한 나이에 바로 같은 책에서 열정적으로 여러 차례 타인의 이름을 학명에 갖다 붙인 전적이 있다. 너무 어려서 명명을 맡길 수 없는 사람이란 분명히 린네 자신보다 어린 사람일 것이다. 이는 나이 제한 앞에서 거의 누구나 보이는 자기모순적 태도다. 그렇다면 오스카어 샤이벨은 어떨까? 1937년에 아놉탈무스 히틀러리를 명명할 당시 그는 56세였다.

희한하게도 종이나 속명을 폭군과 독재자에게 바치려는 유혹은 뿌리치기 힘든 것 같다. 히틀러와 무솔리니에 이어 칭기즈칸*Jenghizkhan*이라는 공룡 속도 있다. 비록 이 속의 종들은 이제 티라노사우루스속 *Tyrannosaurus*에 속하게 되었지만. 아프리카에 서식하는 훈땃쥐 크로키두라 아틸라 *Crocidura attila*는 훈족의 마지막 왕 아틸라의 이름을 받았고, 누에나방 중에는 로마 제국의 제3대 황제 칼리굴라의 이름을 딴 칼리굴라속 *Caligula*이 있다. 또한 어룡 중에 레니니아*Leninia*라는 속도 있다. 하지만 이 속명을 기재한 논문의 저자는 이 이름이 블라디미르 레닌*Vladimir Lenin*을 기념한 것이 아니라 "화석이 발견된 지질 역사적 장소를 반영한다"라고 말했다. 저자에 따르면 이 속명의 기준표본이 레닌의 출생지인 러시아 울랴노프스크의 레닌 기념관에 부설된 울랴노프스크 박물관에 보관되었기 때문이라는 것이다.[3] 이 설명은 설득력이 없고 크게 와 닿지 않으므로 대부분은 아마 레닌의 이름을 땄다고 생각할 것이다. 사실 많은 사람이 그렇다고 생각하는 일은 실제로도 그런 경우가 많다.

학명으로 기념하기에 적합지 않아 보이는 인물은 정치 지도자들
만이 아니다. 스페인 정복자 에르난 코르테스Hernan Cortes와 프랜시스
코 피사로Francisco Pizarro를 생각해보자. 코르테스는 1521년에 아즈텍
제국을 정복한 스페인 원정을 이끌었고 멕시코 대부분을 스페인 왕
실에 복속시켰다. 10년 뒤 피사로는 페루에서 잉카 제국을 정복했
다. 두 정복자 모두 뛰어난 전략가였고 몇 세기 동안 영웅으로 널리
칭송받았다. 좀 더 현대적인 감각으로 볼 때 두 제국의 정복 전쟁은
유감스러운 식민주의의 발현이고, 그 전쟁의 리더들은 전쟁 범죄자
다. 그러나 코르테스는 딱정벌레 아가티디움 코르테지Agathidium cortezi
로, 피사로는 나방 헬린시아 피사로이Hellinsia pizarroi를 통해 모두 자신
의 이름을 딴 학명으로 인정받고 있다. 짐작하겠지만, 이 두 이름은
제국주의 시대가 남긴 오래된 유물이 아니다. 아가티디움 코르테지
는 2005년에, 헬린시아 피사로이는 2011년에 명명되었다. 흥미롭게
도 더 최근에 명명된 후자에서는 식민지 정복자로서 피사로의 역할
을 "수많은 남아메리카 지역에 처음 발을 들여놓은 스페인 정복자
프란시스코 피사로"라고 얼버무리면서, 정복 활동이 아닌 인물 자체
에 중점을 두고 있다.[4] 아가티디움 코르테지의 명명자는 좀 더 모호
하게 언급했다. "멕시코 대부분을 탐험하고 이 지역의 정권을 장악
했으나, 그 행동과 동기는 다소 논란이 되고 있는 위대한 스페인 탐
험가이자 정복자 에르난 코르테스."[5] 사람들은 동일한 과학자들이
같은 논문에서 다른 아가티디움속의 종에도 조지 W. 부시, 딕 체니,
도널드 럼즈펠드의 이름을 붙인 것을 보고 이들의 명명 행위 또한

'다소 논란의 여지가 있다'고 생각할지도 모른다.

유명인사의 이름으로 종을 명명했다가 시간이 지나 후회하거나 철회하고 싶은 상황이 닥칠 수 있기 때문에 이런 식의 명명에 반대하는 이들도 있다. 운동선수, 배우, 음악가가 직업적인 성취로 유명해졌더라도 개인의 인성은 의심스러운 경우가 드물지 않다. 또한 오랫동안 존경받던 유명인사가 감춰왔던 과거의 잘못된 행동으로 뒤늦게 뉴스에 오르내리는 일도 비일비재하다. 코미디언 빌 코스비나 영화 제작자 하비 와인스틴의 이름을 가진 종이 없다는 사실은 분류학자들의 훌륭한 선견지명과 행운을 나타내는지도 모른다. 그러나 확실히 의문이 드는 이름들이 있다. 일례로 삼엽충 아르크티칼리메네 비셔시Arcticalymene viciousi는 록 밴드 섹스 피스톨스의 베이시스트이자 헤로인 중독자로 여자친구인 낸시 스펑겐을 살해한 혐의를 받은 시드 비셔스Sid Vicious의 이름을 땄다. 참고로 아르크티칼리메네속의 다른 네 종은 섹스 피스톨스의 다른 네 명의 멤버들 이름을 따서 다음과 같이 명명되었다. 폴 쿡Paul Cook(*Arcticalymene cooki*), 스티브 존스Steve Jones(*Arcticalymene jonesi*), 글렌 맷록Glen Matlock(*Arcticalymene matlocki*), 조니 로튼Johnny Rotten(*Arcticalymene rotteni*). 가수 제임스 브라운의 응애 풍코트리플로기니움 야고바디우스*Funkotriplogynium iagobadius*는 더할 나위 없이 기발한 이름이었지만(iago=James, badius=brown), 그는 빛나는 음악성과 활발한 사회 활동이 가정 폭력 및 기타 폭행 사건으로 빛이 바랜 경우다. 제임스 브라운의 이름을 따서 응애를 명명한 것은 그의 음악과 그가 시민권 운동에 기여한 바를 기리기

**퀴비에의 가젤** *Gazella cuvieri*

위함이었겠지만, 오랜 폭력 습관을 외면한 행위로도 볼 수 있다.

세계적인 유명인사들의 고약한 성미는 별로 놀랍지 않다. 그렇다고 과학자 중에는 그런 성격을 가진 인물이 없을 거라 생각한다면 대단히 순진한 생각이다. 존경받을 만한 인품을 갖추지 못한 과학자들은 늘 있었고, 그들의 이름을 딴 종들도 마찬가지다. 조르주 퀴비에Georges Cuvier(1769~1832)의 이름을 딴 퀴비에의 가젤 가젤라 퀴비에리Gazella cuvieri, 루이 아가시Louis Agassiz(1807~1873)의 이름을 딴 아가시의 눈파리 이소카프니아 아가시지Isocapnia agassizi, 그리고 리처드 오웬Richard Owen(1804~1892)의 이름을 딴 작은점박이키위새 압테릭스 오웨니Apteryx owenii가 그 대표적인 예다. 퀴비에, 아가시, 오웬은 과학에 지대한 공헌을 한 사람들이고, 위의 학명들은 그들의 공헌을 인정한다. 그러나 이들은 성품이 좋은 사람들은 아니었다. 오웬은 연구를 건성으로 하거나 심지어 다른 과학자들의 연구를 제 것처럼 발표하기로 유명했다. 1846년에 오웬은 벨렘나이트(오징어의 직계 조상인 화석 동물)를 주제로 논문을 써서 왕실 훈장을 받았는데, 4년 전 맨 처음 벨렘나이트 화석을 발견한 박물학자 채닝 피어스의 이름을 (다분히 의도적으로) 깜빡 잊고 언급하지 않았다. 오웬의 허영기와 자만심, 보복을 좋아하는 성품에 동료들의 인내심은 진작에 바닥났고, 결국 런던 왕립학회 심의회는 투표를 통해 그의 회원 자격을 박탈했다. 퀴비에와 아가시는 당시에는 만연했을지 모르나 오늘날에는 부당한 사고이자 모욕으로 간주되는 인종차별적 견해를 옹호했다. 퀴비에는 인종을 세 종류로 나누면서 "유럽의 문명화된 사람들이 속한 백

인종은 타원형 얼굴, 긴 머리칼, 높이 솟은 코가 특징이고, 다른 인종과 비교하여 지성, 용기, 행동의 덕목을 가졌으므로 가장 아름답고 우월하다"라고 주장했다.[6] 아가시는 인종은 신이 개별적으로 창조한 것이라고 믿었고, 처음으로 아프리카계 미국인을 보고 나서 어머니에게 "이처럼 타락하고 퇴보한 종족에게 말할 수 없는 동정심을 느낀다"라고 썼다.[7]

이런 종류의 일들은 단지 수 세기 전의 유물이 아니다. 아주 최근까지도 제임스 왓슨James Watson의 이름으로 종을 명명한 사람은 없었는데, 그는 DNA 구조를 발견한 사람 중 하나지만 당당한 인종차별주의자이자 성차별주의자로 잘 알려져 있다. 왓슨을 명명에서 배제한 것은 분명 다행이었지만, 끝까지 지속되지는 않았다. 2019년 3월에 왓슨은 제 이름을 가진 종을 얻었다. 인도네시아바구미 트리고놉테루스 왓스니Trigonopterus watsoni다. 이 종이 트리고놉테루스속 내에서 제일 크거나 잘생긴 종이 아니라는 건 아주 조그만 위로일 뿐이다. 트리고놉테루스 왓스니나 가젤라 퀴비에리 같은 이름은 분명 더 많이 있다. 우리에겐 수천 명의 식물학자, 동물학자, 탐험가, 야외 수집가, 실험실 기술자 등을 기념하는 아주 긴 학명 목록이 있다. 그 목록만 들여다보아도 인간의 결점을 대부분 훑을 수 있을 것이다.

우리가 개탄해 마지않는 행동을 하는 사람들이 학명을 통해 불멸의 영광을 누리는 것을 어떻게 받아들여야 할까? 우리는 여성에게 폭력을 가한 제임스 브라운의 행동이나 인종에 대한 조르주 퀴비에의 신념을 비난해도 되고, 또 비난해야 한다. 그렇다고 해서 이들의

이름을 말하길 거부하거나, 더 나아가 학명으로 이들이 알려지는 것
을 유감스러워 해야 할까? 답은 분명하지 않지만, 이런 의심스러운
덕목을 지닌 사람의 이름을 가진 종이 있다는 사실을 꼭 그렇게 부
정적으로만 볼 필요는 없을 것 같다. 이름을 통한 불멸을 누릴 가치
가 있는 좋은 사람과 그럴 자격이 없는 나쁜 사람으로 인간을 딱 갈
라 나눌 수는 없으니까 말이다. 인간을 그렇게 보는 것은 순진한 관
점이다. 이렇게 흑백이 분명히 나뉘는 부분집합은 불가능하다. 인간
은 성인에서 악마까지 하나로 이어지는 스펙트럼 위에 존재한다. 이
사실을 애써 부정한다면, 누군가의 덕목을 과장해 '좋은 사람' 집단
에 집어넣고 그 타이틀을 유지하기 위해 의식적이든 무의식적이든
어떤 결점도 눈감아주는, 솔직하지 못한 칭송 일색의 전기 양식을
허용하게 될 것이다. 그뿐만이 아니다. 이 스펙트럼 위에서 특정 행
위의 자리는 시간과 문화에 따라 달라진다. 이 문제는 학명 자체보
다 훨씬 복잡하며, 현재도 이런 주제로 논의가 진행되고 있다. 제국
주의자였던 세실 로즈가 설립한 로즈 장학금, 반유대주의자였던 리
하르트 바그너의 오페라, 공산주의자였던 파블로 피카소의 예술이
모두 재평가가 필요한 대상이다. 동명의 학명은 사람을 영예롭게 할
수도 있지만, 불명예를 일깨우는 역할도 할 수 있다. 만약 이런 학명
들이 해당 인물에 대한 호기심을 자극한다면, 인간 대다수가 성자와
죄인의 얼굴을 모두 갖고 있음을 상기시켜줄 것이다.

　단, 모두가 동의하듯 히틀러는 다른 차원이며 따라서 아눕탈무스
히틀러리도 마찬가지다. 이 동굴 딱정벌레가 다른 이름을 가졌더라

면 세상은 분명 더 나은 곳이 되었을 것이다. 그러나 얼마나 더 나아졌을까? 반유대주의, 외국인 혐오, 그리고 극우파의 끔찍한 주장들 때문에 인류가 엄청난 피해를 본 것은 사실이다. 안타까운 일이지만 우리가 이런 어리석음을 영원히 뒤로한 것 같지도 않다. 그러나 아놉탈무스 히틀러리라는 학명의 존재가 실질적으로 피해를 주었는지는 확실치 않다. 물론 되도록 이처럼 명백하게 불명예스러운 이름은 피해야 마땅하다. 그러나 몇몇 명명이 잘못되었다고 해서 사람 이름으로 학명을 짓는 방식을 포기하도록 몰아붙여서는 안 된다. 명예, 매력, 배움을 위한 기회가 너무나도 많으니까.

아놉탈무스 히틀러리로부터도 배울 점은 있다. 과학자들도 다른 이들과 똑같은 인간이고, 유혹과 악에 면역되지 않았다는 사실이다. 아마추어였다고는 하나 과학자이자 한 인간이었던 오스카어 샤이벨은 히틀러가 존경받을 만하다고 판단했다. 우리는 분명히 그 결정을 거부할 수 있고 또 그래야 하지만, 그런 일은 앞으로도 얼마든지 일어날 수 있다는 사실도 결코 잊어서는 안 된다.

# 리처드 스프루스와
# 우산이끼

Richard Spruce and
the Love of Liverworts

## 9장

1854년 여름, 리처드 스프루스Richard Spruce라는 식물학자가 콜롬비아 동부의 오리노코강을 따라 위치한 마이푸레스 지역에서 말라리아에 걸려 고열에 시달리며 해먹에 누워 있었다. 다행히 퀴닌을 복용하자 열은 가라앉았고, 그는 목숨을 구했다. 퀴닌은 남아메리카 키나나무 속 Cinchona 나무의 껍질에서 추출한 약물이다. 몇 년 후, 스프루스는 에콰도르 자생인 이 키나나무가 인도에서 재배되는 데 결정적인 역할을 하게 된다. 그 덕분에 전 세계에 퀴닌이 저렴하게 공급되어 수백만 명이 목숨을 구했지만, 동시에 유럽 제국주의 세력이 퀴닌 생산을 장악하면서 자국의 산업이 붕괴될 것을 우려한─결국 그 걱정이 맞았다─남아메리카 국가들의 분노도 커졌다. 키나나무 유출이 인도주의의 상징이든 식민주의나 생물 해적질을 대표하든, 그 과정에서 스프루스가 맡은 역할은 아주 놀라운 이야기의 한 챕터를 장식한다. 마이푸레스에서 스프루스가 말라리아에 시달린 일은 그가 열대 남아메리카를 통째로 훑은 15년간의 대서사시적 수집 원정에서 일어난 하나의 사건에 불과했다. 스프루스는 수천 킬로미터의 강과 숲을 걷고, 상상할 수 있는 모든 궁핍하고 열악한 상황을 견디면서 키나나무와 더불어 7,000종이 넘는 식물 표본을 유럽 식물학자들에게 보냈다. 그리고 그중 수백 종이 신종으로 밝혀졌다. 원정은 대성공이었으나, 스프루스 자신의 건강을 망가뜨리고 그의 목숨을 수차례 앗아갈 뻔했다.

오늘날 리처드 스프루스를 기념하는 식물들은 200종이 넘는다. 그중에는 목재로 쓰이는 나한송속의 포도카르푸스 스프루케이 *Podocarpus sprucei*, 곰팡이 병충해에 저항력이 있는 파라고무나무속의 헤베아 스프루케아나 *Hevea spruceana*, 뿌리에서 잠재적인 말라리아 신약 물질을 분비하는 관목 피크롤렘마 스프루케이 *Picrolemma sprucei*, 시계꽃속의 파시플로라 스프루케이 *Passiflora sprucei*, 난초의 일종인 옹키디움 스프루케이 *Oncidium sprucei*, 쥐방울덩굴속의 아리스톨로키아 스프루케이 *Aristolochia sprucei*, 구즈마니아속의 구즈마니아 스프루케이 *Guzmania sprucei*, 보넬리아속의 보넬리아 스프루케이 *Bonellia sprucei*, 그 밖에도 놀랍고 화려한 꽃을 피우는 열대우림의 덩굴, 관목, 착생식물이 있다. 이 식물들은 매우 아름답거나 유용한 성질이 있으며, 대다수가 아마존 열대우림을 여행하는 동안 스프루스가 수집한 표본들을 거쳐 서구 과학계에 알려졌다. 이 학명들은 스프루스가 식물학에 기여한 바를 기념하고자 그에게 바쳐진 이름이지만, 한편으로는 공허한 찬사이기도 하다. 정작 스프루스 자신은 화려하거나 유용한 식물을 그다지 좋아하지 않았기 때문이다. 그가 진정으로 열정을 쏟은 식물은 이끼, 특히 우산이끼였다. 우산이끼는 화려하기는커녕 눈에 잘 띄지도 않아 그냥 지나치기 쉬운 작은 식물이다. 그러나 스프루스에게는 이 작은 식물이 환희를 불러왔다. 다행히 스프루스의 이름은 우산이끼 속인 스프루케안투스속 _Spruceanthus_, 스프루케이나속 _Spruceina_, 스프루켈라속 _Sprucella_ 그리고 오르토트리쿰 스프루케이 _Orthotrichum sprucei_와 소라필라 스프루케이 _Sorapilla sprucei_를 통해서도 기려진다.

리처드 스프루스는 1817년 9월, 요크셔에서 태어났다. 그는 전원을 거닐며 자랐고, 10대 때는 집 근처에서 발견한 식물들의 목록을 정리해 자기가 살던 마을 갠소프에 서식하는 식물 403종을 보고했다. 스물두 살 때는 요크의 학교에서 수학을 가르쳤는데, 그는 이 직업을 싫어했다. 정확히 말하면 식물을 찾아 시골을 헤맬 수 있는 긴 방학을 빼고 이 직업을 싫어했다. 몇 년 뒤 학교가 폐교하자 이참에 직업을 바꾸기로 결심하고는 식물학을 전공한 동료들의 조언을 받아 전문적인 식물 수집가가 되기로 마음먹었다. 당시에는 부유한 수집가들이 사람을 고용해 개인 표본실을 채울 표본을 구하곤 했다. 스프루스에게는 완벽한 기회였다. 그는 프랑스 남서부로 떠나 피레네산맥에서 수집을 시작했다. 식물학자인 윌리엄 보러에게 자신이 채집한 첫 번째 식물에 대한 소유권을 주기로 하고 경비를 받았다. 스프루스는 피레네산맥에서 아주 다양한 식물들을 채집했지만, 이끼와 우산이끼에 대한 열정은 점차 확고해졌다. 프랑스 박물학자 레옹 뒤푸르는 스프루스의 수집품에서 이끼 156종과 우산이끼 13종을 발견했다고 보고했다. 스프루스는 이 목록을 이끼 386종과 우산

**스프루스의 선주름이끼** *Orthotrichum sprucei*

이끼 92종으로 확장했다. 그리고 피레네에서 돌아온 지 얼마 안 되어 출판한 논문에서는 영국 티스데일 계곡의 이끼 식물상을 4종에서 167종까지 늘렸다. 스프루스의 피레네산맥 탐험은 1년 가까이 지속됐지만, 이후의 원정에 비하면 나들이 수준이었다.

1849년에 스프루스는 피레네에서 쌓아올린 명성을 기반으로 좀 더 야심에 찬 남아메리카 탐험을 준비했다. 이번에도 식물 표본을 넘기는 조건으로 비용을 지원받았는데, 영국의 가장 저명한 두 명의 식물학자와 계약을 맺었다. 한 명은 큐 왕립식물원장인 윌리엄 후커였고, 다른 한 명은 스프루스의 표본을 받아 후원자들에게 배포한 식물학자이자 중개상 조지 벤담이었다. 스프루스는 7월에 아마존의 입구인 브라질의 벨렝에 도착해 그곳에서 3개월을 보내며 열대우림의 날씨와 생태에 적응했다. 그때 벤담에게 보낸 첫 표본의 품질이 워낙 뛰어나 단숨에 후원자가 두 배로 늘었다. 순조로운 시작임이 틀림없었다. 벨렝은 브라질 파라주쎄의 주요 도시였기 때문에 지내기에 편할 수밖에 없었다. 스프루스는 부유한 상인의 집을 숙소로 정하고 남아메리카 원정을 시작했는데 거기서는 상점, 고급 요리, 선적항에서 수시로 운항하는 영국행 통신선을 쉽게 이용할 수 있었다. 하지만 이런 안락함이 스프루스를 오래 따라오지는 않았다.

1849년, 모험이 본격적으로 시작되었다. 스프루스는 아마존에서 750킬로미터를 이동해 2,000명이 거주하는 아마존 최대 정착지인 산타렘으로 갔다. 거기서 우림 속으로 더 깊이 들어가 아마존과 네그루강의 지류를 타고 오리노코강으로 진입해 아마존 분지에서도 가장 접근하기 힘든 장소에 도달했다. 그는 강과 오솔길을 따라 수천 킬로미터를 훑었다. 그것은 결코 쉬운 일이 아니었다. 한번은 1857년에 에콰도르 동부의 타라포토에서 바뇨스까지 1,300킬로미터를 이동한 적이 있는데, 오늘날의 고속도로로 22시간이 소요되는 거리를 3개월에 걸쳐 이동하면서 "살은 쭉쭉 빠지고" 피를 토했다. 이런 고생은 처음도 마지막도 아니었을뿐더러 심지어 최악도 아니었다.

사람들은 탐험가들의 이야기에서 고난과 위험을 기대한다. 스프루스의 아마존 우림과 안데스산맥 탐험은 이 기대를 저버리지 않는다. 그의 험난한 모험은 1849년 크리스마스 며칠 후에 시작되었다.

그날 스프루스는 트롬베타스강을 따라 우림을 탐험 중이었는데, 처음엔 현지 가이드 무리에서 떨어져 나왔고 조수 로버트 킹과도 거리가 서서히 멀어지더니 어느덧 남아 있던 가이드들까지 시야에서 사라지면서 결국 숲속에 혼자 남고 말았다. 다행히 그를 찾아 헤매던 킹과는 다시 만났지만 가이드들은 끝내 찾을 수 없었다. 어쩌면 한숨만 나오는 이 순진하고 산만한 영국인들에 대해 불평하느라 미처 이들을 찾을 생각조차 하지 않았는지도 모른다. 스프루스와 킹이 캠프를 다시 찾기까지 꼬박 한 낮 한 밤이 걸렸다. "이 끔찍한 여행의 후유증이 일주일도 넘게 갔다. 류머티즘 통증과 온몸이 쑤시고 결리는 것 말고도 손발과 다리 여기저기에 찢어지고 가시가 박힌 상처가 났으며 곪아서 궤양까지 생겼다. 이에 비하면 진드기가 온몸을 물고 말벌과 개미가 쏘는 것은 간지러운 수준이었다."[1] 하지만 몇 년 후 총알개미의 둥지를 건드렸을 때는 "간지러운" 수준이 아니었다. 그는 개미들이 발과 발목을 계속해서 쏘아대는 "말로 표현할 수 없는" 고통을 이렇게 표현했다. "10만 포기의 쐐기풀에 쏘인 느낌에 (…) 발이 (…) 마비된 것처럼 경련했고, 끔찍한 통증 때문에 땀이 얼굴에서 줄줄 흘러내렸다. 구역질이 나는 것을 억지로 참았다."[2] 아마존 주민들도 위협적이긴 마찬가지였다. 총알개미에게 쏘이기 얼마 전, 산카를로스에서 주민들이 만취한 폭도들과 함께 성 요한의 날을 기념하는 모습을 보고 그는 집 현관 앞에서 양손에 권총을 들고 보초를 서야 했다. 그로부터 1년 후 스프루스는 네그로강을 따라 작업하다가, 우연히 자신을 죽이고 강탈하려는 음모를 꾸미고 있는 가이드들의 목소리를 들었다. 그날 그는 무릎에 엽총을 올려놓고 뜬눈으로 밤을 새웠다.

가장 큰 위협은 병이었다. 마침 스프루스가 머물던 벨렝에 황열병이 덮쳤으나 천만다행으로 그가 탐험을 하기 위해 그곳을 떠난 후였다. 그러나 그는 심한 변비와 장티푸스에 걸렸다. 1854년 7월, 오리노코강의 마이푸레스에서 스프루스는 처음으로 말라리아에 걸렸다. 밤마다 극심한 고열, 끝없는 갈증, 구토, 호흡 곤란에 시달렸고 칡으로 만든 죽도 겨우 넘겼다. 스프루스의 현지 가이드는 그가 죽을 거라고 생각했지만, 2주 후 혼자서 퀴닌을 복용할 정도로 정신을 차렸다. 탐험을 재개할 만큼 기력을 회복하기까지 총 38일이나 심한 고열에 시달렸다. 스프루스는 회복하고 3개월이 지난 후에도 기운이 없어 작업을 제대로 하지 못한다고 푸념했다. 하지만 이것도 그가 죽음을 맛본 마지막은 아니었다.

1854년의 스프루스는 잘 몰랐겠지만 그의 목숨을 살린 퀴닌은 그가 손에 넣기 위해 막대한 공을 들인, 스프루스의 활약을 대표하는 대상이 될 터였다. 퀴닌은 키나나무속 나무의 껍질에서 추출하는데, 200년 동안 말라리아 치료에 사용되어왔다. 퀴닌 함량이 가장 높은 나무는 안데스 산기슭 외진 곳에 있어 접근 및 수확이 어려웠다. 더욱이 19세기 중반에는 아프리카와 인도의 영국군, 동아시아의 네덜란드 식민지에서 퀴닌의 수요가 급증하면서 세계적으로 수요가 공급을 훨씬 앞지르는 상황이라 복원에 대한 대책 없이 손에 닿기 쉬운 나무부터 빠르게 고갈되어갔다. 자생지가 아닌 다른 곳에서 키나나무를 대량 재배할 목적으로 종자를 반출하려는 시도가 한 세기에 걸쳐 일어났지만 모두 수포로 돌아갔다. 유럽 식민지 세력에게 퀴닌은 말라리아라는 골칫거리를 처리하고 제국을 유지할 유일한 방법이었으나, 남아메리카 국가 정부들이 살아 있는 키나나무 수출을 제한하면서 상황은 안 좋아졌다. 1850년대 후반에 영국 탐험가 클레멘츠 마컴이 키나나무 종자와 묘목 확보에 필요한 자금을 인도 정청政廳으로부터 받았다. 마컴은 남아메리카로 건너가 키나나무 숲까지 직접 확인했지만, 그는 식물학자가 아니었다. 마컴이 에콰도르 키나나무 수집가로 식물학자인 스프루스를 발탁한 것은 그가 내린 가장 훌륭한 결정일 것이다.

1859년에 왕실로부터 키나나무를 확보하라는 임무를 받았을 때 스프루스는 이미 10년 동안 남아메리카에 있었다. 지금까지 견뎌온 고난의 시간과 위태로운 건강 상태를 생각하면 누구보다 고향인 요크셔 데일스로 돌아가길 바랐을 거라 생각하겠지만, 그는 한 편지에 "(목숨이 붙어 있다면) 아마 내년에는 내내 이 일을 하고 있겠지"라고 쓰면서 열정적으로 이 의뢰를 받아들였다. 그는 키나나무 수집에 안성맞춤인 인물이었다. 해당 지역인 에콰도르 암바토에 한동안 기반을 두고 있었으므로 누구보다 이 나무를 잘 알 뿐 아니라 현지에 인맥도 있었다. 특히 에콰도르 초대 대통령인 후안 호세 플로레스 장군의 주치의 제임스 테일러와 가깝게 지냈다. 키나나무가 많이 자라는 넓은 숲 지대가 플로레스 지배하에 있었기 때문에 스프루스는 테일러를 통해 접근권을 협상할 수 있었다. 이런 유리한 조건에도 불구하고 어렵고 위험한 일이 될 거라는 스프루스의 예상은 괜한 우려가 아니었다.

스프루스는 1860년의 처음 절반을 암바토 주변 지역을 탐사하며 보냈다. 그는 7월에 종자를 채취하고 묘목을 기르기 전에 만반의 준비를 해야 했다. 이 지역에는 여러 종의 키나나무가 있었지만 스프루스는 항말라리아 효능이 가장 좋다고 알려진 붉은껍질키나나무 킹코나 수키루브라 *Cinchona succirubra*(현재는 '*Cinchona pubescens*'로 수정되었음)를 목표로 삼았다. 암바토에서 시작해 수색 영역을 넓혀간 스프루스는 마침내 최고의 붉은껍질키나나무 숲이 침보라소산의 서쪽 사면에 있음을 확인했다. 마침내 아마존 분지에서 벗어나 안데스산맥 서쪽으로 진출한 것이다. 그러나 침보라소에 도달하기 전, 스프루스는 일기에 "무너졌다"라고 표현한 상태가 되었다. 4월 어느 아침, 잠에서 깬 그는 등과 다리가 마비된 것을 느꼈다. 후에 그는 이렇게 썼다. "그날 이후로 똑바로 앉을 수 없었고, 걸을 때마다 통증과 불편함을 느꼈다." 그는 거의 두 달을 몸져 누워 있었지만, 6월이 되자 해야 할 일을 했다. 스프루스는 몸을 추스르고 "침보라소산의 키나나무 숲"을 찾아나섰다. 그곳까지는 직선거리로 35킬로미터밖에 안 되었지만, "조용히 누워 그대로 죽을 수 있다면 오히려 안도할 정도로 탈진한 상태"였다.[3] 스프루스는 고도 3,600미터까지 올라가는 고개를 두 번이나 넘고 진흙투성이의 좁고 가파른 산길을 따라 깎아지른 듯한 절벽을 내려갔다. 눈 폭풍 대신 가벼운 진눈깨비를 만나는 기쁨을 누리고, "작은 자갈을 들어 올려 우리에게 내던지는" 바람에 힘겨

위하며⁴ 스프루스와 일행이 키나나무 숲까지 도착하는 데 일주일이 걸렸다.

6월 중순이 되자 스프루스는 리몬이라는 작은 정착지에 캠프를 차렸고, 거기에서 비로소 붉은껍질키나나무를 찾았다. 하지만 종자를 수집하는 일은 만만치 않았다. 우선 그곳의 숲도 이미 심하게 착취당한 상태였다. 정착지 가까운 곳에 있는 다 자란 나무들이 모두 벌목되었고(비록 그루터기 주위로 싹이 많이 올라오고 있었지만), 날씨가 시원하고 축축해서 종자가 천천히 성숙했다. 그 바람에 문제가 생겼다. 스프루스가 종자를 매입할 거라고 예상한 리몬 주민들이 나무에서 채 익지 않은 열매를 수확했기 때문이다. 또한 당시 에콰도르는 한창 내전 중이었고, 스프루스가 도착한 지 얼마 안 돼 퀴토에 근거지를 둔 플로레스의 군대가 저지대에서 압박 공격을 하기 위해 리몬을 통과하기 시작했다. 이들은 마을에서 식량을 약탈했고—스프루스는 자신이 애써 찾은 플렌테인(바나나와 비슷한 과일 - 옮긴이)을 먹을 수 없게 된 것을 불평했다—스프루스의 말과 식량까지 압수하겠다고 위협했다. 하지만 7월에 로버트 크로스가 도착하면서 상황이 나아졌다. 그는 스프루스가 꺾꽂이용으로 키나나무 나뭇가지를 심는 작업을 돕기 위해 큐 왕립식물원에서 파견된 전문 정원사였다. 그들은 곧 수천 그루의 어린 나무를 확보했지만, 날씨가 더워지는 바람에 나무가 말라 죽지 않게 하려면 매일 몇 시간씩 양동이에 물을 길어 날라야 했다. 또한 두 사람은 먹잇감을 찾아다니는 애벌레에 맞서 싸울 유일한 수비대이기도 했다.

8월 둘째 주가 되자 마침내 키나나무 종자가 성숙하기 시작했고, 9월 초에 리몬에서 자라는 열 그루와 20킬로미터 떨어진 다른 정착지에서 자라는 다섯 그루에서 총 10만 개에 달하는 종자를 수집해서 말렸다. 하지만 일은 끝이 없었다. 묘목과 종자를 인도까지 보내려면 모두 해안으로 옮겨야 했다. 다행히 플로레스 장군(스프루스가 키나나무를 수집한 곳이 그의 영토였다)의 연합군이 과야킬을 점령하면서 내전이 끝났다. 비로소 이동이 (적어도 예전보다는) 안전해졌고 스프루스는 9월 말에 과야킬에 도착했다. 크로스는 11월 말까지 묘목과 함께 리몬에 머물며 묘목이 긴 항해에도 잘 버틸 수 있도록 심혈을 기울였다. 총 637그루가 '워디언 케이스Wardian case'(기본적으로 나무와 유리로 틀을 짠 밀폐된 테라리엄)에 넣어져 강을 따라 리몬에서 과야킬까지 배로 수송됐다. 3일간의 항해를 "빠르지만 위험천만한" 상황으로 몰고 간 폭우에도 스프루스와 그의 소중한 키나나무들은 과야킬에 무사히 도착했고, 1861년 1월 2일에 키나나무 종자와 묘목은 증기선을 타고 에콰도르를 떠나 리마로 향했다. 그곳은 인도로 가는 항해의 첫 번째 경유지였다. 리마에서 종자가 싹을 틔우고 묘목이 자라면 15년 안에 수십만 그루의 붉은껍질키나나무가 인도 플랜테이션에서 자랄 것이다.

키나나무 임무가 완료된 후에도 스프루스는 남아메리카에서 3년을 더 머물며 온 힘을 다해 수집에 매진했다. 스프루스는 자신의 몸 상태에 크게 좌절했다. 아주 잠깐만 걸을 수 있었고, 말을 타는 건 엄두도 못 냈다. 탁자 앞에 똑바로 앉는 것조차 힘겨웠다. 몸이 아픈

걸로도 모자라 은행이 파산하는 바람에 저축한 돈을 몽땅 날렸다. 1864년 5월, 다시는 우림을 휘젓고 다닐 수 없다는 사실을 깨달은 스프루스는 영국으로 돌아가 요크셔에서 여생을 보냈다. 그는 변변 찮은 정부 연금으로 생활하면서 건강이 허락하는 한 식물학 연구에 매진했다. 놀랍게도 스프루스는 30년 가까이 더 살았고 1893년, 독 감에 걸려 76세를 일기로 세상을 떠났다.

집요하고 빈번하게 찾아온 병마에 시달려 제대로 생활하지 못 한 스프루스의 과학적 결과물은 놀랍기 그지없었다. 남아메리카에 서 보낸 15년 동안 그는 채집할 수 있는 모든 것을 채집했고, 채집 할 수 없는 모든 것을 기록으로 남겼다. 어떤 식물도 그의 눈을 피 할 수 없었다. 특히 그는 유용하고 장식성이 뛰어난 식물을 수집하 고 기재하는 일의 가치를 잘 알았다. 그는 식용식물, 섬유식물, 목재, 약용식물, 향정신성 식물, 그리고 여러 고무나루류(그는 1855년에 최초 로 고무 수확과 처리 과정에 관한 내용을 출판한 사람이다)에 관한 수많은 노 트를 기록으로 남겼다. 아름다운 식물들도 기재했는데 그가 들여온 난, 시계꽃, (잎의 지름이 3미터나 되는) 빅토리아연꽃을 포함해 많은 식 물이 수집가와 정원사의 열망의 대상이 되었다. 스프루스는 수천 쪽 에 달하는 채집 일지와 여행 기록을 들고 영국으로 돌아왔다. 거기 에는 아마존과 안데스의 식물상은 물론이고 그 지역의 지질학, 지리 학, 민족지학에 관한 상세한 내용이 담겨 있었지만 스프루스는 그것 들을 출판하지 않았다.

스프루스의 노트들에는 베스트셀러가 될 수 있는 여행기는 말할 것도 없고, 논문 수십 편을 내기에 충분한 자료가 있었다. 참고로 스프루스 사망 15년 후, 그의 벗인 앨프리드 러셀 월리스가 이 노트들을 편집해 《아마존과 안데스에 관한 어느 식물학자의 노트Notes of a Botanist on the Amazon and Andes》라는 제목으로 출판했다. 이 책은 매혹적인 읽을거리로, 한 탐험가의 생생하고 흥미로운 이야기들이 담겨 있다. 그런데 왜 스프루스는 그것들을 출판하지 않았을까? 그는 세밀한 관찰의 중요성을 누구보다 잘 알았지만, 노트에 담겨 있던 것은 그의 열정의 대상이 아니었기 때문이다. 요크셔 시골을 헤매고 다니던 어린 시절부터 피레네산맥을 거쳐 남아메리카 모험에 이르기까지 그의 귓가에 노래를 부른 것은 언제나 이끼였다. 스프루스가 영국으로 돌아와 출판한 것은 주로 이끼처럼 자신을 드러내지 않는 조그만 식물에 대한 연구였다. 그중 가장 주목할 만한 걸작은 600쪽짜리 논문인 〈페루와 에콰도르의 아마존과 안데스산맥의 태류Hepaticae of the Amazon and the Andes of Peru and Ecuador〉다. 참고로 '태류'는 우산이끼가 속한 이끼 식물의 한 강綱이다. 무언가에 대해 진정한 애정 없이 600쪽짜리 논문을 쓰는 사람은 없다. 그러나 이런 증거를 들이대지 않아도 이끼에 대한 스프루스의 생각은, 그가 친구인 대니얼 핸버리에게 쓴 편지에 고스란히 드러나 있다. "적도의 평야에 살고 있는 덤불과 고사리 이파리 위로 기어올라 섬세한 은녹색, 황금색, 적갈색의 트레이서리 장식이 달린 옷을 입힌다. (…) 사람들을 놀래킬 물질을 만들지 못하는 건 사실이다. (…) 먹을 수도 없다. 그러나 인간에게 착취되는 고문을 당하지 않아도 되므로, 신이 내어준 자리에 그대로 머물며 무한히 유용하다. (…) 그리고 제 자신에게는 여전히 쓸모 있고 아름답다. 이것이야말로 모든 존재의 가장 중요한 동기가 아니겠는가."[5]

남아프리카 여행에서 고난을 겪고 병을 앓고 지치고 두려워질 때마다 스프루스는 자신이 제일 사랑하는 식물에게 돌아갔다. "비가 내려 개울이 불고 투덜대는 인디언들에 대한 짜증이 차오를 때마다, 나는 단순한 이끼를 사색하며 이 모든 어려움을 잠시나마 잊게 해주신 하늘에 감사할 이유를 찾았다."[6] 그렇다면 키나나무, 고무나무, 그 외 모든 경제적으로 유용한 식물들, 스프루스 자신이 그렇게 고통스럽게 관찰하고 기재했던 식물들에 대해서는 어떻게 생각했을까? 스프루스 역시 그 식물들이 잘생겼다고 인정하면서도 핸버리에게 보낸 편지에서 분명히 말한다. "저 식물들이 약재상의 절구에서 펄프나 가루가 되도록 두들겨 맞을 때 내 관심은 사그라든다."[7]

그렇다면 리처드 스프루스의 이름을 가진 식물에는 어떤 것들이 있을까? 목재용 나무인 포도카르푸스 스프루케이*Podocarpus sprucei*, 고무나무 헤베아 스프루케아나*Hevea spruceana*, 항말라리아 치료제의 가능성이 있는 피크롤렘마 스프루케이*Picrolemma sprucei*를 포함한 여러 약용식물, 그리고 파시플로라 스프루케이*Passiflora sprucei*, 온시디움 스프루케이*Oncidium sprucei*, 구즈마니아 스프루케이*Guzmania sprucei* 등 눈부시게 아름다운 꽃들이 있다. 이 종들을 명명하면서 과학자들은 열대 및 경제 식물학에 대한 스프루스의 지대한 공헌을 기념했다. 그러나 이것들은 모두 약재상의 절굿공이에 들어가야 할 운명을 지닌 식물들이다

(피크롤렘마의 경우는 말 그대로 가루가 되지만 나머지는 비유적인 표현이다). 나는 스프루스가 이 식물들에 제 이름을 붙인 것을 못마땅해 하지는 않았을 거라고 생각한다. 시계꽃을 연구하는 식물학자라면 자신이 연구한 시계꽃에 상대의 이름을 붙여주는 것이 그가 줄 수 있는 가장 큰 영광임을 아주 잘 알았을 테니까. 그러나 그를 위해 이름 붙인 모든 종이 유용하고 아름답고 익숙한 것들뿐이었다면 스프루스도 조금 실망했을지도 모른다.

다행히 그의 이름을 가진 이끼들이 있다. 레스케아 스프루케이 *Leskea sprucei*, 오르토스티쿰 스프루케이 *Orthostichum sprucei*, 소라필라 스프루케이 *Sorapilla sprucei* 등이 그 예이며 특히 그가 열정을 고스란히 바친 우산이끼에도 스프루케안투스속 *Spruceanthus*, 스프루케이나속 *Spruceina*, 스프루켈라속 *Sprucella*이 있다. 실제로 수십 종의 이끼와 우산이끼가 스프루스의 이름을 품고 있다. 안타깝지만 이들 대부분, 특히 모든 우산이끼는 스프루스 사후에 명명되었다. 그러나 그가 막 피레네로 탐험을 떠나던 1845년에 붙여진 레스케아 스프루케이와 오르토스티쿰 스프루케이로 시작해 1875년 브뤼움 스프루케이 *Bryum sprucei*로 끝나는 15종의 이끼는 스프루스 살아생전에 명명되었다. 스프루스는 동료들이 그에게 명예를 선사하고자 했음을 알았다. 또한 누군가가 단순한 이끼를 보며 스프루스를 위해 붙여줄 이름을 고심하고 있었다는 것도 아마 그는 알았을 것이다.

# 나에게 바치는 이름

Names from the Ego

## 10장

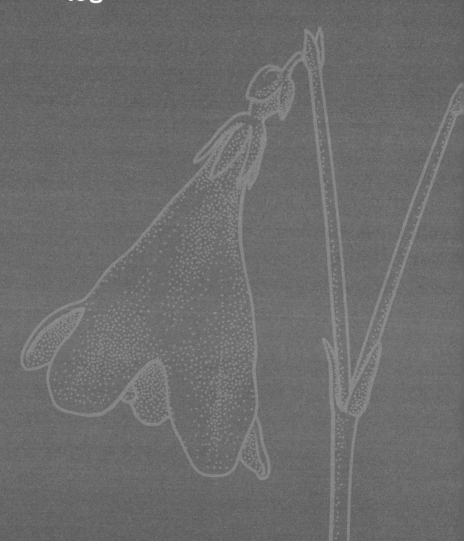

사람 이름을 빌려 학명을 지을 수 있다는 사실은 새로운 종을 발견한 사람들에게 분명 유혹적인 가능성을 제시한다. 내 이름을 딴 학명을 짓는다면? 만약 내가 운 좋게 아름다운 극락조 신종을 발견한다면 파라디사이아 허디이*Paradisaea heardii*라고 이름 지어도 될까? 그래도 된다면, 그렇게 할 것인가?

나는 이런 나르시시즘적 자기 찬사가 허락되지 않을 거라고 여러 차례 확신해왔지만, 알고 보니 그렇지 않았다. 식물 명명규약과 동물 명명규약 모두 그러한 관행을 불허하지 않으니, 내가 꿈꿔온 파라디사이아 허디이는 완벽하게 합법적인 이름이 될 것이다. 즉 내 이름이 들어간 그 학명이 과학과 그 새에 영원히 묶여 있을 거라는 뜻이다. 사실 자기 이름으로 종을 명명한 과학자가 없지는 않다. 하지만 아주 소수에 그친다. 자기 이름으로 명명하는 것은 이 바닥에서 심한 결례로 여겨지기 때문이다. 그냥 그러면 안 되는 것이다. 누구라도 감히 그렇게 한다면 따가운 눈총을 받는다.

이런 실례를 최초로 범한 사람은 다름 아닌 칼 린네이다. 이명법의 창시자가 자기 명명을 가능하게 한 것이다. 린네가 가장 좋아했던 식물은 린네풀이다. 린네풀은 숲 바닥에 자라는 섬세한 초본으로 영어로는 쌍둥이꽃twinflower이라고 부르고, 린네의 모국어인 스웨덴어로는 '통풍 잔디'라는 덜 예쁜 뜻의 익트그레스giktgräs이다. 그렇다면 린네풀의 학명은 무엇일까? 린나이아 보레알리스*Linnaea borealis*, 더 정확히는 린나이아 보레알리스 린나이우스*Linnaea borealis* Linnaeus다. 이 학명에서 '린나이우스'는 이 이름의 공식적인 명명자를 뜻한다. 린네가 제 이름을 따서 린네풀 속명을 지었다는 말이 자꾸 나오는 것도 당연하다. 하지만 진실은 그렇게 단순하지 않다.

린나이아속이라는 이름이 지어진 사연은 이렇다. 원래 린네풀은 캄파눌라 세르필리폴리아*Campanula serpyllifolia*라는 학명으로 불렸었다. 이 학명은 유럽 최북단에서 남쪽으로 지중해까지 이르는 넓은 지역에 자라는, 적당히 비슷하게 생긴 풀들에 모두 적용되었다. 그러나 린네는 북부 지역의 캄파눌라 세르필리폴리아가 남쪽의 것과 같은 종이 아니라는 사실을 알게 됐다(비록 비슷한 종 모양의 꽃이 피지만, 이제 북쪽과 남쪽의 식물은 전혀 다른 식물 과에 속한다는 것이 밝혀졌다). 그러므로 북쪽의 식물에 새로운 이름이 필요했다. 1737년에 출간한《식물의 속*Genera Plantarum*》에서 린네는 이 식물을 '린나이아'라는 속명으로 적었다. 이건 누가 봐도 자기 명명처럼 보인다. 린네가 이 속명은 자신이 아니라 자신의 후원자이자 친구이며 연배가 더 높은 네덜란드 식물학자 얀 프레데릭 흐로노비위스가 지었다고 언급하지 않았다

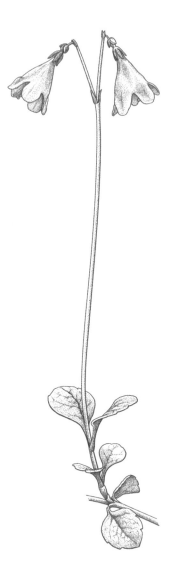

**린네풀** *Linnaea borealis*

면 말이다. 그러니까 적어도 린네의 말에 따르면, 린네풀이 린나이아라는 속명을 가진 것은 린네 자신이 아니라 흐로노비위스 때문인 셈이다.

그런데 흐로노비위스가 린나이아를 명명했다면 왜 학명의 명명자가 'Gronovius'가 아닌 'Linnaeus'일까? 여기엔 합당한 설명이 있다. 아마 다른 시대였다면 분명히 명명자는 'Gronovius'로 표시되었을 것이다. 그러나 이 같은 학명의 역사 초기에는 복잡한 세부 조항이 적용된다. 식물 명명규약에 따르면, 식물 명명의 시작 기준은 린네가 1753년에 출간한 《식물의 종》이다. 그리고 이 책에 표기된 모든 학명은 명명자를 'Linnaeus'로 한다고 명시되어 있다. 과거에 다른 사람이 지은 이름이더라도 말이다. 이것이 적어도 표면상으로는 흐로노비위스가 지은 린나이아속에 대한 해명이다.

그렇다면 린네가 자기애의 발현으로 학명에 본인의 이름을 붙였다는 혐의에 대해 무죄를 선언해도 될까? 이 이야기를 조금 더 깊이 파고들면 그럴 수 없다는 결론이 나온다. 1971년에 출간된 린네의 전기에서 윌프리드 블런트는 린네가 "자신의 명예를 높이고자 이 식물이 린나이아 보레알리스로 재명명되도록" 뒤에서 일을 꾸몄다고 주장한다. 비록 블런트는 명확한 증거 없이 슬쩍 혐의만 던지고 말았지만, 아마 그의 의심은 사실일 것이다. 다른 이들이 평가하는 린네는 허영심이 강하고 식물학에 대한 자신의 공헌을 겸손하게 낮추는 법이 없었다. 자신이 직접 손을 쓰는 일이 생기더라도 린네는 스스로 린나이아라는 찬사를 받을 자격이 있다고 생각했을 것이다. 잘 들어보기 바란다. 린네가 1736년에 발표한《기초 식물학Fundamenta Botanica》의 1730년 자필 원고를 보자. 이 원고에서 린네는 하나는 'Campanulam', 다른 하나는 'Linnaeam'이라고 표기된 두 식물의 형태적 특징을 비교했다. 이 비교는 린네가 이미 북쪽에서 자라는 캄파눌라 세르필리폴리아(즉, 린네풀)는 남쪽의 것과는 다른 식물이므로 새로운 이름이 필요함을 인지했고 그 새로운 이름을 직접 린나이아(또는 이것의 변형)로 지정했음을 암시한다. 시기를 따져봤을 때, 이 이름을 흐로노비위스가 지었을 가능성은 거의 없다. 1730년에 린네는 스물세 살의 웁살라 대학 의대 2학년생에 불과했다. 그는 이제 막 지역에서 식물학자로서 명성을 쌓기 시작했고, 흐로노비위스를 만나려면 5년이나 남은 상황이었다(린네가 네덜란드로 여행했을 때). 설사 1730년 이전에 흐로노비위스가 린네의 이름을 들어봤다 하더라도, 그가 린네의 이름으로 식물의 학명을 지을 생각은 하지 않았을 것이다. 무엇보다 당시에는 다른 사람의 이름을 따서 학명을 짓는 일이 보편화되지 않았기 때문이다. 이 사실은 1년 전으로 거슬러 올라가 한 번 더 증명될 수 있다. 린네가 1729년에 쓴《스폴리아 보타니카Spolia Botanica》의 자필 원고에서 그는 북쪽에 서식하는 캄파눌라 세르필리폴리아에 'Rudbeckia'라는 속명을 주었는데, 바로 밑에 그것을 지우고 'Linnaea'처럼 보이는 글씨가 남아 있다. 결론적으로 흐로노비위스가 1729년, 또는 그 전에 린네에게 바치는 학명을 지었을 리가 없다는 말이다.

만약 흐로노비위스가 린네풀의 학명을 발표하기 훨씬 이전에 린

명백한 증거: 《기초 식물학》의 1730년 초고에 쓰여진 "Linna'am".
런던 린네 학회 제공.

네 자신이 먼저 린나이아속을 생각했다면, 그 이름을 흐로노비위스
가 지었다고 말한 것은 분명 솔직하지 못한 처사이거나 인형술사처
럼 꼭두각시의 줄을 조종한 것으로 볼 수 있다. 끝내 진실은 밝혀지
지 않을지도 모르지만, 이 역사적 단서를 손에 쥔 채 또 다른 초기
작품인 《식물학 비평》에서 린네가 린네풀의 학명에 대해 늘어놓은
변을 읽으면 참으로 흥미롭다. 여기서 린네는 린나이아속을 "그 유
명한 흐로노비위스에 의해 명명되었으며 (…) 미천하고 대수롭지 않
고 눈에도 잘 띄지 않는 것이 그저 잠깐 피고 마는 이 꽃의 모습을
똑 닮은 이 몸 린네에서 이름을 빌어왔다"[1]라고 말한다. 이 문단에
깃든 겸손은 분명 가장한 것이다. 자신이 좋아하는 식물이 자기 이
름을 가질 수 있도록 아주 영리하게 뒤에서 일을 꾸민 것에 만족하
며 이 문단을 썼을 그의 표정을 어렵지 않게 상상할 수 있다.

　린네가 린나이아속의 명명을 조작했다는 이야기는 적어도 블런트
가 처음 혐의를 제기한 이후 지금까지 아무 증거 없이 계속 전해지

고 있다. 무엇 때문에 이 이야기가 이렇게 장수하게 됐을까? 그건 순
전히 재미 때문일 것이다. 타인의 행동을 못마땅하게 여기는 인간의
감정 뒤에는 죄책감을 동반한 묘한 만족감이 자리잡고 있다. 이런
별난 심리는 오늘날의 소셜미디어뿐 아니라 과학 문헌들에도 나온
다. 문헌들 곳곳에 자기 명명에 대한 혐의가 제기되고, 그중 다수는
사실이 아님이 밝혀졌음에도 계속해서 입에 오르내린다.

북아프리카 달팽이 케킬리오이데스 부르기냐티아나 _Cecilioides_
_bourguignatiana_의 예를 들어보자. 이 학명은 2,500종 이상의 연체동물을
명명한 프랑스 동물학자 쥘 르네 부르기냐 _Jules-René Bourguignat_를 기념
한다(사실 그의 관심은 훨씬 광범위해서 식물학, 지질학, 고고학 등 다방면에서 논
문을 발표했다). 1864년에 출판된 알제리 연체동물에 관한 500쪽 분량
의 논문에서 그는 자신의 이름을 딴 달팽이 페루사키아 부르기냐티
아나 _Ferussacia bourguignatiana_를 기재했다. 그러자 〈미국패류학회지 _American_
_Journal of Conchology_〉에서 한 익명의 필자가 부르기냐의 책을 "대단한 작
품"이라고 추켜세우는 척 하다가 그 아래에 정색하고 이런 각주를
달았다. "우리는 부르기냐가 페루사키아 부르기냐티아나라는 학명
을 지은 예처럼 자기 이름으로 종의 이름을 명명한 경우를 본 적이
없다."**2** 부르기냐는 주위에 적이 많았고 오만하다는 평을 받았으니
이런 비난은 놀랍지 않다. 그러나 이 익명의 투고자는 좀 더 신중했
어야 했다. 실제로 부르기냐는 이 명명에 책임이 없기 때문이다. 그
는 2년 전, 이탈리아 박물학자 루이지 베노이트가 명명한 아카티나
속 _Achatina_을 새로 기재하면서 새로운 속명을 제시했을 뿐이다. 다시

말해 원래는 베노이트라는 사람이 아카티나 부르기냐티아나_Achatina bourguignatiana_라고 발표한 종을 부르기냐가 페루사키아라는 새로운 속에 편입시켰다는 뜻이다. 여기에는 어떤 분류학적 부적절함도 없지만 이야기는 한 세기 반이나 정정되지 않고 지속되었다. 예를 들어 이 이야기는 존 라이트의《뾰족뒤쥐 이름 짓기_The Naming of the Shrew_》라는 책에도 나온다.

제 이름을 딴 학명이라는 혐의가 혈통으로 인해 빚어진 혼동이었음이 밝혀진 사례들도 있다. 쇠똥구리의 일종인 카트라이티아 카트라이티_Cartwrightia cartwrighti_는 1967년에 곤충학자 오스카 카트라이트_Oscar Cartwright_가 명명했다. 이것은 누가 봐도 의심할 만한 상황이다. 그러나 속명 카트라이티아가 실제로 카트라이트를 지칭하는 것은 맞지만, 이 속명은 페데리코 이슬라스 살라스라는 다른 곤충학자가 카트라이트를 기념해서 명명한 것이다(참고로, 이에 카트라이트는 '_Cartwrightia islas_'로 살라스에게 화답했다). 카트라이트는 카트라이티아라는 속명, 그리고 살아생전 그를 위해 명명된 다른 16개 속의 딱정벌레들을 보며 몹시 기뻤겠지만, 그에게 책임이 있는 것은 아니다. 카트라이티아 카트라이티의 경우는 분명 카트라이트 본인이 지은 이름은 맞지만, 수집 여행에 동행해 신종 발견을 함께했던 형제, 레이먼드 카트라이트_Raymond Cartwright_를 기리는 이름이다. 말도 안 된다고? 목테갈매기 라루스 서비니_Larus sabini_는 1818년에 조지프 서빈_Joseph Sabine_이 형제 에드워드 서빈_Edward Sabine_을 기념하는 뜻에서 명명했다. 에드워드는 캐나다령 북극을 관통하는 북서항로 탐색 원정

중에 이 최초의 표본을 사냥했다. 조지프는 혹시 모를 혐의에 대비해 학명의 'sabini'라는 종소명은 "종에 최초 발견자의 이름을 붙이는 관습을 따른 것이다"라고 조심스럽게 명시했다.[3]

비슷한 맥락에서 남아프리카 영양인 니알라의 학명 트라겔라푸스 앵거시이 *Tragelaphus angasii*는 1849년에 조지 프렌치 앵거스가 지었는데, 자신이 아닌 "존경하는 아버지 조지 파이프 앵거스 George Fife Angas를 기리기 위한 것"이었다.[4] 사실 앵거스는 런던 동물 학회의 그레이라는 사람이 이 학명을 지었다고 주장했다. 동물학계의 수많은 그레이 중에서 어떤 그레이를 말하는 건지는 모르겠지만, 어쨌거나 이 학명을 최초로 발표한 사람이 앵거스이므로 그가 기록상의 명명자임은 틀림없다. 카트라이트, 서빈, 앵거스와 같은 사례는 충분히 헷갈릴 만하다. 여기에는 분명한 결론이 있다. 명명자의 진정한 의도를 알기가 쉽지 않다는 사실이다. 설사 명명자가 학명의 기원을 잘 알아듣게 설명했다 하더라도, 어느 의욕 넘치는 전문가가 학술 잡지나 정체가 모호한 출판물에 발표된 명명자의 논문을 파헤쳐 밝히지 않는 이상, 그 속내는 알 수가 없다. 이런 오해를 사고 싶지 않은 일부 과학자는 정말 가족을 기리고 싶을 때 종종 성이 아닌 이름을 사용한다. 예를 들어 깡충거미류의 이키우스 쿠마리아이 *Icius kumariae*는 최근에 존 케일럽이—아마도 곤충 공포증은 없었을—아내 쿠마리 Kumari를 위해 지은 학명이다.

놀랍게도 우연한 사고로 자기 명명이 되는 경우도 있다. "잠깐, 어떻게 자기 이름이 들어간 학명을 실수로 발표할 수 있단 말입니까?"

라고 묻는다면, 여기에서 다시 한번 명명규약의 특별한 세부 조항 한 가지를 언급하겠다. 학명 명명의 권한은 최초 발표자에게 있다. 이것은 아주 단순한 사실 같지만, 이름을 빌려준 당사자가 아주 열정적인 사람이라면 얼마든지 뜻밖의 상황이 벌어질 수 있다. 킬리피시의 일종인 아피오세미온 롤로피 롤로프*Aphyosemion roloffi* Roloff를 예로 들어보자. 1930년대에 아마추어 어류 사육사 에르하르트 롤로프*Erhard Roloff*는 서아프리카에서 이 킬리피시를 채집하고 신종임을 인지했다. 그는 표본을 베를린 자연사박물관의 어류학자인 에른스트 알에게 보냈고, 알은 수집가인 롤로프에게 영예를 돌리고자 기꺼이 아피오세미온 롤로피라는 학명을 준비했다. 여기까지는 아무 문제가 없다. 또한 롤로프가 흥분한 마음을 잘 주체했다면 이야기는 여기서 끝났을 것이다. 그러나 그는 참지 못하고 수족관 관리자들이 보는 한 잡지에 이 신종과 학명에 관한 기사를 쓰고 말았다. 그런데 일이 묘하게 꼬여 알의 신종 발표 논문이 롤로프가 쓴 잡지 기사가 나오고 2년 뒤인 1938년이 되어서야 출판되고 말았다. 명명법상 명명자가 알이 아닌 롤로프가 된 것이다. 롤로프가 아이티섬에서 채집한 또 다른 킬리피시 리불루스 롤로피*Rivulus roloffi*에 대해서도 같은 일이 벌어졌다. 1938년, 롤로프는 이 표본을 영국 박물관의 에슬린 트레와바스에게 보냈고, 이어 자신의 성으로 명명된 종과 학명을 언급한 기사를 잡지에 실었다. 반면 트레와바스는 전쟁 때문에 1948년까지 출판을 미뤘다. 다행히 이번에는 롤로프의 기사에 미비한 점이 많아 공식적인 신종 발표로 인정받지 못했다. 따라서 아직

도 '*Rivulus roloffi* Roloff'로 표기되는 경우가 종종 있지만, 공식적
으로는 '*Rivulus roloffi* Trewavas'가 맞다. 이번엔 롤로프도 혐의에
서 벗어났다. 자기 이름을 딴 신종의 학명을 얼른 사용해보고 싶은
롤로프의 들뜬 마음은 충분히 공감이 간다. 그는 일보다 취미에 더
빠져 있는 사람이었고, 하나도 아닌 2종의 킬리피시가 자기 이름을
가졌다는 사실이 무척 기뻤을 것이다. 그러나 성급한 마음에 그 학
명을 정식 인쇄물에서 명명자보다 먼저 사용한 것은 아마추어적인
실수다.

　페루사키아 부르기냐티아나, 카트라이티아 카트라이티, 리불루
스 롤로피처럼 명명자가 본인의 이름을 붙였다는 혐의의 대부분은
혼동의 결과로 밝혀졌다. 아니 땐 굴뚝에 연기가 났다는 말이다. 그
러나 물론 그렇지 않은 경우도 있다. 1785년에 지크문트 폰 호헨바
르트Siegmund von Hochenwarth는 밤나방류에 팔라이나 호헨바르티*Phalaena*
*hochenwarthi*라고 당당히 자기 이름을 붙였다. 아니, 그렇다기보다는 호
헨바르트가 학명에 대한 설명을 따로 하지 않았으므로 그랬을 거라
고 가정한다. 마찬가지로 1937년, 동물 수집가이자 자연 작가인 이
반 샌더슨Ivan Sanderson은 한 대중 도서에서 지나가는 말로 히포시데
로스 샌더스니*Hipposideros sandersoni*라는 박쥐 신종을 언급한 적이 있다.
비록 그가 학명의 기원을 밝히지는 않았지만, 누구나 샌더슨이 자신
의 이름을 붙였다고 생각할 수 있다. 1875년, 영국으로 운송된 살아
있는 코뿔소에 윌리엄 잠라크William Jamrach가 명명한 리노케로스 잠
라키*Rhinoceros jamrachi*에서는 혐의가 좀 더 명백하게 드러난다. 잠라크

는 과학자라기보다는 외국 동물 무역상이었는데, 이 분야에 자신이 기여한 바를 스스럼없이 자랑했다. 잠라크는 '그의' 코뿔소가 과거에 알려지지 않은 신종임을 확신했고, 이에 동조하지 않는 동물학자들과의 논쟁을 이렇게 언급했다. "나는 발을 굴러 과학에 축복을 내렸다."[5] 행여 사람들이 알아채지 못할까봐 그는 이런 식으로 논문을 끝맺었다. "나는 내가 산 채로 영국으로 데려온 코뿔소 신종 셋 중 하나에 내 이름을 붙이는 것에 만족한다."[6] 그러므로 비록 잠라크가 자신이 직접 리노케로스 잠라키를 명명했다고 대놓고 말하지 않았지만 누구나 쉽게 짐작할 수 있다. 잠라크에게는 안됐지만, 그는 보기 좋게 틀렸다. '그의' 신종 코뿔소는 잠라크 시대 훨씬 이전에 린네가 리노케로스 우니코르니스*Rhinoceros unicornis*라고 명명한, 잘 알려진 인도코뿔소의 한 개체였을 뿐이다. 1906년, 잠라크에게 불멸을 가져다줄 두 번째 기회가 찾아왔다. 이번에는 월터 로스차일드가 잠라크를 기념해 신종 화식조에 카수아리우스 잠라키*Casuarius jamrachi*라는 이름을 붙였다. 그러나 이것 역시 신종이 아닌 것으로 판명나면서 기회는 사라졌다. 사실 그 표본은 난쟁이화식조인 카수아리우스 벤네티*Casuarius benneti*였을 가능성이 크다. 리노케로스 잠라키와 카수아리우스 잠라키라는 이름은 이제 이명으로 취급된다. 그리고 잠라크와 '그의' 코뿔소, 그리고 '그의' 화식조는 잊힌 지 오래다. 지금까지 살아남은 'jamrachi'라고는 윌리엄 잠라크가 아닌 그의 부친인 찰스 잠라크의 이름을 따서 지은 달팽이 아모리아 잠라키이*Amoria jamrachii*가 유일하다. 격노한 윌리엄이 발을 구르는 장면이 눈에 선하다.

린네의 꼼수나 잠라크가 직접적인 언급을 회피한 것은 누구도 당당히 자기 이름으로 신종을 명명했다고 인정하지 못한다는 인상을 준다. 사실 맞는 말이다. 자기 명명을 인정한 사례는 암탉의 이빨만큼 드물지만, 로버트 타이틀러Robert Tytler 대령 덕분에 적어도 한 가지 사례는 말할 수 있겠다. 타이틀러는 1800년대 중반 인도 벵골의 육군 장교였는데, 열정적인 아마추어 박물학자로 새와 포유류, 파충류를 관찰하고 수집했다. 1864년에 타이틀러는 안다만제도에서 신종 사향고양이를 기재한 짧은 논문을 발표했다. 참고로 잠라크의 코뿔소처럼 타이틀러의 사향고양이도 시간의 시험을 통과하지 못했다. 이 사향고양이는 잘 알려진 흰코사향고양이 파구마 라르바타Paguma larvata인 것으로 밝혀졌다. 어쨌든 타이틀러는 이렇게 단도직입적으로 논문을 시작했다.

> 이 섬에서 발견된 포유류는 흥미로운 종임이 틀림없으므로, 나는 파라독수루스속Paradoxurus의 '신종'에 대해 아래와 같이 제 이름을 딴 학명을 짓고, 기재합니다.
> '파라독수루스 타이틀러리이PARADOXURUS TYTLERII'[7]

타이틀러는 이 챕터에 등장한 많은 인물처럼 아마추어였다. 아마 그는 과학자들 사이에서 자기 이름으로 학명을 짓는 것이 고상하지 못한 행동으로 취급받는 줄 몰랐을 것이다. 어쩌면 제국의 장교로서 전형적인 자기 확신의 소유자라 다른 이들의 시선쯤은 아랑곳

하지 않았는지도 모른다. 어느 쪽이든 파라독수루스 타이틀러리이 *Paradoxurus tytlerii*라는 학명을 통해 타이틀러는 자신의 의도와 자아를 명백하게 내보였다.

결론적으로 말해 누구나 자신의 이름으로 학명을 지을 수는 있지만, 그것은 큰 결례이고 극히 드문 예를 제외하면 대부분 그러지 않는다. 그게 맞는 일 같긴 하지만, 한편으로는 놀랍기도 하다. 종을 명명하는 과학자도 (고정관념에도 불구하고) 결국 다른 사람들과 똑같은 인간이다. 수줍고 내성적인 과학자가 있는가 하면 허풍쟁이도 있고, 자기를 내세우지 않는 겸손한 과학자가 있는가 하면 뽐내지 못해 안달 난 에고이스트도 있다. 사회규범을 존중하는 과학자가 있는가 하면 그것을 파괴하는 과학자도 있다. 유혹에 맞서는 과학자도, 굴복하는 과학자도 있다. 이런 와중에 지금까지 거의 모든 이들이 신종에 제 이름을 붙이고 싶은 유혹을 용케 뿌리쳐왔다는 사실이 신기할 따름이다.

# 착한 명명, 나쁜 명명:
# 로베르트 폰 베링게의 고릴라, 다이앤 포시의 안경원숭이

Eponymy Gone Wrong?
Robert von Beringe's Gorilla and Dian Fossey's Tarsier

**11장**

학명을 통해 기념되는 사람들은 대개 대단한 사람들이다. 그리고 그 사람들의 이름으로 학명을 짓는 것은, 명예를 드높일 만하다고 모두가 동의하는 어떤 사람에 대한 기억을 학명으로 보존하려는 행위이다. 그러나 때로는 그것이 잘못된 선택이었다고 인정할 수밖에 없는 순간이 온다. 이름에 각인된 역사로 연결된 두 영장류의 예를 들어보자. 고릴라와 안경원숭이의 이야기이자 명명에 관한 오래된 이야기와 새로운 이야기, 그리고 명명을 후회하는 이야기다.

1902년 프리드리히 로베르트 폰 베링게Friedrich Robert von Beringe 대령은 한 화산에 올랐다. 폰 베링게는 독일군 장교이자 부줌부라 전초기지 사령관이었는데, 오늘날 동아프리카 부룬디의 최대 도시인 부줌부라가 당시에는 독일령이었다. 그는 르완다 왕을 찾아가기 위해 북쪽으로 이동하면서 비룽가산맥을 이루는 여덟 개의 화산 중 사비요노산을 등반했다. 10월 17일, 정상에서 약 500미터 아래의 좁은 바위투성이 능선에서 야영한 폰 베링게는 그곳에서 "크고 검은 원숭이" 무리를 보았다.[1] 이렇게 폰 베링게는 최초로 산악고릴라를 목격한 유럽인이 되었다. 그리고 몇 분 후, 최초로 산악고릴라를 죽인 유럽인이 되었다.

폰 베링게 일행은 고릴라 두 마리를 쏘았고, 계곡으로 굴러떨어진 두 마리 중 한 마리를 몇 시간에 걸쳐 수습했다. 폰 베링게는 자신이 발견한 유인원이 학계에 알려지지 않은 (물론 지역 원주민들은 잘 알았겠지만) 새로운 종이라는 걸 알아챘다. 침팬지는 근처 저지대에 서식한다고 알려졌으므로 분명 침팬지는 아니었다. 서부고릴라와도 상당히 달랐다. 그도 그럴 것이 사비요노산은 서부고릴라 서식지에서 1,000킬로미터도 넘게 떨어져 있었다. 폰 베링게는 표본을 베를린 자연사박물관에 보냈는데, 가는 길에 하이에나의 습격을 받아 고릴라의 한쪽 팔과 가죽을 잃었다. 베를린 자연사박물관에 도착한 표본을 파울 마치라는 동물학자가 조사했고, 폰 베링게의 의견에 동의했다. 그것은 침팬지도, 서부고릴라도 아닌 새로운 고릴라였다. 그는 이 고릴라를 신종으로 기재했고, 수집가를 기념해 고릴라 베링게이 *Gorilla beringei*라고 이름 붙였다.

1963년 10월, 다이앤 포시Dian Fossey는 화산에 올랐다. 미국인인 포시는 동물을 좋아해 수의학을 전공했지만, 수의사가 될 정도의 성적을 얻지 못해 켄터키주 루이빌의 한 소아병원에서 8년째 작업치료사로 일했다. 그러던 어느 날 친구가 보낸 아프리카 사파리 사진을 보고는 그곳을 여행하겠다고 마음먹었다. 아프리카로 떠나기까지 3년을 준비했고 연봉을 훌쩍 넘는 돈을 대출받아야 했지만 포시

**산악고릴라** *Gorilla beringei beringei*

는 흔들리지 않았다. 그녀는 케냐에서 시작해 가이드의 인솔에 따라 코끼리, 코뿔소, 사자를 보았다. 그것도 충분히 신나는 일이었지만, 누구나 쉽게 볼 수 있는 이 동물들만 보고는 만족하지 못했다. 정확한 계기를 두고 의견이 분분하지만, 어쨌든 포시는 집착에 가까울 정도로 산악고릴라를 보고 싶어했다. 또한 포시는 마음먹은 일은 대체로 해내는 성격이었다. 가이드의 으름장, 콩고까지의 위험천만한 여행, 그리고 미케노산에서의 힘겨운 등반 끝에 결국 포시는 고릴라를 제 눈으로 보고 말았다. 그리고 고릴라에 푹 빠졌다. 루이빌의 집으로 돌아온 포시는 아프리카에 돌아가기로 결심했다. 그러나 이번에는 그저 고릴라를 보기 위해서가 아니라 연구하기 위해서였다. 그리고 정말 고릴라를 연구했다. 유명한 인류학자 루이스 리키의 지원을 받아 1967년 1월, 포시는 미케노산에 캠프를 차리고 고릴라 무리의 행동과 사회구조를 관찰하기 시작했다. 6개월 뒤 콩고가 정치적으로 불안해지자 포시는 미케노산을 떠나야 했지만(간신히 목숨을 구했다는 소문도 있다), 르완다 국경을 넘어 몇 킬로미터 떨어진 곳에서 용케 다른 고릴라 서식지를 찾았다. 포시는 이곳에 카리소케 연구소를 세우고 여생을 그곳에서 보냈다.

다이앤 포시가 산악고릴라의 행동을 연구한 최초의 서구 과학자는 아니다(조지 샬러는 산악고릴라에 대한 논문과 대중 과학서를 출간한 적이 있다). 포시는 이 일에 특별히 어울리는 적임자도 아니었다. 연구를 시작했을 때 포시는 야생생물학에 관해 아는 게 거의 없었다(고작 영장류 수업 하나를 청강한 상태였다). 포시는 그 지역 언어로 소통하지 못하는 건 물론이고 문화, 정치, 생태에 대해서도 알지 못했다. 그럼에도 불구하고 포시는 영장류 연구에 지대한 영향을 미쳤는데, 그건 누구도 따라할 수 없는 친밀감으로 고릴라를 관찰했기 때문이다. 그곳에서 탄자니아 남쪽으로 200킬로미터 떨어진 곰베에서 제인 구달이 침팬지에게 그랬듯이 포시는 고릴라들이 마음껏 자신을 지켜보게 했고 또 그들과 소통했다. 그리고 고릴라가 먹이를 먹고 몸을 긁는 행동을 따라하며 발성을 흉내냈다. 결국 포시는 고릴라들의 신뢰를 얻었고, 그렇게 해서 다른 연구자들은 보지 못한 행동을 관찰할 수 있었다. 포시는 또한 자기 고릴라들에게 광적으로 헌신했다. 18년 동안 가능한 한 많은 시간을 카리소케에서 보냈고, 그곳에 있지 못할 때도 돌아올 계획을 세우거나, 자신이 없는 동안 일어나는 일을 통제하기 위해 애썼다. 대중의 눈에, 과학계에, 고릴라를 비롯해 위험에 처한 아프리카 야생동물을 지키려고 애쓰는 환경보호론자들에게 다이앤 포시라는 이름은 제인 구달과 침팬지처럼 그녀가 연구하는 고릴라와 분리할 수 없는 것이었다. 고릴라와 함께하는 연구는 그녀의 생이 끝나고서야 멈추었다. 1985년 12월 27일, 포시가 자신의 오두막에서 잔인하게 살해된 순간에 말이다.

다이앤 포시의 생애와 그녀가 과학에 공헌한 바는 여러 면에서 두드러졌다. 포시는 오랫동안 과학 분야에서 가장 인정받는 인물 중 하나였는데, 〈내셔널 지오그래픽〉이 그녀를 반복적으로 다룬 영향도 있었다. 포시의 책《안개 속의 고릴라Gorillas in the Mist》는 베스트셀러였고, 그녀의 삶과 죽음은 대형 영화사에서 배우 시고니 위버가 포시를 연기한 동명의 영화로 제작되기도 했다. 또한 팔리 모왓의《비룽가: 다이앤 포시의 열정Virunga: The Passion of Dian Fossey》을 시작으로 여러 편의 전기가 출간되었다. 그러나 포시의 동료 과학자들이 준 영예는 그런 책들이 아니라 다이앤안경원숭이 타르시우스 다이애나이Tarsius dianae다.

타르시우스 다이애나이는 동남아시아 군도에 서식하는 작은 야

행성 영장류이다. 안경원숭이 분류학은 까다롭고 논란의 여지가 있는데, 정식으로 인정된 종이 1980년대 중반 이후 3종에서 12~17종으로 늘어났다. 이 중에서 타르시우스 다이애나이는 1991년에 카르슈텐 니미츠가 이끄는 독일 및 프랑스 영장류학자들에 의해 명명되었다. 이 종은 인도네시아 술라웨시섬의 우림에서 여럿이 무리 짓고 살면서 곤충이나 소형 척추동물을 잡아먹는다. 니미츠와 동료들은 명명의 이유를 두 가지로 말했다. 첫째, 이 "사나운 작은 생물"은 그리스 사냥의 신 다이애나의 이름을 가져야 한다. 둘째, 다이앤 포시를 기념하고자.[2] 어떤 면에서 안경원숭이는 포시의 이름에 딱 맞는 동물 집단이다. 안경원숭이는 종들끼리 형태가 비슷한 대신 발성에서 크게 차이가 난다. 따라서 안경원숭이 종을 구분할 수 있다는 것은 야생에서 살아 있는 동물을 따라다니며 행동을 관찰하고 소리를 들었다는 뜻이다. 포시가 고릴라에게 다가간 것과 같은 방식이다.

그렇다면 다이앤 포시와 연관된 영장류는 그녀가 사랑했던 산악고릴라인 고릴라 베링게이와 그녀의 이름을 가진 타르시우스 다이애나이, 이렇게 2종인 셈이다. 안타깝게도 둘 다 사람 이름을 딴 학명의 허점을 보여준다.

고릴라 베링게이로 시작해보자. 산악고릴라를 처음으로 쏘아 죽인 로베르트 폰 베링게는 탐험가나 박물학자가 아닌 독일령 동아프리카 식민지에 주둔한 독일군 수비대였다. 군인 베링게는 그다지 성공한 사람이 아니었다. 중앙아프리카와 동아프리카의 유럽 식민지에서 일어난 대량 학살의 역사를 감안할 때, 그는 놀랍게도 너무 폭력적이라는 이유로 식민지 총독으로부터 파면당했다(부룬디의 투치족 왕을 잔인하게 습격한 이후로). 베링게가 우연히 고릴라를 발견해 동물학에 기여하지 않았다면 역사가 오늘날 그를 기억할 이유는 없다. 베링게가 사비요노산의 높은 산비탈에서 처음 보는 '원숭이'를 발견했을 때, 그는 발포로 반응했다. 하지만 적어도 사체를 회수해 베를린 자연사박물관에 표본을 보내야겠다는 생각은 했던 것 같다. 그건 베링게가 자연사에 일말의 관심이 있었거나 과학 연구의 중요성을 인식했기 때문일 수도 있지만, 그보다는 그렇게 하는 것이 당시 식민주의자 유럽인들의 관행이었을 가능성이 크다. 이들은 제국의 영광을 위해 낯선 생물의 표본을 본국으로 보냈다. 그렇다면 폰 베링게는 고릴라에 대한 지식과 과학에 별다른 기여를 하지 않았다고 봐야한다. 로베르트 폰 베링게만큼 학명을 통해 불멸의 영광을 누릴 자격이 없는 사람도 없을 것이다.

그렇다면 타르시우스 다이애나이는 어떤가? 이 이름은 두 가지 이유에서 실패로 볼 수 있다. 우선 이 학명으로 의도한 영예가 증발할 가능성이 크다. 현재 영장류학자 대부분이 타르시우스 다이애나이가 사실은 1921년에 술라웨시의 동일 지역에서 타르시우스 덴타투스 *Tarsius dentatus*로 기재된 종과 같은 종이라고 생각한다. 2종이 동일 종이라면 타르시우스 다이애나이는 후행이명일 뿐이고 타르시우스 덴타투스가 정식 명칭으로 쓰여야 한다(더 먼저 발표됐기 때문에). 미래에 또 다른 연구로 이 판단이 뒤집히지 않는 한, 앞으로 타르시우스 다이애나이라는 이름에서 다이앤의 명예를 찾으려면 타르시우스

속 명명의 역사를 깊이 파고들어야 할 것이다. 이런 일이 늘 일어난다. 수많은 학명이 이명으로 강등된다. 이렇게 누군가의 이름으로 지은 학명이 사라질 때면 꼭 그 안에 깃든 명예까지 추락하는 기분이 든다.

타르시우스 다이애나이의 명명과 관련된 두 번째 실패는, 많은 사람이 다이앤에게 주어진 명예가 진정으로 가치가 있는지 의문을 제기한다는 점이다. 비록 다이앤 포시가 산악고릴라에 관한 지식과 산악고릴라 보전에 중요한 공헌을 했지만, 많은 주변인의 이야기를 종합할 때 그녀는 좋은 사람이 아니었던 것 같다. 포시는 고집이 세고 거칠고 변덕스럽고 편집증적 성향이 있는 데다 폭력적인 인종차별주의자였다. 그녀는 밀렵꾼으로 의심되는 자를 폭행하고, 다른 사람의 가축을 총으로 쏘았다. 연구소 직원들을 괴롭히고 툭하면 해고하거나, 사소한 잘못에도 꼬투리를 잡아 임금을 주지 않았다. 또한 고릴라 프로젝트에 참여한 학생들에게 욕설을 퍼부었다. 한번은 프로젝트에 합류하길 원하는 어떤 학생에게 (1976년 중반 기준으로) 카리소케 프로젝트에 참여한 학생 18명 중 15명이 중도에 포기했다고 답장했다. 그리고 학생들이 야외 상황에 제대로 대처하지 못한다며 그들에게 "일종의 콤플렉스"가 있다고 비난했다. 자신의 발작적 분노가 문제의 원인이라는 생각은 들지 않았던 것 같다.[3] 간단히 말해 포시는 쉽게 적을 만들고 친구가 많지 않은 사람이었다. 그녀의 적들이 지적한 행동들은 분명히 오늘날에도 쉽게 용납하기 힘든 것들이다. 그렇다면 이런 사람의 이름을 안경원숭이에게 준 것이 옳은 일이었을까? 이 질문은 꼭 포시만이 아니라 사람 이름을 딴 명명을 반대하는 근거로 종종 제시된다. 기념 동상이라면 철거하고 명예 학위는 취소하면 된다. 하지만 학명은 수정이나 취소가 불가하다. 아마 이런 이유로 누군가는 타르시우스 다이애나이가 후행이명이 된 것을 안타까워하기는커녕 되려 잘됐다고 생각할지도 모른다.

다행히 고릴라와 안경원숭이의 명명에 대한 좋은 이야기들도 있다. 이 이야기들은 노래 〈맥아더 파크MacArthur Park〉가 끔찍하다고 해서 모든 음악을 싸잡아 깎아내릴 수 없는 것처럼, 소수의 실패작 때문에 린네가 발명한 명명법을 유감스럽게 여겨서는 안 된다고 일깨운다. 차례로 두 속을 살펴보자.

지구상에 고릴라는 서부고릴라 *Gorilla gorilla*와 동부고릴라 *Gorilla beringei*, 이렇게 2종밖에 없다. 단, 동부고릴라는 2개의 아종으로 나뉜다. 아종이란 지역적으로 분리되어 다른 형태로 진화했으나 별개의 종으로 분리할 수준은 아닌 종을 말한다. 아종은 이명법이 아닌 삼명법으로 표기한다. 동부고릴라 아종 중 포시의 산악고릴라 학명은 고릴라 베링게이 베링게이*Gorilla beringei beringei*, 다른 아종인 저지대고릴라의 학명은 고릴라 베링게이 그라우어리*Gorilla beringei graueri*다. 후자는 오스트리아의 산악인이자 탐험가, 동물학자인 루돌프 그라우어Rudolf Grauer를 기념한다. 그라우어는 1900년대 초반에 아프리카 북부와 동부를 여러 차례 탐험했다. 그는 표본 수천 종을 비엔나 자연사박물관에 보냈는데 거기에는 곤충, 조류, 양서류, 파충류, 그리고 과거 고릴라 베링게이를 명명한 파울 마치의 눈에 들어온 고릴라 표본도 포함되어 있었다. 바로 이 표본이 신종 고릴라의 근거가 되었다. 참고로 마치는 애초에 이 표본을 아종이 아닌 고릴라 그라우어리*Gorilla graueri*라는 종으로 명명했는데, 당시 진화의 개념에 완강히 반대한 마치는 아종의 개념을 인정하지 않았고 아주 사소한 변이로도 종을 나누었다. 많은 아프리카 생물종에 루돌프 그라우어의 이름이 붙었는데, 그중에는 할미새사촌류*Ceblepyris graueri*, 장님뱀류*Letheobia graueri*, 큰머리땃쥐류*Paracrocidura graueri*가 있다. 이 학명들은 그라우어가 폰 베링게보다 훨씬 폭넓게 아프리카 동물상에 관한 지식에 일조했음을 보여준다. 또한 그의 표본은 어쩌다 마주친 발견이 아닌, 애써 수집한 결과였다. 하지만 안타깝게도 그라우어는 원정에서 예정에 없던 수집품까지 들고 돌아왔다. 1927년에 사망할 때까지 다양한 열대 질병이 그를 괴롭힌 것이다.

안경원숭이는 최근에 10여 개의 신종이 인정되면서 고릴라와 비교해 명명의 기회가 많아졌다. 그중 셋은 남아시아 자연사의 발견 170년을 기념하고자 지어졌다. 첫째로, 타르시우스 월리세이*Tarsius wallacei*는 역사상 가장 위대한 박물학자인 앨프리드 러셀 월리스에게 영광을 돌린다. 월리스는 말레이 군도에서 1854년에서 1862년까지 8년을 보냈다. 그리고 그곳에 머무는 동안 12만 5,000점이 넘는 표본을 수집했고, 그중 수천 종이 신종으로 밝혀졌다. 또한 월리스는 생물지리학이라는 새로운 과학 분야에 크게 공헌했는데 생물지리학은 종의 지리적 분포에 나타난 패턴을 연구하는 학문으로, 특히 그는 아시아와 오스트레일리아의 동물상을 분할하는 생물지리학적 경계선의 존재를 밝히고 그 중요성을 확립했다. 이 가상의 경계선을 월리스를 기념해 '월리스 선Wallace Line'이라고 부른다. 그뿐 아니라 월리스는 말레이 원정 동안 자연선택에 관한 진화론을 주장하는 논문의 초안을 작성했다. 비록 찰스 다윈과 동시에 발표하는 바람에 조용히 묻히고 말았지만 그것은 엄청난 성취였다. 따라서 타르시우스 월리세이는 월리스가 영광을 누릴 자격이 충분하다는 의미에서 좋은 명명이다. 그런데 나중에 다루겠지만 월리스의 이름이 붙은 종은 이미 아주 많기 때문에 누군가는 다른 안경원숭이 이름을 선호했을 수도 있다. 타르시우스 스펙트룸거스키아이Tarsius spectrumgurskyae는 야생에서 안경원숭이의 행동과 음성 체계를 연구한 영장류학자 샤론 거스키Sharon Gursky에게 영광을 돌린다. 종소명에서 'spectrum'은 거스키가 연구했던 개체군의 옛 이름이다. 타르시우스 수프리아트나이Tarsius supriatnai는 인도네시아 파충류학자이자 영장류학인 자트나 수프리아트나Jatna Supriatna를 기념한다. 그는 안경원숭이 보전에 크게 이바지했다. 거스키와 수프리아트나의 삶과 활동은 그들의 이름을 가진 안경원숭이와 깊이 연관되어 있다. 그리고 두 사람 모두 현재까지 안경원숭이의 생물학적 지식과 보전을 위해 적극적으로 활동하고 있다. 오늘날 모든 아시아 안경원숭이가 멸종위기에 처해 있다는 사실을 생각하면 거스키나 수프리아트나와 같은 과학자의 존재는 이들을 보호하는 데 반드시 필요하다.

폰 베링게에서 포시를 거쳐 거스키와 수프리아트나에 이르기까지 고릴라와 안경원숭이의 학명은 우리에게 다음 두 가지를 일깨운다. 첫째, 인간의 친척인 유인원은 언제나 우리를 매료시켜왔다. 둘째, 이들의 생물학적 특징을 이해하고 야생에서의 생존을 확실히 보장하려면 아직 탐구할 것이 많이 남아 있다는 사실이다.

# 원수의 이름으로 학명을 짓는다면?

Less Than a Tribute:
The Temptation of Insult Naming

**12장**

칼 린네가 근대적인 '이명법'을 발명하면서 신종에 명명자가 존경하는 인물이나 저명한 사람의 이름을 붙일 수 있게 되었다. 그러나 아무리 훌륭한 도구라도 나쁘게 쓰일 수 있는 법이다. 학명은 누군가를 기리고 명예롭게도 하지만, 그 사람의 이름에 먹칠을 할 수도 있다. 린네는 가장 먼저 학명을 이용해 앞서간 과학자들을 기념했지만, (개인적 원한이 있는) 타인을 모욕하는 유혹에 끝내 굴복한 최초의 인물이기도 하다.

린네는 자신의 가장 유명한 저서 《자연의 체계》에서 새로운 시스템을 사용해 식물을 분류했다. 그의 성 분류 체계sexual system는 전적으로 암술과 수술의 수와 배열을 기준으로 삼고 식물을 강class과 목order으로 분류한다. 예를 들어 린네가 'Octandria Monogynia'라고 분류한 집단의 식물은 수술이 여덟 개이고 암술이 한 개이다(그리스어로 'Octandria'의 'octo'는 여덟 개, 'andros'는 남성, 그리고 'Monogynia'의 'mono'는 하나, 'gyne'는 여성이라는 뜻이다). 린네는 종종 대담한 언어를 사용했다.

일례로 방금 말한 'Octandria Monogynia'를 "신방新房을 차린 한 명의 신부와 여덟 명의 신랑"으로 묘사했고, 노골적으로 암술머리를 음문에, 암술대를 질에 비유했다. 심지어 "꽃잎은 고귀한 커튼을 드리우고 부드러운 향수를 한가득 뿌린 침대가 되어 신랑 신부의 혼인을 기념한다. (…) 침대가 준비되면 이제 신랑이 사랑하는 신부를 끌어안고 선물을 줄 시간"이라고 (에로틱하게) 열변을 토했다.[1]

당시 이런 노골적인 성적 표현이 일부 사람들을 몹시 불편하게 했다. 요한 지게스베크Johann Siegesbeck라는 프로이센 식물학자가 특히 격분했다. 그는 1737년에 출간한 책에서 린네의 분류 체계를 "선정적"이라고 비난하며, 꽃이 "혐오스러운 매춘"을 저지른다는 발상에 반대했다. 과거에 지게스베크와 린네는 서신을 주고받는 좋은 관계였지만, 린네는 비판을 너그럽게 받아들이지 못했다. 린네는 지게스베크의 이름을 딴 신종 지게스베키아 오리엔탈리스Sigesbeckia orientalis를 통해 그에게 보복했다. 이게 왜 '보복'인지 궁금한가? 지게스베키아 오리엔탈리스는 기분 나쁘게 끈적거리는 작고 매력 없는 잡초일 뿐 아니라 유난히 꽃이 작다. 린네가 식물과 인간의 생식기관을 노골적으로 연관지은 것으로 보아, 아주 작은 꽃이 피는 종을 골라 지게스베크의 이름을 준 것은 우연이라고 볼 수 없다. 앞서 같은 해에 출간한 《식물학 비평》에서 학명을 짓는 원칙을 정리하면서, 린네는 식물과 그 식물이 이름을 빌린 사람 간에 명백한 연관성, 가급적이면 유사성이 있어야 한다고 명확히 밝혔다. 이렇게 확실히 못을 박았으니 지게스베크가 그 의도를 끝까지 모를 수는 없었다. 처음에는 린네에게 편지까지 보내 지게스베키아 오리엔탈리스를 통해 자신의 명예를 드높여준 것을 감사했다. 그때는 문제의 식물에 대해 잘 몰랐기 때문이다. 나중에 진상을 알게 된 후 지게스베크는 린네와 평생 원수처럼 지냈다.

린네의 성 분류 체계는 식물을 분류하는 방식으로는 그다지 유용하지 않았다. 당연히 식물의 생식기관은 중요하지만, 암술과 수술의 개수를 세는 것만으로는 한계가 있다. 오래지 않아 그의 성 분류 체계는 폐기되었고, 심지어 린네 자신도 사용하지 않았다. 이후 성 분류 체계는 식물의 다양성을 자연적으로, 즉 진화적 연관성에 따라 조직하기 위한 시도에서 여러 해부학적 특징을 통합하는 다양한 시스템으로 대체되었다. 이제 더는 지게스베크의 이의를 고려할 필요가 없지만, 여전히 우리는 지게스베키아라는 속명을 사용하고 있고 지게스베키아 오리엔탈리스는 변함없이 끈적거리고 매력 없는 잡초다.

도저히 모를 수는 없었지만, 그렇다고 린네 자신이 지게스베크를 욕보이려고 일부러 그 식물을 골랐다고 직접 말한 것은 아니다. 린네가 1737년에 발표한 《식물학 비평》에는 지게스베크와 같은 수모를 당한 사람들이 더 있었다. 그중에는 빌럼 피소Willem Piso의 이름을 따서 피소니아Pisonia라고 명명한 가시 많고 "사악한" 나무가 있는데, 피소의 브라질 식물학 연구는 오래전 인물인 게오르크 마르크그라프의 연구를 모방했다고 여겨진다. 또한 프란시스코 에르난데스Francisco Hernandez의 이름을 딴 헤르난디아속Hernandia은 잎은 멋지지만, 정작 꽃은 두드러지지 않는 나무다. 린네는 프란시스코의 연구

**지게스베키아 오리엔탈리스** *Sigesbeckia orientalis*

가 '비생산적'이라고 생각했다. 마지막으로 뽕나뭇과의 초본 도르슈테니아속*Dorstenia*에 린네는 "전성기를 지난 듯 색이 바래고 화려하지도 않은 꽃이 꼭 테오도어 도르슈텐Theodor Dorsten의 연구를 연상시킨다"고 썼다.[2] 피소, 에르난데스, 도르슈텐은 린네가 자신의 견해를 대놓고 밝히기 훨씬 전에 세상을 떠났고 지게스베크만 살아서 따끔한 맛을 보았다.

지게스베크를 깔아뭉개려는 린네의 의도를 알아채려면 행간을 읽어야 하는데 그가 자신이 지은 학명의 어원을 따로 적어놓지 않았기 때문이다. 사실 피소니아, 헤르난디아, 도르슈테니아는 예외적인 경우다. 분류학자들이 신종을 발표하면서 학명의 어원을 밝히는 것은 20세기에 들어서야 관례가 되었다. 그리고 지금도 신종 학명의 어원을 밝히는 것은 권고 사항이지 의무가 아니다. 명명의 사유를 기록한다 하더라도 자신이 상대의 이름에 먹칠을 하려 한다고 솔직하게 털어놓는 사람은 없다. 물론 예외도 있다. 스위스 식물학자 베르너 그로이터의 타깃은 체코 식물학자 이르지 포네르트Jiří Ponert였다. 1973년에 포네르트는 터키의 신종 254개를 기재, 명명한 논문을 발표했다. 식물학계는 이 논문을 보고 놀랐는데, 포네르트는 나이가 어린 편이고 터키에서 연구한 경험도 없기 때문이었다. 그러다 마침내 포네르트가 그 무렵 출간된 터키 식물상을 다룬 책에서 신종처럼 보이는 것들만 골라 기재를 베끼고 종 이름만 추가했음이 밝혀졌다. 심지어 그는 신종 기재의 근거가 된 표본을 본 적도 없었다. 이런 사실이 드러났지만 이는 식물 명명규약을 위배하지 않으므로 포네르트의 새 학명들은 합법적이었다(식물상 책에 기재된 내용을 그대로 가져와 라틴어로 번역만 해서 올리는 것은 당시 신종 명명의 표준 관행이었다). 그러나 분류학자 대부분이 포네르트의 방식을 몹시 못마땅해 했다. 그러다 1976년에 그로이터는 이런 학계의 분위기를 한 논문에서 대단히 창의적인 방식으로 언급했다. 그리스에 서식하는 토끼풀 신종에 트리폴리움 인파미아포네르티이Trifolium infamiaponertii라는 학명을 붙인 것이다. 직역하면 '포네르트의 악행을 담은 토끼풀'이라는 뜻이다. 이 논문의 꽤나 신랄한 라틴어 각주에서 그로이터는 이 학명을 통해 포네르트가 한 번 보지도 않은 식물의 이름을 부적절하게 지어낸 것을 기념한다고 설명했다.

트리폴리움 인파미아포네르티이라는 이름에는 포네르트를 향한 그로이터의 견해를 다르게 해석할 여지가 없다. 그러나 명명의 의도를 정확하게 파악하려면 대체로 행간을 세심히 읽고 여러 단서를 편집, 해석하는 과정이 필요하다. 린네가 지게스베키아라는 속명을 지은 지 200년 후, 두 명의 고생물학자(물론 우연이겠지만 이번에도 스웨덴 사람)가 화석 생물의 학명을 이용해 서로 악랄한 욕설을 주고받았다. 단, 이들의 숨은 악의를 찾아내려면 약간의 추리가 필요하다.

엘사 바르부리Elsa Warburg와 오르바르 이스베리Orvar Isberg는 두 번의 세계대전 사이에 화석을 연구한 무척추동물 고생물학자들이다. 바르부리는 유대인이었고, 이스베리는 제2차 세계대전 당시 친나치 정당에 가입한 극우 지지자였다. 스웨덴 고생물학계는 아주 좁은 곳이라 이 둘은 서로 빈번하게 교류할 수밖에 없었다. 그리고 기록된 바는 없지만 이들이 서로 아끼고 사랑하는 사이가 아님은 분명했다.

바르부리가 선제공격을 했다. 1925년에 발표한 박사학위 논문에서 바르부리는 이스베리의 이름으로 어느 삼엽충의 속명을 지었다. 비록 겉으로는 화석을 함께 수집해준 것에 대한 우아한 감사 표시였지만, 이 명명은 절대 명예로운 것이 아니었다. 새로운 속 이스베르기아Isbergia에는 2종이 있는데, 바르부리는 각각 이스베르기아 파르

불라*Isbergia parvula*와 이스베르기아 플라니프론스*Isbergia planifrons*라고 이름지었다. 라틴어로 'parvula'는 '가볍다', '중요하지 않다' 또는 '이해심이 부족하다'라는 뜻이고, 'planifrons'는 '납작머리'를 뜻하는데, 이런 종소명은 다른 생물에도 흔히 쓰이는 평범한 것이었지만 그 뒤에는 심오한 의미가 숨어 있었다. 이스베리의 정치적 신념에 비추어볼 때 특히 후자는 그의 폐부를 찌르는 이름이었다(게다가 바르부리는 이스베르기아 플라니프론스를 이스베르기아속을 대표하는 종으로 지정했다). 극우파들은 넓고 납작한 두개골 모양을 정신적으로 열등하다는 뜻으로 보았고, "썩 뛰어나지 않고 무력한" 인종과 결부된 머리라고 믿었다. 참고로 이것은 프랑스 인류학자 조르주 바셰르 드 라푸주의 해석인데, 나치는 그의 연구를 적극적으로 이용했다. 그러니까 바르부리는 납작머리와 이스베리를 연결지음으로써 이스베리가 믿어 의심치 않는 혐오스러운 교리로 그를 공격한 것이다. 이 학명의 메시지는 분명했다.

9년 뒤, 이스베리가 반격했다. 그는 멸종한 어느 홍합 속명을 바르부르기아*Warburgia*라고 짓고, 바르부리가 했듯이 표본을 제공해 준 동료의 너그러움에 대한 감사의 말로 논문을 시작했다. 그러나 그는 이 감사가 진심에서 우러나온 게 아니라는 많은 단서를 남겼다. 우선 바르부리는 체구가 큰 여성이었다. 이 논문에서 이스베리는 20개의 새로운 속명을 발표했는데, 그중에서 바르부리의 이름을 줄 대상으로 낙점한 것이 하필 껍데기가 유난히 "두껍고 통통한" 홍합이었다.[3] 혹시나 바르부리가 자신의 미묘한 속뜻을 알아채지 못할까봐 바르부르기아속의 4종을 다음과 같이 명명했다. *Warburgia crassa*(=뚱뚱한), *Warburgia lata*(=넓은), *Warburgia oviformis*(=계란 모양의), *Warburgia iniqua*(=사악한, 부당한). 이 종소명들은 종을 설명하는 기능으로 전혀 유용하지 않았다. 이 종들은 어차피 모양이 크게 다르지 않았기 때문이다. 그러나 앞의 세 단어만으로도 명명자의 의도를 보여주기에 충분했다. 마지막으로 이스베리는 뒤쪽 패각근에 뚜렷하게 새겨진 무늬로 바르부르기아속을 쉽게 식별할 수 있다는 말로써 대미를 장식했다. 그게 무슨 상관이 있을까? 이스베리는 이 논문을 독일어로 쓰면서 패각근을 'Schliessmuskel'이라는 말로 표현했는데, 이는 인간에게 적용하면 괄약근이나 항문을 의미한다. 게다가 바로 다음 문장에서 이 생물의 속명은 엘사 바르부리의 이름을 딴 것이라고 명시했다. 바르부르기아속 기재문의 각 항목은 전혀 특별할 것이 없었다. 실제로 다른 것에 비해 통통한 홍합들이 존재하고, 또 많은 종이 'crassa'나 'oviformis' 같은 종소명을 갖고 있으며, 속을 구분하는 기준으로 'Schliessmuskel'을 사용하지 못할 이유는 없다. 하지만 이 모든 것을 종합하면 이스베리의 좋지 못한 의도가 명확히 드러난다.

그에 비해 디노히우스 홀란디*Dinohyus hollandi*라는 학명은 해석하기가 애매하다. 'Dinohyus'는 '끔찍한 돼지terrible hog'라는 뜻으로, 돼지를 닮은 이 멸종한 포유류의 학명은 1905년에 미국 피츠버그의 카네기 박물관 고생물학자인 올라프 피터슨이 "카네기 박물관 관장이자 고생물학 분야의 큐레이터인 윌리엄 제이콥 홀랜드William Jacob

Holland를 기념하기 위해서" 지었다.[4] 사람들의 말을 종합하면 피터
슨이 이 학명으로 홀랜드에게 모욕을 주려는 의도가 다분했던 것으
로 보인다. 홀랜드는 박물관 소속 과학자들이 발표한 논문에 무조건
자신을 책임저자로 올리라고 고집하는 것으로 유명했다(영어 'hog'에
는 '돼지'라는 뜻과 함께 '독차지하다'라는 뜻도 있다). 따라서 디노히우스 홀란
디라는 학명은 '홀랜드, (남의 논문이나 가로채는) 이 끔찍한 돼지야!'라
고 해석될 수 있는 것이다. 그러나 피터슨이 정말 홀랜드를 모욕하
려고 의도한 것인지, 또는 홀랜드가 그 뜻을 제대로 받아들였는지는
알 수 없다. 이 이야기는 로버트 에번 슬론의 출간되지 않은 자서전
에서 짧게 한 문단으로 처음 언급된다. 여기에서 슬론은 이 이야기
를 고생물학자 브라이언 패터슨한테서 들었다고 말하는데, 패터슨
이 나중에 커서 직업상 피터슨과 홀랜드를 알고 지냈는지는 모르지
만, 그는 디노히우스 홀란디가 명명되고 4년이 지나서야 세상에 태
어났다. 그렇다면 디노히우스 홀란디가 모욕의 수단이 되었다는 이
야기는 철저히 제3자가 쓴 것이다. 의심할 이유는 또 있다. 우선, 홀
랜드가 이것을 모욕으로 느꼈을지가 확실치 않다. 그는 동물학자이
자 고생물학자이고, (비록 나비와 나방을 가장 좋아했지만) 다방면으로 화
석 포유류를 연구한 박물관 큐레이터였다. 따라서 포유류의 학명에
자신의 이름이 들어간다는 사실을 기쁘게 생각했을 것이다. 게다가
피터슨은 논문을 투고하기 전에 디노히우스라는 명칭이 사용 가능
한지 확인을 부탁하며 홀랜드와 상의했다. 홀랜드는 디노히우스 대
신 디노코에루스*Dinochoerus*를 제안했지만, 종소명인 홀란디에 대해서

는 아무 이의도 없었다. 이 대화 중 두 사람의 행동에서 모욕을 의도
했거나 모욕으로 받아들였다는 암시는 없다. 이 학명에 대한 추측은
재미있지만, 결국 피터슨의 진정한 속내가 무엇이었는지는 영영 알
수 없을 것이다.

때로는 모욕을 의도했다고 세간에 잘못 알려지는 경우가 있다.
그 좋은 예가 우리알버섯벌레속*Agathidium* 딱정벌레 아가티디움 부시
*Agathidium bushi*, 아가티디움 체니이*Agathidium cheneyi*, 아가티디움 럼즈펠디
*Agathidium rumsfeldi*다. 이 학명들은 2005년, 켈리 밀러와 쿠엔틴 휠러가
과거에 연구되지 않은 58종을 새로 기재한 논문에서 발표한 것이
다. '부시', '체니이', '럼스펠디'라는 종소명은 당연히 당시 미국 행정
부의 대통령 조지 W. 부시, 부통령 딕 체니, 국방부 장관 도널드 럼
즈펠드를 나타낸다. 이 학명들은 곧바로 모욕의 의미로 받아들여졌
다. 세 정치인 모두 당시에 많은 사람들로부터 욕을 먹었으니까 말
이다(그리고 지금까지도). 게다가 이 딱정벌레들은 썩어가는 균류를 먹
고 살며, '정액곰팡이 딱정벌레'라고 불린다. 또 같은 논문에서 권두
삽화까지 실려 특히 강조된 아가티디움 베이더리*Agathidium vaderi*라는
학명이 〈스타워즈〉 시리즈의 악당 이름인 다스 베이더Darth Vader에서
유래했다는 설명을 보고, 몇몇이 이 논문에 실린 정치인들의 이름
을 딴 학명들에 모욕의 의도가 다분하다는 결론을 내린 것이다. 이
에 논문의 주요 저자인 켈리 밀러는 이렇게 해명했다. "우리는 이 이
름들을 존경의 의미로 사용했다. (…) (흔치 않은 일이지만) 우리는 둘 다
보수당 지지자로서 학계에서 함께 일했다. 당시는 이라크 전쟁이 발

발한 시기였고, 우리 둘 다 미국의 개입을 찬성했다. (…) 그리고 마지막으로 우리는 이 딱정벌레들을 진심으로 좋아한다! 좋아하지 않는 사람의 이름을 붙일 리가 있는가. [인터뷰에서] 우리는 이 3종의 학명을 루이스와 클라크가 미대륙을 가로질러 탐험할 때 미주리주의 세 분기점에 당시 대통령 제퍼슨, 부통령 매디슨, 재무장관 갤러틴의 이름을 붙인 것에 비유했다."[5]

하지만 아가티디움 베이더리를 증거로 내세우며 끝까지 아가티디움 부시, 체니이, 럼즈펠디가 모욕적인 명명이라고 믿는 사람들이 있다. 그러나 그 논문에서 밀러와 휠러는 우리알버섯벌레속 연구에 기여한 곤충학자와 수집가, 오랫동안 함께 일한 삽화가 등 과거와 현재의 여러 주요 인물 이름으로 신종을 명명했다. 삽화가의 이름을 딴 아가티디움 포세티이*Agathidium fawcetti*는 명예롭고, 아가티디움 부시는 불명예스럽다는 것은 억지스럽다.

그렇다면 이번에는 현 미국 대통령 도널드 트럼프를 생각해보자. 근래 들어 지지파와 반대파 양쪽에서 이처럼 강렬한 감정을 자극하는 공인도 없을 것이다. 대통령 선거 출마 당시, 트럼프는 자유를 수호하는 구세주에서 미국에 가장 위협적인 존재에 이르기까지 모든 예를 보여주었다. 또한 그는 깜짝 놀랄 정도로 다양한 차원의 불쾌한 행동들을 몸소 보여주었고, 환경 정책을 비롯해 대부분의 과학자들을 경악케 하는 정책을 제시했다(그리고 나중에 도입까지 했다). 그래서 트럼프 행정부가 출범한 첫 달에 나방 네오팔파 도널드트럼피*Neopalpa donaldtrumpi*가 명명되었을 때 과학계와 대중매체 양쪽 모두의 상당한 관심을 끌었다. 명명자 바즈릭 나자리는 무엇을 말하고 싶었던 걸까?

우선 문제의 나방에게 네오팔파 도널드트럼피라는 이름이 주어진 것에는 꽤 확실한 이유가 있다. 이 나방은 머리에 한쪽으로 잘 빗어 넘긴 금발 같은 비늘이 얹어져 있다. 나자리는 이 충격적인 헤어스타일이 트럼프와 똑같다고 지적했다. 그러나 그 이상이 있다. 나자리는 트럼프라는 이름을 선택한 이유를 "미국에서 아직 밝혀지지 않은 많은 신종이 살고 있는 취약한 서식지 보호에 대한 대중의 관심을 불러일으키기 위한 것이다"라고 밝혔다.[6] 네오팔파 도널드트럼피는 그러한 목적에 적합한 종이다. 이 종은 캘리포니아와 바하칼리포르니아(멕시코)의 사구 지대에 사는데, 트럼프의 주요 선거 공약 중 하나가 미국-멕시코 국경에 인간의 이동을 막는 장벽을 설치하겠다는 것이었다. 또한 나자리가 신종 기재에 사용한 표본들은 연방 보호 지역인 노스 알고도네스 사구 보호구역에서 채집되었는데, 트럼프의 또 다른 공약이 미국에서 환경 규제를 철회하고 특히 서부의 보호구역을 개방한다는 것이었다. 그러므로 네오팔파 도널드트럼피는 트럼프 정책의 잠재적 희생자인 인간과 야생동물을 모두 대표한다고 볼 수 있다. 또는 적어도 이 정책을 탐탁해하지 않는 이들에게는 그러하다. 나자리는 소 귀에 경 읽기 했다는 비난을 받을 수도 있다. 당시 트럼프의 정치적 기반 세력은 작은 갈색 나방이나 그 라틴명 따위에 크게 신경 쓰지 않았고, 앞으로도 그럴 것이기 때문이다.

그렇다면 네오팔파 도널드트럼피는 모욕적인 명명인가? 세 가지 이유로 과학자들과 언론은 그렇게 받아들였다. 첫째, 전반적으로 과학자들의 정치적 성향이 진보 쪽에 치우친다는 것은 잘 알려진 사실이므로(아가티디움 부시와 관련한 켈리 밀러의 발언을 기억하라) 일단 트럼프에게 호의적인 것은 아니리라는 생각이 든다. 둘째, 트럼프의 헤어스타일은 이미 널리 조롱받아왔기에 어떤 식으로든 트럼프의 머리를 언급하는 것은 험담으로 들린다. 셋째, 어떤 이들에게는 가장 강력한 이유일 텐데, 나자리가 논문에서 네오팔파 도널드트럼피는 근연 관계에 있는 네오팔파 네오나타 *Neopalpa neonata*와 비교했을 때 수컷의 생식기가 훨씬 작아 쉽게 구별된다고 설명한 점이다. 이것은 2016년 대선 토론회에서 트럼프가 자신의 손(물론 그가 진짜로 손을 의미한 건 아니다)은 충분히 크다고 말한 것을 짓궂은 남학생처럼 되받아친 것으로 보인다. 그러나 나자리는 적어도 공개적으로는 모호한 입장을 취한다. 도널드트럼피라는 종소명은 전적으로 빗어 넘긴 금발 같은 나방의 비늘에 근거했을 뿐 생식기 크기를 언급한 것은 우연에 불과하다는 것이다.[7] (나자리는 "곤충 생식기의 크기와 해부학적 형태는 일반적으로 종을 구분 짓는 특징으로 많이 쓰인다"라고 정확히 지적했다.) 나자리는 트럼프를 웃음거리로 만들려는 의도가 아니라 이 학명을 통해 나방과 나방의 서식처와 트럼프 정책의 연관성에 대한 관심을 끌고 싶은 거라고 강조했다. 사실 나자리는 사람들이 이 명명을 모욕으로 받아들였다고 해서 화내지 않았고, 반대로 명예로 생각하더라도 불쾌해하지 않았다. 실제로 나자리는 어떤 학명의 의미는 청중이 아니라 앞으로 일어날 사건에 의해 결정되는 측면이 있다는 흥미로운 주장을 했다. 먼 훗날 돌아봤을 때 트럼프가 대통령직을 수행하는 동안 세계에 긍정적인 힘이 되었다고 밝혀진다면, 트럼프는 이 학명으로 얻은 영예에 만족할 것이다. 반대로 트럼프의 임기가 세계를 쇠퇴시킨 것으로 밝혀지면, 이 학명은 모욕이 될 것이다. 나자리는 결국 시간이 말해줄 거라고 암시한다.

역사 속에는 분명 학명을 이용한 명백한 모욕의 사례가 존재하고, 논쟁의 여지가 있는 경우도 있다. 그러나 전반적으로 그런 일은 흔치 않다. 이유는 여러 가지일 텐데 첫째, 적어도 동물 명명규약에서는 "가능한 한 불쾌감을 일으키지 않는" 이름을 지으라는 권고를 통해 타인에게 불명예스러운 명명은 지양하고 있다(비록 이 권고는 구속력이 없으며, 반대로 식물 명명규약에서는 "부적절하거나 불쾌한" 이름까지 명시적으로 허용하지만). 둘째, 타인을 모욕하는 이름의 허용 여부를 떠나 대부분의 분류학자는 그런 행동이 고상하지 못하다고 생각하는 것 같다. 셋째, 극단적인 경우를 제외하면 이런 모욕은 생각보다 효과적이지 않다. 모욕의 상대가 과학자이거나 적어도 과학에 크게 흥미 있는 사람이라면, 자신의 이름을 딴 종이 있다는 것에 모욕감을 느끼기보다 기뻐할 가능성이 크다. 그게 아니라면 명명자의 의도가 잘 드러나지 않아 눈치채지 못했거나, 눈치챘다 하더라도 그 '모욕'이 참을 만했는지도 모른다.

납작머리 이스베르기아 플라니프론스와 볼품없는 지베스베키아를 제외하면 말이다. 그 공격은 분명 꽤나 아팠을 테니까.

# 찰스 다윈의 뒤엉킨 강둑

Charles Darwin's Tangled Bank

## 13장

온갖 식물이 뒤덮고 덤불에선 새들이 노래하고 각양각색의 곤충들이 돌아다니고 축축한 땅속에서 지렁이가 헤집고 다니는 뒤엉킨 강둑을 떠올리며, 이토록 다르면서도 그토록 복잡한 방식으로 서로에게 의존하는 이처럼 정교한 개체들이 우리 주위에서 작용하는 법칙들의 산물이라는 사실은 생각만으로도 흥미롭다.

– 찰스 다윈, 《종의 기원》, 1859

어떤 사람의 이름은 딱 한 번만 학명에 쓰였다. 윌리엄 스펄링의 이름은 스펄링기아*Spurlingia*라는 달팽이의 속명에 쓰였는데, 그 외에 지구상에서 스펄링의 이름을 가진 다른 생물은 없다. 반면 9장에서 나온 리처드 스프루스를 기념하는 200개가 넘는 식물 종과 속명처럼 어떤 이름은 친척이 아주 많다. 그렇다면—경쟁을 붙이려는 것은 아니지만—누가 1등일까? 누구의 이름이 가장 많이 기념되었을까?

아쉽지만 이것은 답하기 매우 힘든 질문이다. 순위를 정하려고 하자마자 바로 두 가지 문제에 봉착한다. 우선 규칙을 정하기가 만만치 않다. 방금 위에서 리처드 스프루스에 대해 200개라고 추정한 것처럼 특정 인물의 이름을 가진 종의 수를 셀 때 정확히 어디까지 세야 할까? 스프루케이*sprucei*, 스프루켈라*sprucella*, 스프루케아눔*spruceanum* 등 스프루스의 이름으로 출판된 모든 학명을 포함해야 할까, 아니면 이명으로 처리되어 더는 쓰이지 않는 이름은 목록에서 제외해야 할까? 스프루스의 이름으로 명명된 속, 이를테면 우산이끼 스프루켈라속은 하나로 칠 것인가, 아니면 이 속의 종을 모두 하나씩 따로따로 계산할 것인가? 종을 넘어서 목, 과, 잡종, 아종, 변종까지 모두 포함해야 할까? 스프루케이라는 이름으로 발표되긴 했지만, 식물 명명규약을 따르지 않아 부적합한 이름으로 분류된 학명은?

모두가 합의한 기준을 정했다 하더라도 개수를 파악하는 문제가 있다. 지금까지 발표된 모든 학명을 단일 데이터베이스로 집대성하려는 노력은 큰 진전을 이루었지만, 아직 모든 문헌을 다 포괄한다고 말하기는 힘들다. 일일이 다 검색하기엔 문헌의 양이 너무 방대하고 데이터베이스에는 애매한 것투성이다. 예를 들어 얼마나 많은 생물이 윌리엄 클라크William Clark(루이스-클라크 탐험의 공동 리더)의 이름을 가졌는지 알고 싶다고 해보자. 그러나 데이터베이스에 'Clark'라고 검색해서는 원하는 답을 찾을 수 없을 것이다. 세상에 클라크란 이름을 가진 사람은 셀 수도 없이 많을 테니까. 원 기재문을 확인하는 방법도 있지만, 그것도 늘 도움이 되는 건 아니다. 상당히 최근까지도 학명의 어원을 설명하지 않고 신종을 발표하는 경우가 실망스러울 정도로 보편적이었기 때문이다. 물론 몇 가지 단서로 추적이 가능한 경우도 있다. 클라크라는 학명을 가진 어떤 종이 루이스-클라크 탐험에서 채집된 표본을 기반으로 기재되었다면, 학명 속 클라크는 그 명예의 수혜자가 될 가능성이 크다. 그러나 명명자의 의도를 분별할 수 없는 경우가 더 많다.

다행히 이대로 호기심을 접지 않아도·된다. 정확한 개수를 따지는 건 엄청난 작업이 되겠지만, 약간의 수고로 우리의 궁금증을 해결할 정도의 추정치는 산출할 수 있다. 그렇다면 지금까지 학명에 가장 많이 등장한 사람이 누구일 것 같은가? 아마 쉽게 답을 짐작할 것이다. 찰스 다윈이다. 비록 예상보다 경쟁은 치열했지만 말이다.

다윈의 이름은 생물학은 물론이고 아이작 뉴턴, 알베르트 아인슈타인 등과 함께 과학계에서 가장 인지도 높은 이름이다. 다윈의 《종의 기원》은 지금까지 출간된 가장 유명한 과학 서적이고, 이 책의 마지막 문단 역시 아마 역사상 모든 과학 문헌을 통틀어 가장 잘 알려진 문장일 것이다. 이 문단은 "뒤엉킨 강둑tangled bank" 이야기로 시작하는데, 이 표현은 오늘날까지도 지구의 생물다양성을 비유하는 말로 쓰인다. 부분적으로는 이 단락이 마무리하는 책의 명성 때문이기도 하고, 또한 그 자체로 아주 아름다운 글이기 때문이다. 뒤엉킨 강둑은 '다윈'이라 불리는 종들의 다양성을 상징하는 데도 훌륭하다. 식물은 물론이고 사방을 돌아다니는 곤충, 축축한 땅속을 기어다니는 벌레들까지 각양각색의 다윈이 있다. 그렇다면 과연 얼마나 많은 종이 다윈이라는 이름을 가졌을까? 2011년에 드라가나 밀리치치 등이 동물, 식물, 곰팡이, 조류, 화석 데이터베이스까지 대대적으로 조사한 결과, 다윈을 기념하는 이름은 363종, 26속으로 추정됐다. 여기에는 다위니*darwini*, 다위니아나*darwiniana*, 찰스다위니*charlesdarwini*, 심지어 케팔리다위아나*cephalidarwiniana*(황당하지만 말 그대로 '다윈의 머리'라는 뜻) 등도 포함된다. 다윈의 이름은 비글호 항해에서 그가 수집한 표본에 근거해 1837년에 명명된 칠레의 다윈잎귀쥐 *Phyllotis darwini*로 가장 먼저 기념되었고 오늘날까지 빠른 속도로 늘어났다. 예를 들어 최근 명명된 따개비의 학명은 레기오스칼펠룸 다위니*Regioscalpellum darwini*인데, 이 종은 잘 알려지지 않은 다윈의 따개비 연구를 멋지게 기념한다. 다윈은 8년간 이 분류군에 관해 연구하면서 총 네 편의 논문을 출간했다.

이 경쟁에서—경쟁할 문제가 아니라는 건 나도 잘 알고 있지만 그냥 장단 좀 맞춰주시길—다윈과 다음 주자의 격차는 그리 크지 않다. 리처드 스프루스를 포함해 적어도 아홉 명의 과학자들이 200개 이상의 종으로부터 영예를 얻었다. 이들 모두 남성이고 유럽 혈통이라는 사실은 안타깝지만 놀랍지는 않은, 과학이 아직 완전히 해결하지 못한 문제를 드러내는 작은 예다. 그러나 그 점만 제외하면 흥미로운 조합이다. 이 중에는 다윈처럼 낯익은 이름도 있지만, (유명해야 마땅함에도) 생소한 이름들도 있다. 몇몇은 자신의 분야 밖에서는 잘 알려지지 않았다. 이들 중 누군가는 든든한 재력이 뒷받침되어 오롯이 과학자로서 연구와 탐험에 매진할 수 있었지만, 또 누군가는 자신과 가족을 부양하기 위해 애를 써야 했다. 그렇다면 다윈의 뒤를 바짝 쫓는 이들은 누구일까?

우선 다윈과 동시대를 살았던 앨프리드 러셀 월리스가 있다. 월리스는 다윈이 비글호 원정에서 돌아오고 12년 후에 영국을 떠나 브라질로 가서 10년을 아마존에서 보내며 여행하고 채집했다(월리스는 그곳에서 리처드 스프루스를 만났고 한참 뒤 스프루스의 일지를 편집해 출판했다). 그리고 이후에 말레이 군도에서 8년을 지내면서 지구의 종은 하나의 기원에서 시작해 자연선택이라는 기본 메커니즘을 거쳐 진화했

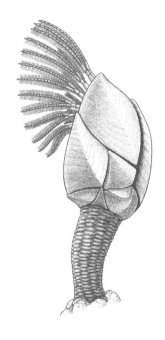

**다윈의 거위목따개비** *Regioscalpellum darwini*

다는 유명한 다윈의 통찰과 동일한 결론에 (독립적으로) 이르렀다. 비록 다윈은 자연선택이라는 발상을 맨 처음 발표했고, 또 자신의 주장을 더욱 철저하고 설득력 있게 뒷받침했지만, 월리스 또한 공동 발견자로 인정받아 마땅하다. 또한 월리스는 생물지리학, 생태학, 환경 과학에 크게 공헌했고, 심지어 1904년에 출간된 《우주에서 인간의 위치Man's Place in the Universe》를 통해 우주생물학(혹시나 우주 어디엔가 존재할지도 모르는 생명체에 대한 과학)이라는 새로운 학문을 창설했다고도 평가된다. 영국으로 수천 점의 열대 표본을 보낸 탁월한 수집가이자 이론가로서 월리스의 중요성을 인정해 150년에 걸쳐 수많은 생물학자들이 그를 기리는 학명을 지었다. 그 결과, 그는 적어도 257개의 학명을 가졌다. 300개가 넘는 다윈의 종 수보다는 부족하지만 겨루기에 부족함은 없다.

또 다른 경쟁자는 다윈과 박빙의 대결을 펼친다. 조지프 돌턴 후커Joseph Dalton Hooker는 큐 왕립식물원장 자리까지 오른 식물학자로 다윈과 친분이 두텁고 자주 교신했다. 두 사람은 40년 동안 우정을 유지하며 1,400여 통의 서신을 주고받았다. 초기에 후커는 세계를 여행하며 동물과 식물 표본을 채집했다. 1839년 최초의 항해에서 후커는 에레부스호를 타고 남극에 다녀왔고 히말라야, 중동, 모로코, 미국 등도 탐험했다(미국에서는 "침대가 깜짝 놀랄 정도로 깨끗하고 훌륭하다. 다만 베개가 너무 푹신하다"라고 불평했다고 한다). 나중에는 세계에서 가장 유명한 식물원인 런던 큐 왕립식물원의 위상을 유지하는 데 힘썼다. 후커는 지구 곳곳에서 도착한 표본을 저장할 표본관을 지었다. 지구 식물상에 대한 이해도는 큐 왕립식물원에서 후커의 지휘하에 눈에 띄게 높아졌다. 그렇다면 후커는 몇 종이나 갖고 있을까? 안타깝게도 여기에 모호성의 문제가 등장한다. 조지프 돌턴 후커의 아버지는 윌리엄 잭슨 후커William Jackson Hooker인데, 그 역시 저명하고 뛰어난 식물학자였고 아들보다 24년 먼저 큐 왕립식물원의 원장을 역임했으므로 학명을 통한 영예를 누릴 자격이 충분한 사람이었다. '후커리hookeri'라는 이름을 가진 식물(그리고 소수의 동물)은 총 400~500종에 달한다. 하지만 그중에서 몇 개가 아버지의 이름이고, 몇 개가 아들의 이름일까? 많은 학명이 어원을 밝히지 않고 발표되었으므로 아마 정확한 수는 끝내 알지 못하겠지만, 후커 부자 모두 빅토리아 시대 과학계의 거장이었으므로 학명의 배분이 어느 한쪽으로 치우치지는 않았을 것이다. 그렇다면 각각 약 200~300개 정도라고 해두자.

다음은 알렉산더 폰 훔볼트다. 훔볼트는 《종의 기원》이 출간되기 불과 6개월 전인 1859년 5월에 세상을 떠났다. 그 기념비적인 해에 과학의 한 시대가 막을 내리고 새로운 시대가 시작된 것이다. 훔볼트는 1769년, 프로이센 귀족과 친분이 있는 어느 부유한 가문에서 태어났다. 소년 훔볼트는 식물, 곤충, 바위 등 손에 넣을 수 있는 자연물은 무엇이든 수집했고, 식구들은 그를 "어린 약재상"이라고 불렀다. 청년 훔볼트는 베를린에서 가장 수준 높은 과학 및 철학 모임들에 들어갔고, 이후 여러 대학을 다니며 경제학, 행정학, 정치학, 수학, 자연과학, 언어, 금융 그리고 지질학과 광산학을 배웠다. 그는 광산 조사관으로 일했지만, 시골을 돌아다니며 다양한 생물을 수집하거나 동물 실험을 했고(훔볼트는 전기가 산 또는 죽은 동물에 미치는 영향에 몹시 관심이 있었다), 괴테나 실러 같은 프로이센 지식인들과 삼라만상에 대한 견해를 나누었다. 그러나 그의 꿈은 세계 여행이었다. 그래서 유럽 귀족들과의 인맥을 이용해 자신이 합류할 수 있는 항해를 찾았고, 마침내 스페인 국왕으로부터 스페인령 스페인 식민지로 떠나는 원정에 참여해도 좋다는 허가를 받았다. 항해는 1799년에 시작됐다 (마리아 지빌라 메리안이 수리남에 발을 디딘 지 정확히 100년 후). 훔볼트는 신대륙에서 5년을 보냈고, 그곳에서 당대의 가장 뛰어난 과학자로서 명성을 굳혔다. 그의 천재성은 세심한 관찰을 밑바탕으로 고도나 위도 변화에 따른 식생 변화처럼 전 세계적으로 적용되는 생태적 패턴의 일반화를 끌어냈다. 훔볼트는 오늘날의 기준에서도 박식가로서 식물학, 동물학, 광물학, 생태, 지질학, 천문학, 정치학, 민족학, 철학 등 다양한 분야의 연구를 출판했다.

훔볼트의 연구는 다윈을 포함해 여러 세대에 걸쳐 과학자들에게 영향을 미쳤다. 비글호에 승선하기 전의 젊은 다윈은 훔볼트의 라틴 아메리카 여행 이야기를 탐독했고, 나중에는 훔볼트가 자신의 항해에 영감을 주었다고 분명히 밝혔다. 오늘날 훔볼트라는 이름이 그의 전성기 때처럼 널리 퍼져 있진 않지만, 한 번쯤은 들어보았을 것이다. 지구 밖까지 이어지는 다양한 지리적 장소나 지형에 훔볼트라는 이름이 붙여졌기 때문이다. 예를 들어 5개 대륙의 산맥, 미국 10개 주의 마을과 카운티, 캐나다 1개 주, 적어도 2개의 나라에 있는 대학, 그리고 달에 있는 바다인 '훔볼트의 바다Mare Humboldtianum'까지 모두 훔볼트라고 불린다. 그렇다면 생물종은 어떨까? 독일 사학자 안드레아 울프는 저서 《자연의 발명Invention of Nature》에서 400개(300종의 식물과 100종의 동물)에 달하는 훔볼트를 보고했다. 그렇다면 훔볼트는 다윈을 조금 앞서는 셈이다.[1] 그러나 울프는 분류군이 수정된 이름까지 중복으로 계산하는 등 마구잡이로 센 것 같다. 예를 들어 국화과의 두메릴리아 훔볼티이Dumerilia humboldtii와 아코우르티아 훔볼티이Acourtia humboldtii는 분류학적 수정을 거쳐 속이 변경된 경우로 사실은 같은 종이므로 둘 중 하나만 세야 한다. 이런 중복이나 오류를 수정하면 훔볼트라는 이름을 가진 종은 200대 중반으로 추정된다. 스프루스나 후커 부자처럼 큰 존경을 받을 만하지만, 다윈의 389개에는 미치지 못하는 수다. 만약에 지리지형물이나 건물명처럼 생물이 아닌 것까지 포함한다면 다윈보다 수가 많을지도 모른다. 하지만 적어도 생물종에서는 그렇지 않다.

세상에 덜 알려진 세 명의 식물학자들이 뒤를 쫓는다. 아우구스토 베베르바우어Augusto Weberbauer, 줄리언 스타이어마크Julian Steyermark, 사이러스 프링글Cyrus Pringle(1838~1911)이 그들이다. 우선 여러 가지 면에서 훔볼트의 대척점에 있었던 프링글에서 시작하자. 훔볼트는 프로이센의 지식인, 사회의 엘리트층과 함께 움직였다. 반면 프링글은 미국 버몬트주의 작은 농장에서 자랐다. 훔볼트는 부유하게 태어나 배우지 않은 것이 없었으나, 프링글은 아버지와 형이 죽은 후 고향으로 돌아와 농장을 운영하며 남은 가족을 먹여 살려야 했기 때문에 배움이 짧았다. 또 훔볼트는 유럽에서 전쟁의 시대를 살았으나 직접 겪은 적은 없던 반면, 프링글은 남북전쟁 중반에 연합군에 징집되었으나 평화주의자 퀘이커로서 복무를 거부하여 감옥에 갇히고 끔찍하게 학대받다 결국 에이브러햄 링컨의 명령으로 석방되었다. 배경은 이렇게 달랐지만 훔볼트와 프링글 둘 다 식물을 사랑했다. 프링글은 30대에 고향 버몬트 인근 시골에서 식물 표본을 수집하기 시작했다. 그는 이내 실력 있는 수집가로 명성을 쌓았고, 1880년대에는 하버드 대학과 스미스소니언 연구소에 고용되어 미국 서부와 멕시코에서 식물을 수집했다. 프링글은 탐험 도중 채집한 대략 2만 종에 해당하는 약 50만 점의 표본을 전 세계 표본관에 보냈다. 그 표본 중에서 2,000여 종의 신종이 발표되었고, 현재 그중 약 300개가 프링글의 이름을 지니고 있다.

베베르바우어(1871~1948)와 스타이어마크(1909~1988)도 비슷한 시기에 왕성하게 활동한 식물 연구가들로, 제 이름을 가진 식물(그리고 소수의 동물 종)이 각각 250여 개나 된다. 베베르바우어는 독일에서 태어났지만 평생 페루에 살면서 학생을 가르치고 식물을 탐구했다. 그는 페루에서 훔볼트의 이름을 딴 알렉산더 폰 훔볼트 독일 학교에서 가르친 인연이 있다. 베베르바우어의 이름을 딴 식물 중에 페루 안데스에 서식하는 선인장인 베베르바우어케레우스속 *Weberbauerocereus*이 있는데, 베베르바우어케레우스 베베르바우어리 *Weberbauerocereus weberbaueri*에는 그의 이름이 두 번이나 들어간다. 마지막으로 스타이어마크는 중앙아메리카와 남아메리카, 고향인 미주리주에서 오랫동안 식물을 수집하고 연구한 미국인이다. 남아메리카에서는 리처드 스프루스의 발자취를 따라 에콰도르에서 키나나무를 찾아내는 것이 스타이어마크의 첫 번째 임무였다. 1942년, 일본이 세계 퀴닌의 주요 생산지인 자바를 점령하면서 미군은 태평양에서 최악의 적은 말라리아가 될 것임을 알았다. 스타이어마크는 자바 플랜테이션을 대체할 수 있는 키나나무 자생지를 발굴하는 '키나 미션'에 20여 명의 다른 미국 식물학자들과 합류했다. 그것은 이후 40년 동안 수만 개의 표본을 수집한 시작이었다. 그는 약 2,000종의 신종을 직접 기재하고 명명했지만, 다른 식물학자들이 자신을 기념하는 이름을 붙일 수 있도록 많은 식물을 남겨두었다.

여기까지 읽고서 왜 순위에 곤충학자가 나오지 않는지 의아해 할지도 모르겠다. 이름이 필요한 곤충 종은 식물보다 훨씬 많다. 현존하는 식물 종이 약 50만 종이고 그중 40만 종이 현재까지 명명되었는데, 그와 비교하면 곤충은 적어도 200만 종이 현존한다고 알려졌고 실제로는 아마 1,000만 종이 넘을 것이며 어쩌면 1억 종에 이를 수도 있다. 지금까지 100만에 조금 못 미치는 종이 기재, 명명되었으니 곤충학자들이 할 일은 여전히 많은 셈이다. 아니나 다를까 적어도 두 명의 곤충학자가 '200 클럽'에 합류했다. 윌리 쿠셸Willy Kuschel과 제프리 몬테이스Geoffrey Monteith다.

윌리 쿠셸(1918~2017)은 칠레와 뉴질랜드에서 바구미를 연구했다. 다양성에서 바구미과에 필적할 만한 곤충은 반날개밖에 없다. 쿠셸은 칠레 남부에서 가족이 운영하는 농장에서 자랐고, 곤충학에 몸담기까지 먼 길을 돌아왔다. 쿠셸은 대학에서 2년 동안 철학을, 그다음 4년 동안 신학을 공부했다. 그리고 2년 동안 성직자로 생활하다 교사가 되기 위해 학교로 돌아왔다. 곤충학은 그의 네 번째 전공이었고, 1953년 칠레 대학에서 곤충학 박사학위를 땄다. 쿠셸은 활기차고 심지가 굳은 야외 수집가였고 남아메리카와 뉴질랜드, 뉴칼레도니아에서도 가장 접근이 어려운 지역에서 엄청난 양의 곤충을 수집했다. 쿠셸이 수집한 많은 종이 그의 이름으로 불린다. 최근에 집계된 것이 212종, 28속이다.

제프리 몬테이스는 순위 목록에서 가장 최근에 올라온 이름으로, 유일하게 현역으로 활동하고 있다. 그의 순위권 진입에 조금 놀라지 않을 수 없는데, 그도 그럴 것이 훔볼트, 월리스, 프링글 등은 오랜 시간에 걸쳐 제 이름을 딴 종의 목록을 늘려왔고, 또한 스타이어마크와 쿠셸을 제외하면 이들은 서양에서 생물 탐사의 시대가 갓 시작된 시기에 연구 활동을 했기 때문이다. 그에 비하면 몬테이스는 아직 아기다. 오스트레일리아 곤충학자인 그는 1942년에 태어났지만, 이미 225종과 15속에 그의 이름이 붙여졌다. 이렇게 쏟아지는 학명은 몬테이스 연구 활동의 두 가지 측면을 반영한다. 첫째, 그는 오스트레일리아에서 곤충 및 무척추동물 컬렉션을 가장 대규모로 갖춘 두 박물관의 큐레이터였다. 그런 자리에서 그는 수집된 표본들을 분류학자들에게 보내 분류하고 동정하게 했다. 표본장과 상자 속에서 신종들을 발견한 그들은, 종종 그 일부에 몬테이스를 위한 이름을 붙였다. 둘째, 쿠셸처럼 몬테이스 자신도 수천 점의 표본을 수집했다. 그는 월리스와 다윈과 후커가 바쁘게 수집품을 쌓아가고 있던 시기에 그들의 손이 닿지 않은 최후의 땅이자 동물상이 서구 과학계에 잘 알려지지 않은 퀸즐랜드 북부와 뉴칼레도니아섬 산맥으로 원정을 나섰다. 몬테이스는 이 원정에 대해 이렇게 말했다.

나는 올라야 할 미지의 산이 널려 있던 시기에 활동한 현장 중심의 생물학자였다. 나는 나처럼 새로운 곳을 탐험할 배짱이 있고, 짐에 수집 장비를 넣을 공간을 비춰주는 캠핑 조명을 좋아하며, 쏟아지는 비에 엉덩이가 젖은 채로 나일론 모기장 아래에서 작은 불빛 주위에 쪼그리고 앉아 저녁 만들기를 즐기고, 이끼 낀 나무줄기에 오줌을 갈기고는 미지의 동물들이 뒹구는 모습을 보는 걸 좋아하는 많은 이들과 수년간 함께했다. 퀸즐랜드 북부의 오래된 열대 산맥에는 누구에게도 알려지지 않은 진기한 곤충과 거미의 동물상이 있었다. 그것들을 샅샅이 훑고 나자 이번에는 뉴칼레도니아로 향하는 기회가 찾아왔다. (…) 우리는 거기서도 아직 표본이 수집되지 않은, 더 높고 축축한 열대 산맥이 그 기이하고 고립된 섬에 800킬로미터나 뻗어 있는 것을 발견했다.[2]

수집가 이름을 따서 신종 이름을 짓는 것은 흔한 일이다. 몬테이스에게는 아주 많은 신종을 수집할 추진력과 기회가 있었다.

여기까지가 순위를 겨루는 경쟁자들이다. 다윈, 그리고 그의 뒤를 바짝 쫓는 열 명. 아마 독자는 여기에 빠져서는 안 될 사람이 보이지 않는다는 걸 눈치챘을 것이다. 린네 말이다. 그는 학명 체계를 발명했을 뿐 아니라 사람의 이름으로 학명을 지을 수 있게 만든 장본인이다. 분류학이라는 과학에서 그의 역할은 근간 그 이상이다. 그리고 그는 수천 종의 생물에게 이름을 주었다. 그러나 정작 린네라고 불리는 종은 100여 종에 불과하다. 물론 그것도 적은 양은 아니지만 확실히 프링글이나 몬테이스처럼 훨씬 덜 유명한 이름에 비하면 뒤

처진다. 그 이유는 명확하지 않다. 린네는 스웨덴 웁살라에 머물며 학생과 동료들이 세계를 돌며 수집해서 보낸 표본을 가지고 연구했으니 그 자신이 수집가로서는 유명하지 않았기 때문인지도 모른다. 그게 아니라면 린네의 이름을 쓴다는 건 너무 식상하기 때문일 수도 있다. 이유가 어떻든 간에 순위권에 들지 못했다는 사실을 알게 된다면 (자신이 명예를 받을 가치가 없다는 건 상상조차 할 수 없었던) 린네는 분명 역정을 냈을 것이다.

그렇다면 이 조사의 의의는 무엇일까? 우리가 단순히 사람 이름을 가진 종 수를 센다면, 적어도 다윈에게는 몇 명의 경쟁자들이 있다. 그러나 조금 다른 각도에서 보면, 다윈과 월리스라는 두 이름은 다른 이름들과는 크게 다르다. 리처드 스프루스 역시 200개가 넘는 종에 이름이 붙었지만 모두 식물이다. 이끼에서 교목까지 다양한 종을 아우르지만 결국은 식물이다. 그런 점에서 스프루스의 식물은 현존하는 종, 다시 말해 지구 생명이 가진 깊은 역사의 *끄트머리*를 장식하는 현재에 선택된 것들이다. 그것은 프링글, 베베르바우어, 스타이어마크, 후커 부자 모두 마찬가지다. 한편 생명의 나무 반대편에 있는 윌리 쿠셸, 제프리 몬테이스의 종들은 거의 곤충이나 거미, 그 외 다른 절지동물이다. 현존하는 종과 멸종한 종 모두에, 생명의 나무에 있는 모든 가지에서 나온 종들에 이름이 붙은 인물은 다윈과 월리스뿐이다.

다윈을 기리는 389개의 이름 중 일부를 살펴보자. 우선 목화 *Gossypium darwinii*, 가위벌*Megachile darwiniana*, 지렁이*Kynotus darwini*가 식물과

곤충과 벌레가 뒤엉킨 그의 강둑을 이룬다. 또한 산호말*Lithothamnion darwini*, 끈적버섯*Cortinarius darwinii*, 꽃이끼*Cladonia darwinii*, 해면*Mycale darwini*, 연산호*Pacifigorgia darwinii*, 꼼치*Paraliparis darwini*, 개구리*Ingerana charlesdarwini*, 도마뱀*Tarentola darwini*, 쥐*Phyllotis darwinii*, 도요타조*Nothura darwinii*가 있다. 심지어 공룡*Darwinsaurus evolutionis*도 있다. 월리스의 종 목록도 좀 더 짧을 뿐 비슷하다. 다윈과 월리스의 이름을 가진 종은 식물에서 곤충, 벌레, 조류藻類, 균류, 지의류, 해면, 산호, 어류, 양서류, 파충류, 포유류, 새에서 공룡까지 지구 생물다양성의 폭과 깊이를 모두 아우른다. 저 두 명의 박물학자가 이루어낸 성과가 지구의 모든 생물에 관한 우리의 사고를 통합했다. 물리학은 여전히 대통일이론을 기다리고 있지만 생물학에는 이미 160년 전부터 있었다. 바로 자연선택에 의한 진화론이다(여기서 '이론'이라는 용어에 속으면 안 된다. 자연선택에 의한 진화는 그 무엇보다 실재하고 중력보다 잘 이해되었다).

다윈과 월러스 이전에도 진화론과 유사한 아이디어들이 있었다. 특히 훔볼트는 종의 점진적인 형태 변화에 관해 쓴 적이 있다. 그러나 생물학의 기본 틀로서 자연선택에 의한 진화를 확립한 것은 다윈의 (그리고 월리스의 유사한 아이디어에 의해 완성된) 업적이었다. 새와 벌, 물고기와 난, 해면과 해초 사이의 놀라운 차이는 자연선택에 의한 진화로 설명된다. 그것은 모든 생물 간의 놀라운 유사성도 마찬가지다. 이는 날짐승 날개의 반복적인 수렴 진화처럼 다윈과 월리스가 알고 있던 특징에도 적용되는 사실이다. 그러나 더욱 인상적인 것은 모든 생물이 유전 정보를 기록하고 전달하기 위해 사용하는 DNA/

단백질 코딩처럼 다윈의 시대에는 전혀 예상하지 못했던 특징에도 이 이론이 적용된다는 사실이다. 모든 생물이 하나의 공통 기원에서 유래했고 그 이후에 자연선택이라는 과정을 통해 지속적으로 다양해졌다는 사실은 지구의 모든 생물을 단일 주제의 변형으로 이해할 수 있게 해준다. 즉 놀라울 정도로 다양하면서도, 생물학을 특별한 사례들의 집합이 아닌 합성의 과학으로 만드는 주제 말이다.

다윈과 월리스의 이름을 가진 종들은 기본적으로 과학에서 이 두 거장의 중요성을 기념하지만, 더 큰 영광은 뒤엉킨 강둑 전체에 있다. 어쩌면 그것은 생명의 나무 전반에 걸쳐 역사를 깊이 연구하고, 이왕이면 학명을 통해 생명의 다양성 자체를 암시할 수 있는 종들에 다윈의 이름을 붙이고자 결속한 전 세계 분류학자들이 이루어낸 집단 지혜일지도 모른다. 지구상의 생물은 충격적일 정도로 경이롭고, 자연선택에 의한 진화가 그 모든 것의 바탕에 있다는 통찰 또한 놀라울 따름이다. 다윈은 자신의 깨달음이 얼마나 중요한지 알았으므로 그것을 종합해 "뒤엉킨 강둑"이라는 유명한 결론을 도출했다. "이러한 생명관에는 모종의 장엄함이 있다. 이 행성이 중력이라는 고정된 법칙에 따라 순환하는 동안, 몇 가지 능력만 갖춘 소수의, 또는 단일 형태로 숨결이 불어넣어진 존재들은 최초의 그토록 단순한 시작에서 가장 아름답고 가장 놀라운 무수히 많은 형태로 진화해왔고 지금도 진화하는 중이다."[3]

가장 아름답고 가장 놀라운 무수히 많은 형태는 모두 이름이 필요하다. 다윈의 몫은 마땅히 뒤엉킨 강둑이어야 한다.

# 사랑하는 그대에게 바칩니다

Love in a Latin Name

**14장**

"내가 당신을 얼마나 사랑하느냐고요?" 엘리자베스 배럿 브라우닝이 물었고 이렇게 대답했다. "한번 헤아려볼게요." 진부할 정도로 익숙한 저 라인은 배럿이 쓴 《포르투갈인의 소네트Sonnets from the Portuguese》의 43번째 소네트다. 배럿 브라우닝은 가장 자신 있는 도구를 사용해 사랑을 표현하고 남편 로버트 브라우닝을 향한 연시를 썼다. 파블로 피카소 역시 자신의 전문 분야에 의지해 첫 번째 연인 페르낭드 올리비에의 초상화를 60점 이상 그렸다. 또한 리하르트 바그너는 두 번째 아내인 코지마를 위해 〈지크프리트 목가〉를 작곡했다.

시나 그림에 기록되고 음악으로 표현된 사랑은 누구나 당연하게 여긴다. 우리는 예술이 감정을 탐구하고 기록하는 것에 익숙하다. 그렇다면 과학은 어떨까? 과학에는 감정이 개입할 곳이 없으므로 과학자는 냉정하고 무엇보다 공평성과 객관성에 가치를 두어야 한다는 일반적인 믿음이 있다. 과학자가 기분에 따라 과학적 결론을 도출해서는 안 되겠지만, 그렇다고 감정 없이 일을 하는 건 아니다. 과학자들도 연구 주제를 선택하고 자신이 연구한 바를 쓰고 말할 때, 예를 들어 신종을 발견한 분류학자라면 학명을 지을 때, 자신의 감정을 드러낼 수 있다. 사랑이 인간의 모든 감정 중에서 가장 위대한 것이라면, 그것이 시인과 화가와 음악가만의 전유물이 아님에 안심이 된다. 과학자들은 아들과 딸, 형제와 자매, 아내와 남편, 때로는 짝사랑의 대상이나 은밀한 연인을 위해 신종을 명명한다. 누군가를 경멸하고자 지은 학명이 인간이 가진 최악의 충동에 굴복한 것이라면, 학명에 새겨진 사랑은 과학자들이 인간으로서 지닌 최고의 선을 드러낸다.

자식을 기리는 학명은 굉장히 흔하다. 나폴레옹 보나파르트의 조카인 샤를 뤼시앵 보나파르트로부터 시작해보자. 그는 이탈리아 왕자가 된 프랑스 귀족이었지만, 동시에 많은 조류를 새롭게 발견하고 이름을 붙인 생물학자이자 조류학자이기도 했다. 참고로 보나파르트는 존 제임스 오듀본이라는 젊은 미국 박물학자를 '발굴하고' 키웠는데, 나중에 오듀본은 미국의 새를 그린 그림으로 유명해졌으나 미국 과학계 귀족들과의 연줄이 부족해 출세가 늦었다. 1854년에 보나파르트는 필리핀에서 새로운 제왕비둘기를 기재하면서 프틸로콜파 카롤라 *Ptilocolpa carola* (현재는 '*Ducula carola*'로 수정)라고 이름 지었다. 종소명인 'carola'는 당시 스물두 살이던 보나파르트의 딸 샤를로트의 이름을 라틴어화한 것이었다. 보나파르트는 이렇게 썼다. "나는 이 이름을 내 딸이자 빛나는 이름을 받을 가치가 있는 프리몰리 백작 부인 샤를로트에게 바친다."[1] 이 명명의 변은 감동적이면서도 의외의 면이 있었는데 보나파르트가 자신의 딸을 굳이 "백작 부인"이라고 호칭하면서 가문의 인맥을 자랑스럽게 알렸기 때문이 다(샤를로트라는 이름은 그녀의 고모이자 공주였던 나폴레옹의 조카의 이름과 같 다). 그런데 보나파르트는 다른 이들이 왕족의 이름으로 종을 명명 한다고 비난한 적이 있는 확고한 공화주의자였다. 심지어 4년 전에 는 공화주의자로서 자신의 이상을 디필로데스 레스푸블리카*Diphyllodes respublica*라는 극락조의 이름으로 표현했다. 사랑이 맹목적이라는 건 누구나 아는 사실이다. 그렇다면 딸에 대한 보나파르트의 사랑이 그 의 눈을 멀게 하여 "샤를로트, 프리몰리 백작 부인"이라는 아이러니 로 이끌었는지도 모른다.

새에 딸의 이름을 붙이는 건 유행이었던 것 같다. 1846년에 쥘 부 르시에와 공동 명명자 에티엔 뮐상은 부르시에의 딸 프랑시아*Francia* 의 이름을 벌새에 붙여 트로킬루스 프랑시아이*Trochilus franciae*라고 했 다. 1902년에 오토 핀슈는 동남아시아에 서식하는 핀치새를 딸 에 스더*Esther*의 이름을 따서 세리누스 에스더라이*Serinus estherae*라고 명명 했다. 가장 가슴 아픈 이름은 1839년 르네 레송이 딸을 기억하며 신 종 구관조에 붙인 세리쿨루스 아나이스*Sericulus anais*다. 그는 "열한 살 에 세상을 떠난 아나이스 레송*Anais Lesson*에게 이 이름을 바친다. 이 새의 학명이 아버지의 깊고 깊은 슬픔을 기억해주길"이라고 썼다.[2] 이제는 3종 모두 다른 속으로 재배정되어 아마질리아 프랑시아이 *Amazilia franciae*, 크리소코리투스 에스더라이*Chrysocorythus estherae*, 그리고 미 노 아나이스*Mino anais*가 되었다. 그러나 딸들의 이름은 그대로 남았다.

**프랑시아의 벌새***Amazilia franciae*

딸의 이름이 새에만 붙여진 것은 아니고, 또 그 유행이 19세기에 그친 것도 아니다. 1989년, 토머스 리치와 퍼트리샤 리치 부부가 소형 오스트레일리아 공룡에게 딸 리엘리Leaelly의 이름을 붙여 리알리나사우라 아미카그라피카*Leaellynasaura amicagraphica*라고 명명했다. 아이에게 제 이름을 가진 공룡이 생기는 것보다 신나는 건 아마 직접 땅속에서 공룡의 화석을 파내는 것이리라. 실제로 리엘리는 이 화석을 엄마 아빠와 함께 발견했다. 어떻게 누구라도 부러워하지 않을 수 있겠는가. 몇 년 뒤 리엘리의 오빠 티머시Timothy도 오스트레일리아 과학자이자 환경운동가인 팀 플래너리Tim Flannery와 공동으로 공룡 티미무스속*Timimus*을 받았다. 물론 모든 과학자 부모가 공룡이나 새를 연구하는 건 아니니 어떤 아이들은 좀 더 희한한 찬사를 받았다. 주디스 윈스턴의 딸 엘리자Eliza는 이끼벌레를 받았다. 이끼벌레는 작은 군집성 수생 무척추동물로 겉모습이 산호와 닮았다. 윈스턴은 신종 노일라 엘리자이*Noella elizae*의 주황색 촉수가 딸 엘리자의 붉은빛이 도는 금발 머리와 똑같아서 엘리자라는 이름이 아주 잘 어울린다고 설명했다. 다만 윈스턴은 언론과의 인터뷰에서 "엘리자가 나를 용서할지 어떨지 모르겠다"라고 궁금해했다.[3] 노일라 엘리자이는 2014년에 명명되었으므로 윈스턴의 궁금증이 해결되려면 아직 좀 기다려야 할 것 같다. 어려서는 아이들이 종종 부모의 사랑을 부끄럽게 생각하지만, 나중에 크면 감사하게 되는 법이니까.

배우자 이름도 종 이름에 적잖이 등장한다. 샤를 뤼시앵 보나파르트는 신종 비둘기속을 아내이자 프리몰리 백작 부인 샤를로트의 어머니 제나이드Zenaide의 이름을 따서 제나이다Zenaida라고 지었다. 제나이다속은 잘 알려진 북미애도비둘기와 흰날개비둘기가 속한 분류군이다. 이에 뒤질세라 쥘 부르시에는 아내 알린Aline의 이름을 딴 벌새 오르니스미아 알리나이*Ornismya alinae*를 명명했고, 르네 레송은 벌새와 제왕비둘기 신종을 둔 아내 클레멘스Clemence와 조이Zoe에게 각각 바쳐 람포르니스 클레멘키아이*Lampornis clemenciae*, 콜룸바 조이아이*Columba zoeae*라고 지었다. 19세기에 남편보다 아내를 기념하는 이름이 흔한 것은 놀랄 일이 아니다. 최근까지도 이름을 짓는 일은 거의 언제나 남성의 몫이기 때문이다. 알로에속은 아주 많은 종이 사람 이름에서 유래했는데, 그 이름들이 모두 실린 표를 보면 보나파르트, 부르시에, 레송의 일화에서 엿볼 수 있는 사실을 똑같이 확인할 수 있다. 알로에속에는 누군가의 아내를 위해 지은 이름이 12개나 되지만, 남편의 이름을 딴 것은 하나도 없다.

　남편의 이름이 없는 것은, 과학에서 여성이 배제되어 결과적으로 종의 이름을 짓는 일에서도 열외가 된 유감스러운 현상의 하나일 뿐, 제일 중요한 일은 아니다(과학에서 여성이 배제된 것이 불공평한 일이지, 종의 학명에서 남편 이름이 배제된 것이 불공평한 일은 아니다). 한편 20세기와 21세기의 신종 명명에서 발전의 징후가 보이는 것은 고무적이다. 물론 개미에 기생하는 곰팡이 오피오코르디켑스 알바콩기우아이 *Ophiocordyceps albacongiuae*처럼 아내의 이름은 현대에 와서도 여전히 등장한다. 이 이름은 2018년에 곤충학자 데이비드 휴스가 아내 알바 콩기우*Alba Congiu*를 기리기 위해 지은 이름인데, 혹자는 그녀의 남편이 극락조가 아닌 기생성 곰팡이를 연구한 것이 참 운도 없다고 생각할지 모르나, 그가 아내에게 보낸 찬사는 신실한 것이다. 아무튼 오늘날에는 남편들도 저 아내들에 합류한다. 예를 들어 1984년에 앙헬레스 알바리뇨는 남극의 관해파리(해파리와 산호의 친척)에 남편인 에우헤니오 레이라*Eugenio Leira*의 이름을 따서 렌시아 에우헤니오이*Lensia eugenioi*라고 명명했다. 2005년에 다프네 포틴은 신종 말미잘에 남편 로버트 버드마이에*Robert Buddemeier*의 이름을 붙여 안토플레우라 버드마이에리*Anthopleura buddemeieri*라고 명명했는데, 한 인터뷰에서 말미잘과 남편 사이에 어떤 신체적 유사성도 없다고 못 박아 말했다. 사상카 라나싱헤는 2018년 알거미에 남편 프라사나 다르마프리야*Prasanna Dharmapriya*의 이름을 붙여 그리메우스 다르마프리야이*Grymeus dharmapriyai*

197

라고 명명했다. 영어로 '고블린 거미'라는 이름 때문에 이 명명이 두 배로 경멸적이라고 생각할지도 모르지만, 리나싱혜는 흉골(거미 흉부 아래쪽을 덮는 판)이 예쁘게 장식된 하트 모양인 종을 골랐다. 그렇다면 고블린 거미 다르마프리아이는 살아 있는 밸런타인 카드인 셈이다. 마지막으로 지의류 브리오리아 코키아나*Bryoria kockiana*가 있는데, 이 종은 간접적인 경로로 명명되었다. 브리오리아 코키아나의 발견자가 브리티시컬럼비아 주도를 횡단하는 야생동물을 위한 모금 행사에서 신종에 대한 명명권을 경매에 올렸는데, 낙찰받은 야생동물 예술가 앤 한센이 종의 이름을 작고한 남편 헨리 콕*Henry Kock*의 이름으로 지어달라고 요청한 것이다.

사랑이 언제나 올곧은 건 아니므로, 어떤 라틴명은 좀 더 복잡한 관계를 기념한다. 2005년에 곤충학자 켈리 밀러와 쿠엔틴 휠러는 우리알버섯벌레를 각각 아내의 이름을 따서 아가티디움 아마이*Agathidium amae*와 아가티디움 마라이*Agathidium marae*라고 지었다(앞서 조지 W. 부시, 도널드 럼즈펠드, 딕 체니의 이름을 가진 아가티디움속을 기억하는가). 그리고 하나 더, 아가티디움 킴벌라이*Agathidium kimberlae*는 휠러의 전 아내의 이름에서 유래했다. "함께했던 사반세기의 결혼 생활 동안 휠러의 분류학적 방식에 대한 그녀의 이해와 응원에 감사하며."[6] 휠러는 아내와 헤어지기 전에 그녀에게 바치는 이름을 붙여주겠다고 약속했다고 설명했다. 그리고 아가티디움 킴벌라이로 약속을 지켰다. 휠러의 명명 속 애정 관계는 명확히 파악되지만, 어딘가 야릇한 분위기가 감도는 경우도 있다. 예를 들어 1910년대에 프랑스 식물학자 레몽 아멧은 식물 3종에 알리스 르블랑Alice LeBlanc이라는 여성의 이름을 붙여 기념했다. 알리스는 아멧의 "친구" 또는 "가까운 지인"으로 설명되었는데, 그들이 가까웠던 건 틀림없는 것 같다. 세둠 켈리아이*Sedum celiae*('celiae'는 'Alice'의 철자 순서를 바꾼 것)를 기재하면서 아멧은 "커다란 애정"을 담아 그녀에게 이 종을 바친 반면, 칼랑코에 르블랑카이*Kalanchoe leblancae*를 설명할 때는 그녀를 "훌륭한 친구"라고 부르면서 이 종이 그녀에게 두 사람이 함께 이 종을 처음 수집했던 "그 가을 저녁의 나른한 매력"을 상기시킬 것이라고 말했다.[5] 그러나 세 번째 종을 명명하면서 아멧은 선을 넘었다. 그것은 아멧과 르블랑이 공동으로 기재한 칼랑코에 미테예아*Kalanchoe mitejea*라는 종이었는데, 'mitejea'는 프랑스어로 '당신을 사랑합니다'라는 뜻의 'je t'aime'의 철자 순서를 바꾼 말이다. 현재 알리스 르블랑에 대해 남아 있는 기록은 없다. 아마도 그들은 헤어진 젊은 연인이거나 불륜 관계였을지도 모른다. 왜냐하면 알리스는 아멧의 부고에 적힌—그러나 신종으로 명명된 적은 없는—아내의 이름이 아니었기 때문이다.

아멧이 알리스 르블랑에 대해 내숭을 떤 편이었다면, 에른스트 헤켈은 그런 신중함의 필요조차 느끼지 않았다. 헤켈(1834~1919)은 박학다식한 독일의 생물학자로 그의 관심은 철학, 해양생물학, 예술, 그리고 안타깝게도 진화의 개념을 이용해 다른 인종의 문화에 대한 유럽인들의 우월성과 인종차별적 믿음을 정당화하려는 시도까지 포함한다. 헤켈은 수많은 성취로 빛나는 과학자로서의 삶에서 수천 종(대부분 해양 무척추동물)을 발견하여 기재하고 명명했다. 그러나 헤켈

개인의 삶은 그다지 훌륭하지 않았다. 헤켈의 첫 번째 아내 아나 제 테Anna Sethe는 결혼한 지 불과 18개월 만에 비극적으로 죽었고, 헤켈 은 비탄에 빠졌다. 이후 헤켈은 아크네스 후슈케와 재혼했지만, 그 결혼은 양쪽 모두에게 기쁨을 주지 못했던 것 같다. 결혼 후 부부의 사랑이 식었다는 일반적인 징후는 여러 가지가 있지만, 헤켈의 경우 는 그가 이름을 붙인 라틴명에서 알 수 있다. 그는 최소한의 예의를 지켜 방산충(일종의 껍질 있는 아메바) 1종에 아크네스의 이름을 주었지 만, 아름다운 해파리를 첫 아내 아나의 이름으로 명명하면서 자신의 감정을 분명히 나타냈다. 1879년에 헤켈은 이 해파리를 데스모네마 아나제테Desmonema annasethe라고 이름 짓고, 1899년에 《자연의 미적 형 태Kunstformen der Natur》라는 책에서 이 종에 관해 다음과 같이 썼다. "이 특별한 디스코해파리Discomedusa, 모든 해파리 중에서도 가장 사랑스 럽고 가장 흥미로운 종의 이름은 뛰어난 재능의 소유자이자 극도로 세심한 여성이고, 이 논문의 저자가 인생의 가장 행복했던 순간을 빚진 아내 아나 제테에 대한 기억을 영원히 남길 것이다."[6]

헤켈이 이 글을 쓸 당시 다른 여인과 재혼한 상태였다는 사실을 제외한다면 참으로 훌륭한 사랑 고백이 아닐 수 없다. 이 공개적인 모욕에 대한 아크네스의 반응은 기록되지 않았지만, 그녀가 행복 하지 않았을 거라는 건 누구나 짐작할 수 있다. 그러나 아크네스를 더 불행하게 한 것은 아마 로필레마 프리다Rhopilema frida였을 것이다. 이 이름은 헤켈이 연인인 프리다 폰 우슬라어-글라이헨Frida von Uslar-Gleichen을 기념해 붙인 이름이다. 1898년 프리다가 헤켈에게 그의 어떤 책에 대해 칭송하는 편지를 보낸 이후로 이들은 6년이 넘는 세월 동안 900통 이상의 서신을 주고받았다. 처음에는 과학에 관한 이야기를 나누었지만, 편지는 점차 개인의 이야기를 담으며 뜨거워졌다. 1899년 6월, 마침내 둘은 만났다. 이때 프리다는 34세 또는 35세였고 헤켈은 65세(그리고 여전히 그의 아내였던 아크네스는 56세)였다. 헤켈은 이후에 불륜의 연인과의 첫 키스에서 느낀 "욕망의 떨림"에 관해 썼다. 그리고 1900년 3월에 프리다를 다시 만난 후 이런 편지를 보냈다. "내 사랑…… 당신은 내 이상형이오. 진정으로 이상적인 아내……. 오늘 아침 6시 15분, 떠나는 당신을 보고 작별 인사를 한 뒤 나는 우리의 로맨틱한 호텔에서 두 시간을 더 머물렀소!! 그대의 '단단히 미친 녀석'은 온갖 어리석은 짓을 저질렀지. 다시 한번 자신을 씻어냈고…… 그대의 세면대에서, 우리 각자의 마법의 방에서 엄숙한 기억을 축하했소."[7]

그러나 헤켈은 프리다를 어찌해야 할지 마음을 정하지 못했다. 그는 아내인 아크네스를 떠나지 않았고, 그렇다고 프리다를 그만 만나지도 않았다. 사람들의 말에 따르면 그는 자신의 우유부단함에 괴로워했다고 한다. 이 관계는 1903년에 프리다가 모르핀 과다 복용으로 사망하면서 끝났고, 헤켈은 아크네스와의 삶으로 되돌아왔다. 그는 아크네스에게 프리다에 대해 말하지 않았지만(그렇다고 그녀가 의심하지 않았을 거라고 생각되지는 않지만), 로필레마 프리다를 통해 온 세상에 대고 고백했다.

헤켈은 프리다를 향한 사랑이 저지른 "온갖 어리석은 짓"을 인정

**프리다의 해파리** *Rhopilema frida*(가운데)
에른스트 헤켈 그림, 《자연의 미적 형태》 도판 88번

했지만, 역사 이래로 사랑―또는 열병―은 많은 이들을 어리석음으로 몰아넣었다. 식물학과 명명법과 자신을 그토록 소중하게 생각한 린네조차 한때 판단을 흐리게 하는 짝사랑에 빠지고 말았다. 인생의 늘그막에 일어난 일이었다. 1767년, 60세의 나이에 그는 앤 몬

슨Anne Monson 부인의 이름으로 쥐손이풀과에 속한 몬스니아속*Monsonia*
을 지었다. 몬스니아는 완벽하게 어울리는 이름이었으므로 이름 자
체는 전혀 문제가 되지 않았다. 몬슨은 식물학 연구로 주목받는 학
자였고, 린네는 비록 그녀를 직접 만난 적은 없지만 그녀가 식물학
에 기여한 바를 잘 알았을 것이다. 게다가 몬스니아속의 종들은 인
도와 남아프리카에서 발견되는데, 두 군데 모두 몬슨이 콜카타에서
영국군과 함께 주둔한 조지 몬슨 대령을 따라와서 머물거나 식물을
수집한 곳이었다. 사실 몬스니아속 명명에는 린네가 몬슨(조지 말고 앤)
에게 보내는 편지 초안을 제외하면 전혀 눈에 띄는 점이 없다. 하지
만 이 편지에서 린네는 민망할 정도로 정열적이다.

> 내 오랫동안 열정을 억누르려 애써왔으나 도무지 채울 길
> 이 없고 이제는 불꽃이 되어 타오르고 있소. (…) 나는 지
> 금 한 여성에 대한 사랑으로 불타고 있으나, 그대의 남편
> 은 내가 그의 명예에 누를 끼치지 않는 한 나를 용서해야
> 하오. 아름다운 꽃을 보고 사랑에 빠지지 않을 이가 어디
> 있겠소. (…) 내 비록 그대의 얼굴을 본 적은 없으나 꿈속
> 에서 그대를 만나곤 하오. 내가 아는 한 자연은 그대와 같
> 은 여성을 또 만들어내지 못했소. 그대는 수많은 여성 중
> 에서도 불사조 같은 존재요. (…) 하지만 그대에 대한 내
> 사랑이 화답을 받을 수만 있다면 더할 나위 없이 행복할
> 것이오. 그리하여 한 가지 부탁을 하고 싶소. 그대와 함께

우리 사랑의 증인이 되어줄 작고 귀여운 딸을 낳도록 허
락해주시겠소? 귀여운 몬스니아, 이것으로 그대의 이름은
식물의 왕국에서 영원히 살아 숨 쉬게 될 것이오.[8]

린네가 이 편지를 보내지 않은 것으로 보아 금방 제정신으로 돌아
온 것 같다. 누군가는 린네가 무슨 의도로 이 편지를 썼는지 궁금해
한다. 그는 자신의 사랑이 순결함을 두 번이나 강조했고, 어린 딸의
"출산"이 비유라는 것도 사실이다(앤 부인에게 정말로 자신의 아기를 낳아달
라고 부탁한 것이 아니라, 식물 몬스니아를 말한 것). 의도는 순수했을지 모른
다. 하지만 18세기 산문의 다소 화려한 특징을 감안하더라도 그는
중의적 표현으로 너무 대놓고 마음을 드러냈다. 많은 몬스니아 종들
은 핑크빛으로 물든 꽃잎을 피우는데, 만약 이 편지가 완성되어 전
달되었다면 린네와 앤 몬슨의 얼굴이 틀림없이 그렇게 붉어졌을 것
이다.

나는 이 장의 시작 부분에서 학명에 새긴 사랑은 인간으로서 과
학자들이 지닌 최고의 선을 드러낸다고 썼다. 헤켈과 린네의 이야기
는 그다지 바람직한 예가 아닐지 모르지만, 사랑은 어쩔 수 없이 사
람을 어리석게 만든다. 그렇다면 좀 더 좋은 영감을 줄 수 있는 마
지막 예로 이 장을 마무리하자. 달팽이 아이기스타 디베르시파밀리
아*Aegista diversifamilia*는 2014년에 치 웨이 후앙과 동료들이 지은 이름
이다. 'diversifamilia'라는 종소명은 특정인을 지칭하는 것이 아니
라 모두에게 사랑할 자유가 있고 모두의 사랑이 동등하게 인정받아

야 한다는 생각을 나타낸다. 좀 더 구체적으로 말하면, 아이기스타 디베르시파밀리아라는 학명은 동성 결혼의 평등권을 지지하기 위해 지어진 이름이다('diversifamilia'는 라틴어로 '다양한 가족'이라는 뜻). 후앙의 신종 달팽이에게 이름이 필요했던 그때 마침 후앙의 고국인 대만에서 동성 결혼이 뜨겁게 논의되고 있었다(2017년에 대만 헌법재판소는 이성 결혼만 인정하는 법을 폐지했다. 입법부에 주어진 2년은 찬반의 시위들로 허비되었으나 2019년 5월, 시한을 불과 일주일 남기고 대만 입법부는 동성 결혼을 합법화하는 법안을 통과시켰다. 논쟁은 끝나지 않겠지만, 이것은 사랑의 승리다). 보도자료에서 아이기스타 디베르시파밀리아의 명명자들은 달팽이의 자웅동체 짝짓기는 인간과는 매우 다른 형태로서 이는 동물계에 존재하는 다양한 성적 성향과 관계를 상징한다고 설명했다. 이 종의 이름은 인간이라는 종 내에서 관계의 다양성을 상징한다.

보나파르트의 극락조 디필로데스 레스푸블리카처럼, 아이기스타 디베르시파밀리아도 비난을 받아왔다. 왜냐하면 이 학명은 우리가 비정치적이라고 믿고 싶은 과학 문헌이라는 채널을 통해 정치적 표현을 전달했기 때문이다. 그러나 그것은 과학적 결론이 아닌 하나의 이름에 불과하며, 자연 세계가 작동하는 방식이 아닌 인간 세계가 움직여야 하는 방식에 관한 서술이다. 사랑은 보편적이고 또 그래야 한다. 달팽이의 이름이 그것을 상기시킬 수 있다면, 그래야 마땅하다.

# 학명의 사각지대

The Indigenous Blind Spot

## 15장

사람 이름으로 명명된 학명은 역사, 생물학, 문화, 과학의 실행 과정에 관해 많은 것을 가르쳐준다. 각 학명은 과학, 또는 보다 보편적으로 사회에 공헌한 수많은 사람들을 기린다. 그러나 전반적으로 이 이름들이 영광을 받을 자격이 있는 사람들을 모두 대표한다고는 볼 수 없다. 다른 많은 것들에서와 마찬가지로 명명에서도 우리가 인간의 다양성 측면에서 명예를 분배하는 데 대단히 미숙하기 때문이다. 예를 들어 수많은 종이 빅토리아 시대의 영국 박물학자와 탐험가들을 위해 명명되었는데, 이들은 언제나 백인 남성, 즉 다윈, 베이츠, 월리스, 스프루스처럼 가문이라는 배경 특권을 지닌 사람들이었다. 이 패턴은 빅토리아 시대의 영국 밖으로 확장되어 훔볼트, 루드벡, 코프, 뷔퐁의 이름으로 종이 명명되었다. 백인 서양 남성의 목록은 수백 쪽에 걸쳐 계속된다.

대형 식물 속인 알로에속에서 최근에 집대성한 명명의 사례들을 구체적으로 살펴보자. 이 논문의 저자들은 알로에속에서 사람의 이름을 따서 명명된 종을 총 278종 기록했는데, 그중 87퍼센트가 남성, 그것도 백인 서양 남성의 이름에서 따왔다. 틀림없이 이것은 여성이 과학에 몸담을 기회가 오랫동안 배제되었고 많은 학명이 이러한 배제가 유난히 엄격했던 수십 년 또는 수백 년 전에 지어졌다는 사실을 반영한다. 그러나 그것이 당연하게 여겨지던 시기조차도 알로에속, 더 나아가 일반적인 명명 과정에는 분명한 집합적 오류가 있다. 다윈과 베이츠 같은 이들이 과학에 공헌하지 않았다는 말이 아니다. 그들은 받아야 할 것을 받았다. 다만 명예롭게 기려져야 할 사람이 이들뿐이라고 생각해서는 안 된다는 말이다.

명명에 인간의 다양성이 제대로 반영되지 못하는 현상은 토착민과 관련하여 특히 심각하다. 토착민의 이름이 붙은 종이 하나도 없는 것은 아니다. 조금만 부지런히 검색하면 수십 종 정도는 나올 것이다. 그러나 이 '수십'이라는 수는 학명으로 가득 채워진 양동이에 떨어진 물방울 하나에 불과하다.

물론 이 작은 물방울에서도 어떤 흥미로운 패턴을 볼 수 있다. 우선, 특정 토착민 개인보다는 토착 인종 자체를 기념하는 이름이 더 많은 것 같다. 예를 들어 길앞잡이 딱정벌레인 네오콜리리스 베다*Neocollyris vedda*와 알거미 아프루시아 베다흐*Aprusia veddah*는 스리랑카의 베다족*Vedda*을 위한 이름이고, 미세화석 케레브로스파이라 아낭구아이*Cerebrosphaera ananguae*는 오스트레일리아 남서부의 아낭구족*Anangu*을, 가위벌 호플리티스 파이우테*Hoplitis paiute*, 호플리티스 스호스호네*Hoplitis shoshone*, 호플리티스 주니*Hoplitis zuni*는 미국 남서부의 세 토착 민족을 위해 지어졌다. 전형적으로 이런 이름은 미국 오리건주의 엄프콰강에서만 발견되는 멸종위기 어류인 오레고닉티스 칼라와세티*Oregonicthys kalawatseti*처럼 해당 종이 거주하는 지역과 연관된 민족을 뜻한다. 이 학명은 칼라왓셋Kalawatset, 즉 쿠잇시Kuitsh 부족을 가리킨다. 칼라왓셋족은 엄프콰강 주변에서 살았는데, 1700년대 후반에서 1800년대 초에 유럽인 탐험가 및 정착민과 자주 불행한 접촉을 하게 되었다. 그것은 흔하고도 슬픈 이야기다. 유럽인과의 직접적인 물리적 충돌 외에도 이 부족은 유럽인이 가져온 질병과 정착민의 토지 사용으로 인한 대규모 환경 변화에 영향을 받았다. 1800년대 후반에 칼라왓셋인의 수는 크게 줄었고, 비록 후손이 남아 있기는 하지만 칼라왓셋 언어와 문화 대부분이 소실되었다. 그리고 바로 같은 오리건 경관 안에서 오레고닉티스 칼라와세티와 많은 종들이 같은 힘에 위협받는다. 오레고닉티스 칼라와세티의 명명자는 이렇게 표현했다. "한때 오리건에는 유럽 전체를 합친 것보다 더 많은 고유의 토착어를 가진 토착 민족들이 다양하게 존재했다. 칼라왓셋은 이 잃어버린 인간 다양성의 일부이며 이 명명은 이 민족들과 더불어 오리건 토종 민물고기 다양성이 줄어드는 현상을 예고한다."[1]

'개별' 토착민을 기리는 종의 이름은 어떤가? 여기에서 정말로 흥미로운 점을 찾을 수 있는데, 그런 이름들이 있긴 하지만 놀랄 정도로 다수가 황제, 왕, 왕비, 군 지도자를 지칭한다는 사실이다. 몇 가지 예를 들어보겠다.

- 나방 아다이나 아타후알파_Adaina atahualpa_와 개구리 텔마토비우스 아타후알파이_Telmatobius atahualpai_ : 잉카 제국 마지막 황제 아타우알파_Atahualpa_.

- 초파리 드로소필라 루미나후이이_Drosophila ruminahuii_ : 아타우알파가 사망한 후 마지막까지 스페인군에 저항했던 잉카 장군 루미냐후이_Rumiñahui_.

- 나비 파리데스 몬테주마_Parides montezuma_ : 아즈텍 제국 황제 몬테주마_Montezuma_.

- 물고기 크시포포루스 네자후알코이오틀_Xiphophorus nezahualcoyotl_ : 멕시코 텍스코코의 도시국가 알코후아 지배자 아콜미즈틀리 네자후알코이오틀_Acolmiztli Nezahualcoyotl_.

- 나비 바네사 타메아메아_Vanessa tameamea_ : 하와이 왕족 카메하메하_Kamehameha_. 음역 오류.

- 펠리컨거미 에리아우케니우스 안드리아마넬로_Eriauchenius andriamanelo_, 에리아우케니우스 안드리아남포이니메리나_Eriauchenius andrianampoinimerina_, 에리아우케니우스 라포히_Eriauchenius rafohy_, 에리아우케니우스 라나발로나_Eriauchenius ranavalona_, 에리아우케니우스 랑기타_Eriauchenius rangita_ : 마다가스카르 메리나 왕국의 두 명의 왕과 세 명의 왕비.

- 물고기 에테오스토마 테쿰세히_Etheostoma tecumsehi_ : 1800년대 초 미국군과 맞서 싸운 쇼니족 지도자이자 전사인 테쿰세_Tecumseh_.

이 목록을 보면 명명자들이 토착 문화의 왕족과 군 지도자에게 매료되었다는 인상을 받기 쉬운데 이것은 놀랄 일이 아니다. 서구문화에서도 마찬가지라 서양 왕족의 이름을 딴 학명들도 있다. 그 친숙한 예가 빅토리아연꽃 빅토리아 아마조니카*Victoria amazonica*로, 떠 있는 잎의 지름이 3미터나 되는 대형 식물이다. 그러나 토착 민족의 경우든 아니든, 황제나 장군의 목록으로 볼 수 있는 인간 역사와 문화의 창은 매우 제한적이다. 이런 관점에서 뱀 게오피스 후아레지*Geophis juarezi*는 참신한 사례다. 이 학명은 멕시코 최초의 원주민 출신 대통령 베니토 후아레스*Benito Juarez*를 기린다. 후아레스는 사포텍*Zapotec* 문명의 유산이었고, 1861년에 선출되어 1872년에 사망할 때까지 대통령직을 수행하는 동안 논란이 없었던 것은 아니지만, 대체로 멕시코 원주민의 권리를 증진한 개혁가로 기억되고 있다.

황제, 여왕, 대통령은 (적어도 직접적으로는) 과학과 별 상관이 없는 사람들이다. 나는 이 장을 사람 이름을 따서 지은 학명 중에서 다윈, 베이츠, 코프, 뷔퐁과 같은 서양 박물학자가 차지하는 빈도를 언급하며 시작했다. 그렇다면 과학에 이와 비슷하게 이바지한 토착민의 이름을 딴 명명은 어느 정도일까? 그들의 이름을 딴 학명 자체도 드물지만, 과학에 힘쓴 사람들의 이름이 기록된 경우는 전무한 실정이다. 거기에는 크게 두 가지 이유가 있다. 가장 두드러지는 것은 유럽 식민주의 유산의 하나로 과학 분야, 실제로는 좀 더 광범위하게 전반적인 교육과 사회로부터 토착민을 배제한 길고도 유감스러운 역사다. 토착 원주민은 종의 명명을 통해 과학에 공헌할 기회를 얻지 못했다(이것은 이 책에서 다 다룰 수 없는 광범위한 주제다). 둘째로, 토착민이 배제되어온 것도 사실이지만 실제로 우리는 그들이 '이바지한' 바를 제대로 인정하지도 않았다. 그들은 신종 발견에 오랫동안 공헌해왔지만, 우리의 교과서에는 실리지 않는 경향이 있다.

서양의 탐험과 식민 시대, 특히 18, 19세기에는 지구 생물다양성에 대한 과학 지식이 엄청나게 발전했다(동시에 이 시대에 많은 토착 사회가 조국이 식민지화되면서 겪는 방대하고 광범위한 인간의 고통을 보았다). 이 시대의 과학 발전은 두 종류의 세계적인 움직임으로 설명할 수 있다. 첫째로 바다 건너 원정으로 인해 유럽과 북아메리카의 박물관, 식물원, 동물원에 표본들이 쇄도했다는 것, 둘째로 서양식 연구가 가능해진 새로운 세계로의 탐험성 원정에 합류한 수집가와 박물학자가 넘쳐났다는 것이다. 이들 중 일부는 이제 잊혔지만(10장에서 보았던 로버트 타이틀러 대령처럼), 누구나 아는 이름이 된 다윈 같은 사람들도 있다. 그러나 이들 중 홀로 행동한 사람은, 설혹 있더라도 극히 드물다. 탐험과 수집 여행에는 토착민 가이드, 야외 조수, 그 밖에 여러 노동자가 있었고 이들이 기여한 바는 결코 무시할 수 없다. 이들이 없었다면 많은 탐험이 비참한 실패로 끝났을 것이다. 예를 들어 역사학자 존 반 위헤가 최근에 조사한 바에 따르면, 앨프리드 러셀 월리스의 유명한 말레이군도 원정에는 1,000명에 달하는 현지인들이 조수로 참여했다. 서양 최고의 박물학자들은 토착민들이 지역 동식물상에 대한 대단히 귀한 정보원임을 깨달았다. 특히 사냥꾼, 수집가, 치유가는 그 지역에 사는 종의 생태와 행동에 관한 지식은 물론이고 그것을 언제 어디서 찾아 표본을 얻을 수 있는지에 대한 구체적인 지식을 겸비했다. 동물상과 식물상에 관한 지식을 조직하는 토착민들의 개념체계는 정교하고, 이후의 생물다양성에 대한 과학적 분석에도 놀랄 만큼 잘 매치되는 경향이 있다. 이 모든 이유로 서양 과학이 보고한 많은 신종들은 토착민의 도움이 없었다면 '발견'되지 않았을 것이다.

그러나 토착민의 공헌은 종종 무시되거나 적어도 강조되지 않는다. 예를 들어 종에 대한 토착 부족들의 전통 지식은 '민속 분류학'이라는 무시하는 어감의 꼬리표를 받는다. 이는 서구 과학자들 사이에서 토착 전통 지식—또는 아마도 토착 과학이라고 불러야 할—에 대해 널리 퍼진 부끄러운 태도 중 일부일 뿐이다. 토착민들의 지혜는 입증되지 않았고 근거가 될 공식적인 자료가 부족하다는 이유로 종종 묵살된다. 토착민 세계에서 수천 년간 알고 지낸 익숙한 사실을 '새로운' 과학 발견이라며 떠들썩하게 보고하는 일이 드물지 않음에도 불구하고 말이다.

지구 생물다양성을 이해하는 데 토착민들이 공헌한 바는 극소수의 학명으로만 인정받는다. 프랑스 조류학자 프랑수아 르바양은 남아프리카뻐꾸기의 이름을 자신의 코이족 가이드이자 수레를 몰았던 수레꾼 클라스Klaas의 이름을 따서 지었다. 르바양은 그를 형제라고 칭송하고 예의 화려한 필체로 "자비로운 클라스, 자연의 어린 제자, 그의 고결한 정신은 우리의 격조 높은 제도에도 결코 타락하지 않았다"라고 설명했다.[2] 하지만 더 정확히 말하면 그는 클라스를 위해 뻐꾸기의 이름을 짓다 말았다. 1700년대 후반에 주로 활동한 르바양은 린네식 명명 체계에 대항한 마지막 저항 세력 중 하나였다. 신종을 기재할 때(그는 많은 신종을 기재했는데), 그는 오직 일반명—이 경우는 '클라스의 뻐꾸기'—만 주었다. 20년이 지나 공식적으로 신종을 기재하고 쿠쿨루스 클라아스*Cuculus klaas*(현재는 '*Chrysococcyx klaas*')라는 유효한 학명을 부여한 것은 영국 동물학자 제임스 프랜시스 스티븐스다.

르바양의 명명은 내가 찾을 수 있는 한 토착민의 이름을 명명에 사용한 최초의 사례였지만, 탐험과 종 발견의 식민지 시대에서 몇 개의 사례를 더 발견했다. 영국 조류학자 에드거 레오폴드 레이어드는 "그 인내와 참을성에 최고의 새들을 빚진, 오래 정든 하인 무투Muttu"의 이름을 따서 스리랑카 솔딱새의 이름을 부탈리스 무투이 *Butalis muttui*(현재는 '*Muscicapa muttui*')라고 지었다.[3] 이와 비슷하게 독일 식물학자 폴 아세르슨과 게오르그 슈바인푸어트는 "가장 믿음직한 친구"이자 여행의 동반자였던 케냐인 모하메드 아브데스 쌈마디 Mohammed Abd-es-Ssammâdi를 기념하며 아프리카에 분포하는 버드나뭇과 식물을 호말리움 아브데삼마디이*Homalium abdessammadii*라고 명명했다(케나의 정착, 재정착, 이주, 식민지화의 복잡한 유럽 이전 역사와 함께, 아브데스 쌈마디가 토착민인지에 대한 논란이 있다).

좀 더 친숙한 이름을 찾자면, 쇼숀족 여성 사카가위아Sacagawea가 있다. 그녀는 미국 북서부를 가로지르는 유명한 루이스-클라크 탐험(1804~1806)에 통역관, 가이드, 박물학자로 동반했다. 무엇보다도 사카가위아는 탐험대가 수치 양초를 먹고, 타고 다니던 말을 잡아먹을 정도로 힘겨웠던 산악 횡단 중에 캐머스 뿌리를 식량원으로 찾아낸 공이 있다(캐머스의 라틴명인 '*Camassia quamash*'는 클라크가 이 식물의 니미푸팀트Niimi'ipuutímt식 이름에 대해 적은 기록에서 왔다). 루이스-클라크 탐험대는 2년 뒤에 풍부한 자연사 관찰과 표본(최소한 94종의 식물 신종을 포함해)을 들고 돌아왔고, 적어도 다음 네 종이 사카가위아의 이름을 갖고 있다. 밑들이*Brachypanorpa sacajawea*, 각다귀*Tipula sacajawea*, 꽃등에*Chalcosyrphus sacawajeae*, 비터루트*Lewisia sacajaweana*. 이 중에서도 마지막 식물이 흥미롭다. 이 비터루트는 루이스의 이름을 가진 루이시아속에 속하고, 루이시아속의 19종 전부가 북아메리카 서부에서 토착민들이 수확하는 크고 먹을 수 있는 뿌리가 있다. 레비시아 사카야베아나*Lewisia sacajaweana*는 좋은 이름이지만 완벽하지는 않은데, 아이다호주 중앙에 서식하는 흔치 않은 고유종으로 사카가위아가 본 적이 없는 식물일 것이기 때문이다. 그러나 사카가위아도 그 속genus은 알았을 것이다.

식민지 개척 시대에 사카가위아 및 토착민의 이름을 딴 명명은 달콤 씁쓸한 면이 있다. 신종 발견에 진정으로 이바지한 개인들을 기렸지만, 동시에 과학의 중요한 역할에서는 토착민을 배제해 그들이 보조적인 존재에 머물렀음을 나타내기 때문이다. 다행히 아주 천천히—너무 느리긴 하지만—그 벽에 균열이 가기 시작했다. 내가 이사벨라 애벗Isabella Abbott의 이름을 딴 해조류를 보고 기뻐한 이유가 여기에 있다. 애벗은 1950년에 과학 분야로 박사학위를 받은 최초의 하와이 토착민 여성으로, 열대 태평양에 서식하는 해조류의 세계적인 전문가가 되었다. 애벗은 오랫동안 뛰어난 경력을 쌓으면서 200종 이상의 신종 해조류를 발견하고 명명했고, 식물학과 해양학에 대한 하와이 전통 지식에 관해 폭넓게 글을 썼으며, 이 두 주제를 사랑한 학생들을 수 세대에 걸쳐 가르쳤다. 애벗은 동료 조류학자들로부터 깊이 존경받았고, 이들은 새로 발견된 해조류에 여러 차례 그녀의 이름을 붙였다. '애벗의' 해조류에는 피로피아 애버티아이 *Pyropia abbottiae*, 다시아 애버티아나 *Dasya abbottiana*, 우도테아 애버티오룸 *Udotea abbottiorum*, 피도드리스 이사벨라이 *Phydodris isabellae*, 리아고라 이지아이 *Liagora izziae*, 애버텔라속 *Abbottella*, 이사보티아속 *Isabbottia*, 이지엘라속 *Izziella*이 있다. 이 중에서도 이지엘라속은 최초로 기재된 종이 이지엘라 애버타이 *Izziella abbottae*로, 이사벨라('Izzie') 애벗을 속명과 종소명에서 모두 기념한다(이 이름은 실망스럽게도 이제 '*Izziella orientalis*'의 이명으로 여겨진다). 많은 이사벨라 애벗들이 자신의 능력을 과학에서 발휘할 기회가 더 많이 필요하다. 이들을 포용한다면 과학은 더 강화될 것이다.

　지금까지 두 가지 문제가 있었다. 과학계에 받아들여진 토착민의 수가 너무 적고, 또 받아들여진다 하더라도 그들이 과학에 기여한 부분이 제대로 인정되지 않았다는 점이다. 그러나 우리는 지금까지 약 100만 종에게 이름을 주었고, 앞으로 적어도 수백만 개가 더 있을 것이다. 저 이름 없는 종들은 기회를 나타낸다. 그리고 우리는 그 신종들을 통해 토착민들의 다양한 기여를 인정할 수 있다. 좀 더 폭넓은 다양성을 가진 동명의 학명을 짓고, 명예를 기릴 자격이 있는 후보들에 대해 애써 배워야 한다. 분명 그들은 존재한다.

　그러나 주의할 사항이 있다. 성급하게 토착민의 이름으로 신종을 명명하기 전에 해당 토착 문화를 존중하고 신중하게 임해야 한다. 이런 방식의 명명을 원래의 의도대로 명예롭게 받아들여 환영하는 토착 공동체도 있겠지만, 적어도 두 가지 이유로 다른 반응을 보이는 토착 민족도 있을 것이다. 첫째, 서양인들의 원정에 협조한 그 토착민들은 (분명 자기도 모르게) 제 민족에 크나큰 고통과 아픔을 가져온 식민지화에 일조한 것이나 다름없다. 예를 들어 루이스-클라크 탐

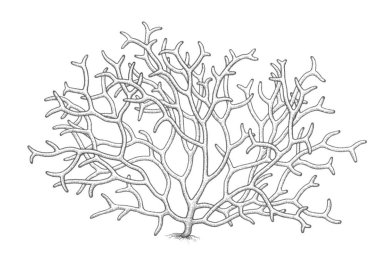

**이사벨라 애벗의 홍조류** *Izziella abbottae*

험은 처음부터 미국 서부의 토착민 사회를 붕괴시켜 축출할 목적으로 행해진 것은 아니었겠지만, 그로 인해 얻은 정보와 지식이 그러한 결과에 기여했다는 점은 의심할 여지가 없다. 사카가위아의 이름을 딴 명명은 그녀의 공헌을 기리려는 의도였지만, 어떤 토착 공동체에서는 그녀를 식민지화에 협력한 배신자로 본다는 것도 납득이 가는 일이다. 둘째, 생물종이나 산, 건물 등의 이름으로 누군가를 기린다는 발상은 서구 문화에서는 거리낌 없이 받아들여지지만, 그것을 보편적인 문화 관습으로 기대해서는 안 된다. 예를 들어 북아메리카 서부의 토착민들에게는 사람 이름으로 장소 이름을 짓는 일이 전통적이지 않다. 그들은 오히려 반대로 장소 이름으로 사람 이름을 짓는다. 따라서 그들이 종 이름에 대해서도 비슷하게 생각한다면, 그들의 이름으로 명명된 종은 감사보다는 곤혹에 직면할지 모른다.

다른 토착 문화권에서는, 이름의 힘에 관한 전통적인 관념으로 인해 사람 이름을 생물종에 붙인다는 것이 무례하거나 위협으로 보일 수도 있다. 예를 들어 주디 위키 파파가 인터뷰한 뉴질랜드 마오리족은 마오리족 언어로 신종의 이름을 짓는 것은 환영했지만, 사람 이름으로 명명하는 방식에는 반발했다. 한 마오리족 사람은 조상의 이름에 대하여 이런 식으로 표현했다. "그것은 조상들에게 속한 이름이다. 그 안에 명예가 들어 있고 그 이름으로 사람들 사이에서 인식된다."[4] 마오리족에게 이름이란 단지 사람을 식별하는 수단이 아니다. 삶과 계보를 말하고, 지식을 전달하고, 서로 연결된 우주 안에서 그 사람의 자리를 나타낸다. 따라서 누군가의 이름을 함부로 사용한다는 것은 모욕이 될 수 있다. 많은 오스트레일리아 토착 공동체에서는 훨씬 강하게 반발하는데, 세상을 떠난 지 얼마 안 되는 망자의 이름을 말하거나 쓰는 것을 금지하는 문화적 관습 때문이다. 망자의 이름을 기피하는 기간이나 정도는 공동체마다 다르지만, 명명의 결과는 빤하다. 하지만 이것조차 지나치게 단순화한 것이다. 토착 공동체 안에서도 서구 사회처럼 다양한 의견을 기대해야 한다. 즉 사람 이름을 딴 명명을 어떤 이들은 환영하고 어떤 이들은 불쾌하게 생각할 거라는 뜻이다. 따라서 상대를 존중하고 배려하여 자제한 것이 아마도 생물종에 토착민의 이름이 많지 않은 세 번째 이유일 수 있다고 생각한다. 이는 과학을 더 나은 빛으로 그려내겠지만, 나는 거기에 회의적이다. 일부 토착 문화에는 해당할지 모르나 전반적인 현상을 설명하지는 못하기 때문이다.

어쩌면 내가 지금 과학을 궁지로 몰아넣는 것처럼 보일지도 모르겠다. 학명에 서양인의 이름만 고집하는 것은 식민주의적 태도를 영속하는 행위이지만, 그렇다고 토착민 이름으로 명명하려면 문화 침해라는 위험을 감수해야 하기 때문이다. 이런 복잡한 문제를 어떻게 해결할 수 있을까? 그렇다고 토착민 이름의 학명을 모두 포기한다면 과학 및 기록된 과학사에서 소외된 사람(그리고 민족)을 인지할 기회를 희생하게 될 것이다. 그렇다면 토착민 이름으로 신종을 명명하려는 사람은 해당 공동체 일원과 상의하는 것이 바람직하겠다. 상의할 대상은 이름으로 기념될 당사자일 수도 있고, 그 사람의 후손 또는 조언을 해줄 수 있는 공동체의 지도자나 어른이 될 수도 있다. 데이비드 셸던과 리처드 레셴이 좋은 선례를 남겼다. 이들은 2012년에 뉴질랜드에서 여섯 종의 신종 딱정벌레에 마오리어를 어원으로 하는 이름을 지어주었는데(이 경우 사람의 이름을 딴 명명은 없었다), 그 딱정벌레들이 발견된 지역의 마오리족과 먼저 협의를 거쳤다. 모든 공동체는 저마다의 견해가 있으므로 협의를 했다고 해서 상대가 모욕을 느끼지 않을 거라고 확신할 수는 없다. 어쨌든 세상에 누구도 불쾌하게 여기지 않을 거라고 보장할 수 있는 행동은 없으니까 말이다. 그러나 상의를 한다는 것 자체가 존경의 표시이며, 이름을 주는 것이 명예로 여겨질 가능성을 높인다.

이지엘라 애버타이를 비롯한 이사벨라 애벗의 해조류는 하나의 봉화가 되어 과학자들이 견해가 다른 문화를 존중하면서도 토착민 이름을 포함하는 학명으로 명명을 다양화할 수 있음을 보여준다. 이지엘라는 모두가 크게 매력을 느끼는 종은 아니다. 아주 작고 가는 막대기처럼 생긴, 무명에 가까운 해초에 불과하니까 말이다. 그러나 그것은 이사벨라 애벗이 사랑했고 많은 과학적 사실을 밝혀낸 분류군이기도 하다. 따라서 이 이름은 매우 적절한 찬사다. 이지엘라라는 명명으로(설사 이와 같은 명명이 수천 번 더 있다 해도) 세계의 후기식민주의 문제를 해결하지는 못하겠지만, 이런 작은 발걸음도 앞으로 나아가는 데 보탬이 될 것이다.

# 해리 포터와 종 이름

Harry Potter and
the Name of the Species

## 16장

말벌은 일반적으로 평판이 안 좋다. 말포이 가문도 그렇다.

　말벌은 벌, 잎벌과 함께 벌목에 속하는 곤충으로 현재까지 15만 종 이상이 기재, 명명되었으며 그만큼이 더 발견을 기다리는 엄청나게 크고 다양한 분류군이다. 말벌은 매력적이고 아름답지만, 사람들이 좋아하는 곤충 목록에는 이름을 올리지 못하는 편이다. 많은 사람들이 생각하는 '말벌'의 이미지는, 나들이 나갔다가 괴롭힘을 당했거나 지붕 홈통 또는 배수로를 청소하다 쏘인 기억, 또는 이 공격적인 무단 거주자들로 인해 베란다에서 쫓겨난 경험이 주를 이룬다. 사실 대부분의 말벌들은 이런 일에 전혀 관여하지 않지만, 사랑스럽지 않은 일면이 있는 것도 사실이다. 대부분 말벌은 '포식성 기생체'다. 말벌 성충은 대개 크기가 더 작은 다른 곤충의 몸 표면이나 몸속에 알을 낳고, 알에서 깨어난 유충은 이 불운한 숙주의 살아 있는 몸 안에서 먹고 자란다. 기생체를 몸에 들인 곤충은 자신에게 닥칠 재앙을 알지 못한 채 정상적인 생활을 하기도 하고, 또는 말벌 유충에 의해 행동을 조종당해 유충을 먹여 살리려고 더 오래, 더 많이 먹는다. 숙주는 대부분 죽는다. 공포 영화에나 나올 법한 순간이 찾아오면, 대개 이 숙주는 잘 성장한 말벌이 쓸모를 잃은 자신의 몸을 뚫고 하늘로 비상하면서 죽는다. 말벌의 평판이 나쁜 것도 당연하다.

토머스 사운더스와 대런 워드가 뉴질랜드에서 포식성 말벌 신종을 발표한 것은 이런 배경에서다. 마침 이 신종은 루시우스속*Lusius*에 속했으므로 이들은 이 말벌에 루시우스 말포이이*Lusius malfoyi*라고 이름 지을 기회를 잡았다. 루시우스 말포이*Lucius Malfoy*는 소설《해리 포터》시리즈에 나오는 등장인물이므로 이 이름에는 말장난과 이 사랑받는 책에 대한 언급이 동시에 들어 있다. 루시우스는 이 시리즈에서 사악한 볼드모트 경의 '죽음을 먹는 자들'의 일원으로서 선과 충돌하는 악역을 맡았다. 하지만 그의 성격은 흥미롭고 복잡하다. 제1차 마법사 전쟁 이후 루시우스는 마법에 걸려 볼드모트에 대한 충성을 강요당했다고 주장한다(비록 진실성은 명확하지 않지만). 호그와트 전투가 절정에 이를 무렵, 볼드모트는 루시우스를 포기하다시피 했고, 이후 루시우스는 다소 모호한 역할을 맡아 선이나 악의 소명보다 아내와 자식에 대한 사랑으로 움직이는 모습을 보였다. 사운더스와 워드는 말벌을 루시우스 말포이처럼 맥락으로 이해해야 한다고 제안한다. 인간을 성가시게 하거나 경제적인 해를 끼치는 말벌은 극소수에 불과하고, 대부분은 해충을 통제하는 이로운 역할을 맡는다. 모든 생물은 자연선택에 의해 진화했는데, 자연선택은 선이나 악을 따지지 않고 개체의 자손을 돌보는 방식으로 작용한다. 루시우스 말포이도 포식성 기생체지만, 지금껏 성충만 수집되어 어떤 숙주를 공격하는지는 알려지지 않았다. 인간 루시우스 말포이처럼 말벌 루시우스 말포이이는 우리에게 (아직) 알려지지 않은 자연의 더 큰 청소동물 역할을 한다.

소설 속 가상의 등장인물 이름을 가진 종은 루시우스 말포이이뿐만이 아니다. 사실《해리 포터》의 등장인물 이름을 가진 종이 더 있다. 예를 들어 갑각류 해리플락스 세베루스*Harryplax severus*는 이중으로 이 책을 언급한다. 해리플락스라는 속은 이 표본의 수집가인 해리 콘리Harry Conley를 기념하기 위해 지어졌지만, "희귀하고 흥미로운 생물을 마치 마법이라도 쓴 것처럼 발견하는 콘리의 신기한 능력"을 통해 더 유명한 해리(포터)를 암시한다.[1] 또한 종소명인 세베루스는 세베루스 스네이프Severus Snape를 뜻하는데, 그는 일곱 권의 시리즈 내내 속내와 뒷이야기가 감춰져 있다가 클라이맥스에서 정체가 밝혀지는 마법사이자 호그와트 교수다. 명명자의 말에 따르면, 이는 표본이 처음 수집된 후 20년이나 기재되지 못했던 이 게의 상황과도 비슷하다. 루시우스 말포이이의 어원적 형제 중에는 아라고그Aragog의 이름을 딴 적어도 3종의 거미도 있다. 아라고그는 호그와트 사냥터지기 루베우스 해그리드Rubeus Hagrid가 키우던 대형 거미다. 각각의 이름은 오키로케라 아라고궤*Ochyrocera araguaue*, 리코사 아라고기*Lycosa aragogi*, 아나메 아라고그*Aname aragog*이고, 다행히 이 중에 해그리드의 아라고그처럼 실제로 다리 길이가 5미터에 이르는 종은 없다. 마지막으로 네 번째 거미는 아주 놀랍고 멋진 종이다. 이 종은 호그와트 마

법학교 설립자인 네 명의 마법사 중 고드릭 그리핀도르Godric Gryffindor
의 이름을 따서 에리오빅시아 그리핀도리Eriovixia gryffindori라고 명명되
었다. 왜 거미 이름이 그린핀도르인가? 네 명의 마법사는 그리핀도
르의 모자에 마법을 걸고 호그와트 신입생이 머물 기숙사를 배정하
게 했다. 책에서 이 모자는 "뾰족한 마법사의 모자 (…) 여기저기 기
워지고 닳았고 극도로 더럽다"라고만 묘사된다. 그러나 영화 속에서
는 끝이 구부러진 원뿔 모양에 회색과 갈색의 모자로 등장하는데,
바로 이 거미의 생김새와 영락없이 똑같다. 이런 특징 덕분에 이 거
미는 말려 올라간 마른 잎처럼 위장할 수 있다. 이 거미를 에리오빅
시아 그리핀도리라고 명명한 과학자들은 이렇게 설명했다. "이 독특
한 생김새의 거미는 아주 멋진 (…) (가상의) 중세 마법사 고드릭 그리
핀도르가 소유했던 기숙사 배정 모자에서 유래한다. (…) 탁월한 문
장가인 J. K. 롤링 여사의 강력한 상상력에서 가지를 뻗은 것이다. 마
법의 상실과 되찾음에 부치는 저자들의 송시다."[2] 실제로 잃어버린
마법은 다시 돌아왔다.《해리 포터》는 놀랄 만큼 창의적이고, 수많
은 세월 동안 쓰여진 그 어떤 책보다 독서의 마법으로 아이들을 끌
어들였기 때문이다.

　모두 예상했겠지만,《해리 포터》는 빙산의 일각에 불과하다. 다
른 최근의 예 중에, 심해 벌레 두 속이 조지 R. R. 마틴의《얼음과 불
의 노래A Song of Ice and Fire》시리즈에 나오는 등장인물 아리아 스타
크Arya Stark와 마구간 소년 호도르Hodor의 이름을 따서 각각 아비사
리아속Abyssarya(여기에는 '심해'라는 뜻의 'abyss'가 추가되었는데, 이 표본이 태평

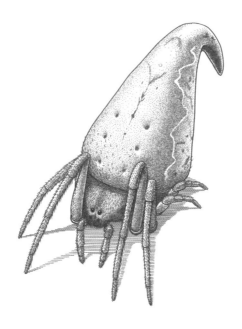

**그리핀도르의 모자 거미** *Eriovixia gryffindori*

양 4킬로미터 깊이에서 채집되었기 때문이다)과 호도르속*Hodor*이라고 지어
졌다. 일곱 개의 말벌 종이 같은 시리즈에서 이름을 얻었다. 라일리
우스 아리니*Laelius arryni*, 라일리우스 바라테오니*L. baratheoni*, 라일리우
스 란니스테리*L. lannisteri*, 라일리우스 마르텔리*L. martelli*, 라일리우스 타
르가리예니*L. targaryeni*, 라일리우스 툴리이*L. tullyi*, 라일리우스 스타키
*L. starki*는 소설 속 웨스테로스의 일곱 가문을 나타낸다. 케냐의 한 수
초는 패트릭 오브라이언의 《마스터 앤드 커맨더*Master and Commander*》

에 등장하는 스티븐 마투린Stephen Maturin 박사의 이름을 따서 레데르 만니엘라 마투리니아나*Ledermanniella maturiniana*라는 이름을 가졌다. 마 투린은 뛰어난 박물학자지만 수시로 배에서 떨어지는 어리숙한 선 원인데, 이 식물의 자연 서식처 역시 빈번하게 물에 잠긴다. 독자 의 취향이 판타지 유머 쪽에 가깝다면 딱 맞는 말벌 집단이 있다. 말 벌 알레이오데스속*Aleiodes*의 179개 신종을 기재한 논문에는 테리 프 래챗의《디스크월드Discworld》시리즈에 나오는 등장인물 이름 34개 가 들어 있다. 이 말벌들은 숙주에 치명적인 포식성 기생체이므로 이 중에서 9종(*Aleiodes tmaliaae, A. teatimei, A. selachii, A. pteppicymoni, A. prillae, A. nivori, A. flannelfooti, A. downeyi, A. deathi*)이 이 책에 나오 는 암살자 길드 회원의 이름을 따서 명명된 것도 그럴듯하다. 하지 만 분류학자들이 대중적인 장르 소설만 읽는다고 오해할까 싶어 이 목록에 사슴벌레붙이 오일레우스 가스파릴로미*Oileus gasparilomi*와 메기 이투글라니스 마쿠나이마*Ituglanis macunaima*를 덧붙이겠다. 오일레우스 가스파릴로미는 노벨상 수상자 미겔 앙헬 아스투리아스가 쓴《옥수 수 인간Hombres de maíz》의 영웅 가스파르 일롬Gaspar Ilom의 이름을, 메 기 이투글라니스 마쿠나이마는 브라질 작가 마리우 지안드라지의 소설《마쿠나이마Macunaíma》속 동명의 영웅 이름을 딴 것이다.

물론 가상 인물이 소설에서만 오는 건 아니다. 만화 속 등장인 물의 이름을 딴 종들도 있다. 바구미 트리고놉테루스 아스테릭스 *Trigonopterus asterix*, 트리고놉테루스 이데픽스*T. idefix*, 트리고놉테루스 오 벨릭스*T. obelix*는 르네 고시니와 알베르트 우데르조의 만화《아스테릭스》에 나오는 세 명의 주인공 이름에서 왔다. 삼엽충 한 솔로 *Han solo*(〈스타워즈〉), 말벌 폴레미스투스 츄바카 *Polemistus chewbacca*(〈스타워즈〉), 스펀지 같은 곰팡이 스퐁기포르마 스퀘어팬치이 *Spongiforma squarepantsii*(TV 만화 〈네모바지 스폰지밥〉)를 포함해 영화나 텔레비전에 등장하는 이름을 딴 종도 수십 개가 넘는다. 1960년대 라디오 등장인물에 기반한 이름이 유난히 흥미롭다. 남세균 칼로카이테 침르마니이 *Calochaete cimrmanii*는 2014년 세 명의 체코 과학자들이 가공의 체코 박식가인 자라 침르만 *Jara Cimrman* 을 기념하기 위해 지었다. 침르만은 라디오 시리즈 〈무알코올 와인바 우 파보우카 *Nealkoholicka vinárna U Pavouka*〉에서 처음 소개되었지만, 이후 체코 문화 어디서나 나타나는 존재가 되었다. 침르만은 제1차 세계대전 이전에 살았던 인물로 세계적으로 문학, 예술, 과학, 스포츠에 깜짝 놀랄 만큼 다양한 공헌을 한 것으로 묘사된다. 안톤 체호프에게 그의 유명한 희곡《세 자매》에 두 명이 아니라 세 명의 자매가 필요하다고 확신시킨 장본인이자 스위스에서는 산과학產科學을 개척했고, 북극에 도달한 최초의 인간이 될 기회를 7미터 앞에 둔 적도 있는 인물로 나온다. 피에르 퀴리와 마리 퀴리에게 역청 우라늄광을 가져다주어 라듐을 발견하게 했고, 본인은 요구르트를 발명했다. 세균에 붙여진 그의 이름은, 과학이 그가 이룬 놀라운 성취(비록 지어낸 것이지만)에 대한 소문을 널리 퍼뜨리기 위해 할 수 있는 최소한의 장치일 것이다.

유명인사의 이름처럼, 인기 있는 소설에서 영감을 받은 학명들은 종종 짧지만 숨가쁜 언론의 주목을 받는다. 예를 들어 CNN에서 특

집으로 보도한 "2018년 10대 신종"에서 등이 굽은 남극 갑각류 에피메리아 콰지모도_Epimeria quasimodo_(《노트르담의 꼽추》의 등장인물에서 딴 학명-옮긴이)가 다루어졌다. 앞에서 말한《해리 포터》의 기숙사 배정 모자 거미는 전 세계적으로 신문과 텔레비전을 뒤덮었다. 소설에서 기원한 종명이 최근의 유행이라고 생각하기 쉽지만, 실은 과학계에서 꽤 오래된 전통이다.《해리 포터》와《디스크월드》의 등장인물들로 학명을 짓기 한 세대 전에, 분류학자들이 이미 더글러스 애덤스의《은하수를 여행하는 히치하이커를 위한 안내서》등장인물들을 학명으로 발굴한 것이 그 좋은 예다. 피오르에 서식하는 심해 물고기의 학명 피오르딕티스 슬라티바트패스티_Fiordichthys slartibartfasti_는, 이 소설에서 노르웨이 피오르에 관한 업적으로 상을 받은 행성 디자이너 슬라티바트패스트_Slartibartfast_의 이름을 땄다. 또 다른 물고기 베도라치 비데닉티스 비블브락시_Bidenichthys beeblebroxi_도 같은 소설에서 머리가 둘인 인물인 자포드 비블브락스_Zaphod Beeblebrox_의 이름을 땄다. 그보다 앞선 세대에게는 J. R. R. 톨킨의《반지의 제왕》이 있었다. 말벌이 여기서 다시 나오는데 톨킨의 난쟁이를 위한 속으로 발리니아_Balinia_, 보푸리아_Bofuria_, 두리니아_Durinia_, 드발리니아_Dvalinia_, 기믈리아_Gimlia_, 오이니아_Oinia_가 있다. 모두 1970년대 후반에 칼 요한 헤드퀴비스트가 일련의 논문을 통해 발표했다. 톨킨의 영웅과 악당의 이름을 딴 종들도 있다. 바구미에 속한 3종인 마크로스티플루스 프로도_Macrostyphlus frodo_, 마크로스티플루스 빌보_M. bilbo_, 마크로스티플루스 간달프_M. gandalf_가 그것이다. 한편 골룸_Gollum_은 상어의 한 속이다. 그리고 늪에

사는 물고기로 눈이 커다란 갈락시아스 골루모이데스*Galaxias gollumoides*
처럼 잘 지은 이름도 없을 것이다. 소설가 존 스타인벡과 블라디미
르 나보코프, 마크 트웨인, 레프 톨스토이, 러디어드 키플링, 찰스 디
킨스, 브론테 자매에서 이름을 빌린 학명들도 있다. 그러나 사실 이
관례의 뿌리는 훨씬 더 깊어, 린네에서부터 시작되었다.

　린네는《자연의 체계》에서 1만 종도 넘는 동식물에 이름을 주
었다. 이렇게 많은 이름을 짓기 위해 그는 영감의 그물을 넓게 던
졌다. 린네는 주로 생물의 형태를 기재하거나(빨간 단풍이라는 뜻의
*Acer rubrum*), 생물이 분포하는 지역(캐나다 미역취라는 뜻의 *Solidago
canadensis*)을 이름으로 사용했다. 다른 식물학자를 기념하거나(올로
프 루드벡을 위한 *Rudbeckia*), 모욕하기도 했다(요한 지게스베크의 이름을 딴
*Sigesbeckia*). 또한 린네는 픽션, 더 구체적으로 말해 고대 그리스와 로
마의 시와 신화를 파고들었다. 린네가 지은 속명에는 명확한 것에
서부터 모호한 것까지 전체를 아우르는 암시가 있다. 조개류인 비
너스속*Venus*이나 어류인 제우스속*Zeus* 같은 것들은 아주 명확하지
만, 현대인으로서는 아주 익숙하면서도 고전에 나오는 이름임을 미
처 몰랐던 것들도 있다. 난초 아레투사*Arethusa*, 수선화과의 아마릴리
스*Amaryllis*, 아이리스*Iris*가 바로 어느 정원에서나 꽃을 피우면서도 신
화적 기원을 숨겨온 것들이다(아레투사는 네레우스와 도리스 사이에서 태어
난 50명의 바다 님프들 중 하나고, 아마릴리스는 베르길리우스의《목가집*Eclogues*》
에 나오는 여자 양치기다. 아이리스는 무지개 여신이자 신들의 정령이다).《자연의
체계》에서 이런 이름들은 생명의 나무 곳곳에 흩어져 있다. 그러나 일

부 나뭇가지, 특히 나비와 나방의 가지에는 좀 더 무겁게 실려 있다.

《자연의 체계》 제10판에서 린네는 544종의 나비와 나방에게 이름을 주었다. 그는 나비 193종을 모두 파필리오속 *Papilio*에, 박각시 39종을 스핑크스속 *Sphinx*에, 그리고 나머지 312개의 각종 나방들을 통제하기 힘든 팔라이나속 *Phalaena*에 포함시켰다. 사실 린네는 운이 좋았다. 고작 544종의 나비목 곤충만 다루면 됐으니까. 그 후 나비목의 종 수는 알려진 것만 18만 개에 이르고, 분명 적어도 그만큼 더 발견될 것이다. 어쨌든 린네는 많은 이름이 필요했고, 이제는 역사에서 사라졌다는 이유로 고전에 나오는 이름에 의존하기로 했다. 특히 나비는 소수를 제외하면 주로 그리스 신화에서 이름을 받았다. 린네는 인상적일 정도로 체계적으로 작업했는데, 파필리오속 안에 열 개의 하위 그룹을 만들고 각 그룹당 주제별로 연관된 이름을 사용했다(이 열 개의 분류군은 조잡하기는 해도 나비 진화에 대한 현대의 이해와 어느 정도 맞아떨어진다. 그래서 18세기 식물학자치고 나비에 대한 린네의 이해가 그렇게 떨어지는 편은 아니다). 처음 두 분류군은 트로이전쟁 신화에서 이름을 가져왔다. 한 분류군은 트로이 쪽이고 다른 분류군은 그리스 쪽인데, 린네는 첫 2종에 트로이의 왕 프리아모스와 그의 장남이자 트로이군을 이끈 헥토르의 이름을 따서 각각 파필리오 프리아무스 *Papilio priamus*, 파필리오 헥토르 *Papilio hector*라고 지었다. 다른 분류군에는 문학, 과학, 예술에 영감을 준 그리스 여신인 뮤즈들, 자연의 여신인 님프들, 황금 양모를 구하러 떠난 이아고가 탔던 배 아르고호 선원들의 이름을 사용했다. 린네의 나비들은 대부분이 이후에 다른 속으로 재배정되었지만, 몇 개를 제외하면 여전히 그 이름을 사용한다. 예를 들어 파필리오 프리아무스는 이제 오르니톱테라 프리아무스*Ornithoptera priamus*이고 파필리오 헥토르는 파클리옵타 헥토르*Pachliopta hector*다.

린네는 한 무리의 나비 종에 다나이드*Danaïdes*의 이름을 주었다. 이 이름에는 역설적인 면이 있는데, 이렇게 아름답고 섬세한 나비들이 피에 굶주린 이야기를 기념하기 때문이다. 다나이드는 리비아의 왕 다나오스의 50명의 딸들이다(이제 다나우스속은 세계에서 가장 유명한 나비인 제왕나비의 속명이지만, 그 이름은 린네가 지은 속명은 아니다). 다나오스의 딸들은 다나오스 왕의 쌍둥이 형제인 이집트의 왕 아이깁토스의 50명의 아들과 혼인하기로 되어 있었다. 이 혼인을 강요받은 다나오스는 딸들에게 혼인날 밤에 신랑을 죽이라고 지시하여 반감을 표시했다. 딸들 중 하나를 제외한 나머지는 아버지의 명을 따랐고, (누군가는 억울하다고 주장했겠지만) 남편을 죽인 죄로 욕조를 물로 채우고 그 안에서 죄를 씻으라는 벌을 받았으나, 그들이 받은 항아리에는 구멍이 뚫려 있었으므로 영원히 물을 길어야 했다. 노랑나비속의 파필리오 히알레*Papilio hyale*(다나이드 히알레*Danaïd Hyale*의 이름을 딴 이 나비는 유럽 전역에서 흔하며, 현재는 '*Colias hyale*'로 재명명되었다)와 같은 나비가 부드럽게 팔랑거리는 것을 보고 떠올렸다고 하기엔 참으로 무시무시한 이야기다.

그리스 신화에 대한 이런 관심은 어느 면에서 린네가 시대에 뒤떨어졌다는 뜻이기도 하다. 18세기 초에는 계몽주의의 영향으로 신화의 인기가 한풀 꺾였는데, 계몽주의는 과학적인 성과에 더 초점을 두었으므로 고대를 주목하더라도 트로이 전쟁의 영웅이 아니라 히포크라테스나 아리스토텔레스, 아르키메데스를 대상으로 삼았을 것이다. 그러나 린네는 언제나처럼 자신의 소신을 밀고 나갔다. 낭만주의가 꽃피고 서구 세계가 시와 예술, 그리고 픽션의 영감을 얻기 위해 고전 신화로 회귀한 18세기 끝자락에 가보았다면 분명 자신의 선택이 옳았음을 확인했을 것이다. 린네가 지은 이름들과 낭만주의 운동의 영향으로 19세기 과학자들은 고대 그리스 로마 신화에서 많은 이름을 지어냈다.

　이러한 흐름은 많이 약해졌지만, 우리가 그리스 신화에서 완전히 벗어난 건 아니다. 예를 들어 2014년에 기재된 박쥐 미오티스 미다스탁투스*Myotis midastactus*를 보자. 윗수염박쥐들이 속한 미오티스속은 세계적으로 100종 이상이 분포하는 다양한 분류군이다. 그중 미오티스 미다스탁투스는 볼리비아의 땅이나 나무 구멍에서 소규모로 무리 지어 서식한다고 알려진 종으로, 선명한 황금색 털로 식별된다. 이 털이 이 종의 이름을 설명한다. 라틴어로 'midastactus'는 문자 그대로 '미다스의 손길'이라는 뜻이다. 우리는 오비디우스의 1만 2,000줄(단어로는 23만 4,000단어로 《해리 포터와 불사조 기사단》보다 아주 조금 짧다)짜리 대서사시 《변신 이야기》에 나오는 미다스 왕의 신화를 알고 있다. 하루는 농부들이 밭에서 술 취한 노인을 붙잡아 미다스 왕에게 데리고 왔는데, 미다스는 그가 포도주와 연극의 신 디오니소스의 스승 실레노스임을 알아보고 그를 잘 보살폈다. 그 보답으로 디오니소스는 미다스에게 소원 하나를 들어주겠다고 했고, 이에 미다스는 자신이 만지는 모든 것이 금이 되게 해달라고 빌었다. 하지만 이내 먹고 마시는 것 모두가 "모든 것"의 일부임을 깨닫고 디오니소스에게 간청하여 없던 일로 하게 되었다. 선물은 종종 양날의 검이다.

미다스의 박쥐와 마법 모자를 쓴 거미는 2,000년을 사이에 두고 쓰인 대서사시에서 이름을 빌렸다. 그러나 둘 다 문학의 영원한 주제인 영웅주의와 친절, 배반과 잔혹함, 용서와 구원, 적의와 사랑에서 끌어낸 것이라는 공통점이 있다. 소설에서 따온 이름을 품고 있는 종들의 퍼레이드에서는 이렇게《해리 포터》의 학생과 마법사가 그리스의 전사와 왕, 여신과 나란히 행진한다. 이 행진에서 그들은 이야기 속 이야기, 그리고 그 이야기를 사랑한 과학자들에 관한 이야기까지 들려준다.

# 마저리 코트니-래티머와
# 심원의 시간에서 온 물고기

Marjorie Courtenay-Latimer and
the Fish from the Depths of Time

**17장**

영국 북동부의 페리힐 마을 근처에는 석회석 채석장이 있다. 상업적 가치가 높은 석회암 밑에는 말 슬레이트Marl Slate라는 점판암 층이 있다. 이 지층은 입자가 곱고 층이 섬세하며 유기물질이 풍부하고 화석이 가득하다. 말 슬레이트는 오늘날의 유럽 북서부 대부분을 얕은 바다가 뒤덮었던 약 2억 5,500만 년 전에 생성되었다. 19세기 초에 말 슬레이트 층에서 끝도 없이 화석이 발굴되었는데, 그중에 전에 본 적 없는 물고기가 있었다. 이 물고기 화석 중 가장 특이한 표본에는 3엽짜리 꼬리와 두껍고 딱딱한 비늘 갑옷, 사지처럼 튼튼한 지느러미가 있었다. 살아 있는 물고기 중에 이처럼 생긴 건 없었다. 1839년에 저명한 프랑스 동물학자 루이 아가시가 이 물고기에 실라칸투스 그라눌로수스*Coelacanthus granulosus*라는 학명을 붙여주었다. 이 종은 생명의 나무에 예상치 못한, 오래전에 멸종한 가지가 나타났음을 뜻했다. 다음 세기 내내, 말 슬레이트뿐 아니라 전 세계 퇴적층에서 점점 더 많은 실러캔스 화석이 발견되었다. 현재 약 80개의 실러캔스 화석 종이 알려졌다. 이들은 3억 6,000만 년 된 오스트레일리아 화석에서부터 고작 6,600만 년으로 거슬러 올라가는 미국 남동부 화석에 이르기까지 약 3억 년의 지구 역사를 아우른다. 가장 최근의 화석은 길이가 3.5미터나 되는 대형 종으로, 공룡을 비롯해 수없이 많은 불운한 계보와 함께 백악기 말기의 대멸종 시기에 화석 기록에서 사라진 것이었다.

1839년에는 멸종된 종이 화석으로 발견되는 사건에 특별히 더 놀라운 점은 없었다. 그러나 불과 그 50년 전만 해도 사정은 달랐다. 17, 18세기 들어 화석이 학계의 큰 관심을 받기 시작하면서, 사람들은 호기심과 불안감을 느꼈다. 도대체 이것들은 무엇인가? 어떻게 바위에 들어가 있는가? 화석이 과거에 살았다가 죽은 생물의 잔해가 보존된 것이라는 사실을 알게 되면서 많은 의문이 제기되었다. 이 생물들은 언제 살았었나? 왜 산꼭대기에서 조개와 물고기 화석이, 그리고 온대 지방인 영국에서—그리고 심지어 알래스카와 남극에서조차—열대 생물종의 화석이 발견되는가? 현존하는 그 어떤 종과도 닮지 않은 화석들을 어떻게 이해해야 하는가?

이 생소한 화석들 앞에서 사람들은 난감해 했다. 진화론 이전의 시대에는, 한때 살아 있었지만 더 이상 존재하지 않는 종의 가능성은 대단히 혼란스러운 것이었다. (당시 보편적인 가정처럼) 종이 신성하게 창조되었다면, 창조주가 종에 생명을 불어넣었다가 다시 빼앗아가는 행위에는 어떤 목적이 있는 걸까? 또한 창조된 종 전체가 하나의 조직을 이루는 것처럼 보였으므로(종 사이의 유사성은 1,000년 동안 박물학자들로 하여금 종을 중세 시대의 '존재의 대사슬'과 같은 틀에 맞춰 분류하게 했다), 특정 종의 멸종으로 인해 생성되는 공백은 혐오스러운 것이었다. 그리고 마지막으로, 종이 멸종할 수 있다면 지구상의 생명체들은 결국 하나도 남지 않을 때까지 서서히 줄어드는 것인가? 이 골치 아픈 문제들로 인해 박물학자들은 이 낯선 화석을 아직 발견되지 않은 세상 어느 구석에 그 생물이 살아 있다는 증거로 해석하게 되었다. 아프리카 정글 깊숙이 공룡이, 해양 분지 저 아래에는 암모나이트가 살고 있을 거라는 식으로 말이다. 그러다 마침내 또 다른 저명한 프랑스 동물학자 조르주 퀴비에가 지구상에 더 이상 존재하지 않는 종의 화석이 있다는 사실을 명확히 밝히며 의심을 해소했다. 1796년 퀴비에는 화석 코끼리에 대한 한 논문에서 논쟁의 여지가 없는 멸종 사례를 제시했다. 간단히 말해 퀴비에는 매머드와 마스토돈 화석은 현재 살아 있는 2종의 코끼리와는 다르며, 코끼리처럼 크고 눈에 띄는 짐승이 인간에게 들키지 않고 지구 어딘가에 살아 있다는 것은 불가능하다고 지적했다.

퀴비에는 아가시가 화석 실러캔스를 지구의 먼 과거에 멸종한 종으로 기재할 근거를 마련했다. 만약 실러캔스가 3억 년 동안 번성하다가 공룡과 함께 사라졌다면(비록 아가시가 정확한 연대는 알지 못했지만), 실망스럽긴 해도 놀랄 일은 아니었다. 누구도 살아 있는 공룡을 찾아다니지 않는 것처럼, 살아 있는 실러캔스를 찾아다니는 사람은 없었다. 그래서 1938년, 남아프리카공화국의 한 어선에 실러캔스가 잡혀 올라왔을 때, 동물학계에 세기의 사건으로 기록된 것이다.

살아 있는 실러캔스의 발견에는 세 명의 인물이 개입했다. 어선 선장, 물고기를 사랑하는 화학자, 그리고 젊은 박물관 큐레이터. 선장은 실러캔스를 잡았고, 화학자는 실러캔스를 알아보고 명명했으며, 큐레이터는 지금부터 설명할 가장 중요한 일을 했다. 살아 있는 실러캔스 종에는 이 큐레이터를 위해 래티머리아 칼룸나이*Latimeria chalumnae*라는 이름이 붙여졌다.

마저리 코트니-래티머*Marjorie Courtenay-Latimer*는 1907년 남아프리카 공화국의 이스트런던에서 태어났다. 어려서 새를 좋아해 열한 살 때 새에 관한 책을 쓰겠노라고 선언한 후, 깃털과 알을 수집해나갔다. 밤이면 침실 창문에서 보이는 버드아일랜드의 등대에도 푹 빠져 있었다. "식물을 수집하고 새를 쫓아 나무 위로 올라가는 정신 나간 짓"에 찬성하지 않는 남자와 잠깐 약혼했었는데,[1] 결국 그는 자연과 자신 중에서 하나를 택하라고 강요했고 이에 그녀는 그리 오래 고민한 것 같지 않다. 코트니-래티머의 큰 꿈은 박물관에서 일하는 것이었다. 그러나 자리가 있는 박물관, 더구나 여성을 고용할 박물관은 거의 없었으므로 1931년, 그녀는 간호사 훈련을 받기로 했다. 그런데 마침 개강하기 불과 몇 주 전에 한 박물학자 친구가 그녀에게 이스트런던에 건설 중인 새로운 박물관 큐레이터 자리에 지원해보라고 권했다. 면접을 보는 자리에서 코트니-래티머는 남아프리카발톱개구리에 대한 해박한 지식으로 박물관 이사회를 감동시켰고 큐레이터 자리를 얻었다. 처음에는 큐레이터라고 부르기에도 민망한 상황이었다. 박물관이 소장한 수집품이라고는 딱정벌레가 우글거리는 새 박제 여섯 점과 선사시대 도구라고 주장되는 의심쩍은 돌 조각 상자 하나, 병에 보존된 다리 여섯 달린 새끼 돼지, 이스트런던 도시 경관이 실린 10여 점의 인쇄물, 그리고 코사 전쟁에 관한 문서가 전부였다. 그녀는 새들을 불태우고 돌덩어리들을 내다버린 다음, 자신이 수집한 좀 더 그럴듯한 석기 도구와 이모에게서 받은 도도새 알을 시작으로 박물관 수집품을 모으기 시작했다(거의 90년이 된 이 알이 정말로 도도새의 것인지는 불분명하다. 그러나 사실이라면 현존하는 도도새 알 중 유일하게 온전히 보존된 것이다).

　이후 몇 년간, 코트니-래티머는 손에 넣을 수 있는 모든 것을 모았고, 박물관의 소장품은 늘어났다. 그녀는 또한 협력자들을 섭외해 네트워크를 만들었는데, 그중 특히 두 명이 실러캔스 이야기에 중요하다. 첫 번째는 1933년에 알게 된, 근처 그레이엄스타운에 있는 로즈 대학의 제임스 레너드 브리얼리 스미스 교수다. 스미스가 전공하고 가르치는 과목은 화학이었지만, 그의 소명은 낚시와 어류학이었고, 그는 박물관을 위해 코트리-래티머의 물고기 수집품을 동정해주겠다고 했다. 그는 이 제안이 자신의 삶을 어떻게 바꿀지 몰랐을 것이다. 코트니-래티머는 3년 뒤 마침내 버드아일랜드에 발을 디뎠을 때 두 번째 사람을 만났다. 저인망 어선 네린호의 선장 헨리크 구센이다. 코트니-래티머는 수년간 끈질기게 요청한 끝에 마침내 버드아일랜드에서 수집해도 된다는 허가를 받아 6주 동안 머물면서 커다란 상자 열다섯 개 분량의 새와 식물, 조개, 해조류, 물고기 표본을 수집했다. 한편 구센 선장은 생선뿐인 식사에 약간의 변화를 주려고 주기적으로 버드아일랜드에 들러 토끼를 잡았는데, 그러면서 코트니-래티머를 만났다. 그는 표본 상자를 이스트런던까지 운반해 주었을 뿐 아니라, 앞으로 박물관을 위해 그물에 걸린 어류와 기타 해양생물 일부를 떼어놓겠다고 했다. 선장은 상어, 불가사리 등 색 달라 보이는 흥미로운 생물은 따로 남겨두었다가 이스트런던에 정 박했을 때 코트니-래티머에게 전화로 연락해 가져가게 했다.

1938년 12월 22일, 구센 선장에게서 전화가 왔다. 코트니-래티머 는 이때 전시용 화석을 준비하느라 한창 바빴다(그 화석은 포유류를 닮 은 파충류인 '수궁류'에 속하는 칸네메이에리아 윌스니*Kannemeyeria wilsoni*라는 종으 로 동료들과 함께 근처 농장에서 발굴했으며, 땅을 가장 열심히 파낸 에릭 윌슨Eric Wilson의 이름을 따서 명명되었다). 작업 도중에 나가기가 꺼려졌지만, 적 어도 선원들에게 크리스마스 인사라도 해야겠다는 생각으로 부두로

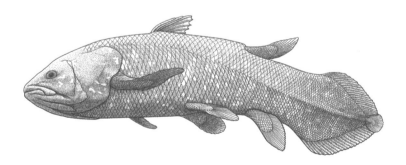

**실러캔스** *Latimeria chalumnae*

향했다. 그녀는 네린호 갑판에 쌓여 있는 물고기들을 분류하기 시작했는데, 대부분은 자주 보던 것들이라 버렸지만 바닥에서 놀라운 생물을 발견했다. "점액층을 걷어내고 나니 살면서 지금까지 본 것 중에 가장 아름다운 물고기가 모습을 드러냈다. 길이는 약 1.5미터에 옅은 보랏빛이 도는 푸른색의 몸 전체에는 흰색 반점이 있고, 보는 각도에 따라 은색, 청색, 초록색 광택이 났다. (…) 사지처럼 생긴 4개의 지느러미와 강아지 꼬리 같은 게 있었다. 너무나 아름다운 물고기였다. (…) 그러나 정체를 알지 못했다."[2] 코트니-래티머는 조수와 함께 그 물고기를 곡물 자루에 넣고 운전사와 약간의 확인 작업을 거쳐 택시 트렁크에 실었다. 박물관에 돌아와 해양 동물에 관한 자료를 뒤졌지만, 이 표본과 한구석이라도 닮은 것은 하나도 없었다. 박물관 관장(수상한 '석기 도구'의 수집가)은 그저 흔한 바위대구에 불과하다고 무시했지만, 코트니-래티머는 자신이 아주 특별한 것을 만났다고 확신했다.

연구가 필요하지만 곧 썩기 시작할 1.5미터의 물고기를 어떻게 해야 할까? 작은 박물관에는 그 물고기를 넣을 만큼 큰 냉장고도 없었고 포르말린도 충분하지 않았다. 이스트런던에서 충분한 냉장 공간을 가진 곳은 영안실과 냉장 보관 저장소였지만, 둘 다 보관을 거부했으므로 그녀가 마지막으로 기댈 곳은 박제사였다. 그녀는 겨우 1리터의 포르말린을 구해 신문과 침대 시트에 적셔 물고기를 둘둘 말았다. 그러나 그것으로는 물고기의 피부밖에 보존할 수 없었다. 5일이 지나자 물고기에서 냄새가 나고 기름이 배어나기 시작했다.

그래서 박제사에게 껍질을 벗기고 박제하게 했다. 그들은 어쩔 수 없이 썩어가는 살과 내장을 버려야 했다. 그 표본이 정말로 코트니-래티머의 짐작대로 흥미로운 것이라면 이런 식으로 취급해서는 안 되었지만, 선택의 여지가 없었다.

그 사이에 코트니-래티머는 스미스 교수에게 이 기이한 물고기의 동정을 부탁하는 편지를 썼다. 안타깝게도 마침 스미스가 멀리 휴가를 떠난 바람에 이 편지를 1월 3일까지 받지 못했다. 그때는 이미 표본의 껍질을 벗기고 박제한 다음이었다. 편지를 열어본 스미스는 코트니-래티머가 그린 물고기 스케치를 보고 당황했다. 그는 남아프리카공화국의 바닷물고기에 대해 누구보다 잘 알았지만, 이 표본은 정말로 처음 보는 것이었다. 후에 실러캔스 발견에 대해 쓴 유명한 책에서 그는 이렇게 표현했다. "처음엔 너무 당황한 나머지 그림을 몇 번이고 들여다봤다. (…) 이렇게 생긴 물고기는 전혀 알지 못했다. 그러다 물고기가 도마뱀을 닮았다는 생각이 드는 순간 뇌에서 폭탄이 터졌다. (…) 물고기들이 마치 화면처럼 머릿속을 스치고 지나갔다. 저 먼 과거에 살았던 물고기들, 그중에서도 바위에 부분적으로만 남아 알려진 것들."[3] 믿기지 않았지만, 스미스는 곧 그 스케치의 의미를 깨달았다. 실러캔스. 그는 그 화석 표본을 본 적은 없지만 신문에서 실러캔스를 묘사한 부분을 읽은 적이 있었다. 코트니-래티머의 물고기는 그것이어야 했다. 그러나 스미스는 언제나처럼 자신의 판단을 의심했다. 화학을 가르치는 의무에서 겨우 잠시 벗어나 이스트런던으로 가서 직접 표본을 본 것은 2월 중순이었다. 순간 모든 의심이 사라졌다. "보자마자 머릿속에서 폭발이 일어났다. 진짜 실러캔스였다."[4] 그 순간 스미스와 코트니-래티머는 과학자가 살면서 겪을 수 있는 가장 흥미로운 경험을 했다. 지구상의 다른 누구도, 인류 역사상 어느 누구도 알지 못했던 사실을 알아낸 것이다. 형언할 수 없이 벅찬 감정을 느끼지 않았을까. 스미스와 코트니-래티머, 살아 있는 실러캔스가 존재한다는 것을 알게 된 유일한 두 사람에게 말로 다 표현할 수 없는 일이었을 것이다.

　스미스의 다음 임무는 그 종을 기재하고 명명하는 것이었다. 우선 그는 1939년 초에 한 페이지 반짜리 짧은 논문을 발표했다. 이 논문은 대플리니우스의 《자연사》에서 유래한 속담으로 시작한다. "아프리카에는 언제나 뭔가 새로운 것이 있다." 논문의 나머지는 그 "뭔가 새로운 것"이라는 게 6,600만 년 전 화석으로만 기록된 생물 계통의 살아 있는 물고기라는 폭탄선언이었다. 논문의 말미에서 그는 이 물고기에게 래티머리아 칼룸나이라는 이름을 주었다. 이 속의 이름은 당연히 마저리 코트니-래티머를 기념하는 것이었고, 종소명은 이 물고기가 잡힌 칼룸나강 어귀를 뜻했다. 박제된 상태에서도 실러캔스 표본에 대해 연구해야 할 것이 아주 많았다. 스미스는 여전히 풀타임으로 화학을 가르쳤으므로 그는 이 표본을 빌려다가 매일 새벽 3시에서 6시까지, 그리고 다시 저녁 늦게까지 연구했다. 그리고 그 결과 이 물고기의 해부학에 대해 상세히 개괄한 150쪽짜리 모노그래프를 포함한 더 긴 실러캔스 논문을 썼다. 이 논문이 출판되면서 스미스는 어류학자로 명망을 얻게 되었고, 1945년에 마침내 화학과

교수 자리를 사임하고 로즈 대학에 어류학과를 설립해 연구 교수로
부임하게 되었다.

맨 처음 실러캔스 논문을 발표하기 전에 스미스는 코트니-래티머
에게 편지를 보내 이 물고기의 학명에 그녀의 이름을 넣겠다고 알
렸다. 코트니-래티머는 이 물고기를 잡고 박물관에 가져온 구센 선
장의 이름을 따는 게 더 좋겠다고 제안했다. 그가 없었다면 이름 붙
일 실러캔스도 없었을 테니까 말이다. 그녀의 말은 일리가 있었고,
스미스가 구센의 이름으로 실러캔스를 명명했더라도 그는 오랜 분
류학 전통을 충실히 따르는 것이었다. 수많은 종이 과학자든 아마추
어 박물학자든, 아니면 전문적인 수집가든, 맨 처음 그 표본을 수집
한 사람의 이름을 따서 명명되었다. 오스트레일리아 달팽이 라리나
스트레잉게이*Larina strangei*, 미카마 스트레잉게이*Mychama strangei*, 네오트
리고니아 스트레잉게이*Neotrigonia strangei*, 스킨틸라 스트레잉게이*Scintilla
strangei*, 시그네푸피나 스트레잉게이*Signepupina strangei*, 벨레팔라이나 스트
레잉게이*Velepalaina strangei*가 모두 이 종들의 최초 수집가이자 빅토리아
시대의 전문적인 박물학자 겸 수집가인 프레더릭 스트레인지*Frederick
Strange*의 이름을 딴 종들이다. 스미스가 이에 동의하여 실러캔스의
속명을 래티머리아가 아닌 구세니아*Goosenia*로 지었다 해도 누구도
이상하게 생각하지 않았을 것이다. 그러나 스미스는 코트니-래티머
의 이름을 따야 한다고 단호하게 주장하면서, 구센이 실러캔스를 잡
아 올린 배를 운전했을지 몰라도 "궁극적으로 과학을 위해 실러캔스
를 구한 것은 당신이다"라고 말했다.[5]

스미스는 코트니-래티머에게서 그녀 자신보다 더 많은 것을 보았을 것이다. 말년에 그녀는 이 물고기를 박제하고 살을 버렸던 결정을 두고 이렇게 자신을 비난했다. "나는 (그 연조직을 잃어버린 것이) 모두 내 탓임을 알고 있었다. 그래서 고통스러웠다."[6] 그녀의 결정을 비난하는 사람들도 있었다. 영국 고생물학자 아서 스미스 우드워드는 리뷰에서 스미스의 연구를 칭찬하면서도 "이 표본이 이스트런던 박물관에 보내졌을 때, 그것의 과학적 가치가 인정되지 못한 채 박제사에게 맡겨졌다"라고 비난했다.[7] 이 주장은 아주 부정확하고 대단히 불공평하다. 이런 비난을 접한 스미스는 한 페이지에 걸쳐 이렇게 썼다. "여러 편지에 (…) 이 물고기의 사체를 소실한 것에 대한 혹독한 비판이 있었다. (…) 그러나 이만큼이라도 구할 수 있었던 것은 모두 래티머의 에너지와 결단력 덕분이었다. 과학자들은 이 점에 감사해야 한다. 래티머리아속은 내가 그녀에게 바치는 찬사다."[8] 코트니-래티머는 찬사를 받을 충분한 자격이 있다. 실러캔스 표본을 특별한 것으로 알아보았기 때문만이 아니라 그것을 보존하려고 최선을 다했고, 더 나아가 이스트런던 박물관의 소장품을 채워나가고 후원자와 협력자 네트워크를 구성해 자신이 홀로 할 수 있는 것 이상의 성취를 이루는 토대를 만들었기 때문이다. 20세기의 가장 센세이셔널한 신종 발표로 코트니-래티머의 이름이 영원히 기억되는 것보다 이 사실들을 기리는 더 나은 방법은 없을 것이다.

제임스 레너드 브리얼리 스미스도 자신의 이름으로 찬사를 받았다. 그의 이름은 마푸투 붕장어인 바티미루스 스미티이*Bathymyrus smithi*

에 붙었다. 이 종은 1968년 스미스가 세상을 떠난 해에 피터 캐슬이 명명했는데, 그는 스미스가 자신이 설립한 어류학과에 영입한 젊은 과학자였다. 스미스의 붕장어는 실러캔스만큼 카리스마가 있거나 뉴스거리가 될 만한 종은 아니었지만, 물고기 마니아들에게는 충분히 매력적인 작은 심해 장어에 속한다. 분명히 스미스는 기뻐했을 것이다.

그런데 이 이야기에 한 가지 빠진 것이 있다. 마저리 코트니-래티머가 바라긴 했지만 결국 어떤 물고기나 그 밖의 다른 종도 헨리크 구센의 이름을 얻지 못했다. 스미스는 혼자서 375종 이상의 물고기를 기재하고 명명했지만, 별다른 이유 없이 어떤 학명으로도 구센을 인정하지 않았다. 이후의 다른 어류학자들도 마찬가지였다. 실러캔스 발견에서 구센의 역할이 완전히 잊혀진 것은 아니다. 적어도 대부분의 실러캔스 이야기에서 그가 언급된다. 그러나 박물관에 남아프리카공화국의 자연사를 기록하려 한 래티머-스미스의 노력에 대한 구센의 깊은 관심과 오랜 협력은 그 이상의 가치가 있다. 아직 바다에는 이름이 필요한 물고기들이 많다는 사실은 다행한 일이다.

# 학명을 판매합니다

Names for Sale

**18장**

볼리비아 북서쪽에 있는 마디디 국립공원은 지구에서 가장 많은 종이 서식하는 장소 중 하나다. 넓이 1만 9,000제곱킬로미터의 이 공원이 저지대 우림에서 안데스산맥의 고산 빙하까지 모두 아우르는 다양한 서식처를 포함할 뿐 아니라, 아마존 분지 남서쪽 유역의 생물다양성 자체가 경이로운 수준이기 때문이다. 이 공원은 예를 들어 버몬트주나 웨일스보다 작은 면적에 전체 조류의 10분의 1에 해당하는 1,000여 종의 새들이 터를 잡고 살고 있다. 마디디는 또한 생물다양성이 잘 알려지지 않은 장소이기도 하다. 마디디 숲에서는 아직 사람의 눈에 띄지 않은 새들이 날아다닐 것 같고, 발견되지 않은 식물과 곤충과 거미는 틀림없이 수없이(아마 수천 종류) 많을 것이다. 마디디에서는 신종이 주기적으로 나타난다. 그중 저녁 뉴스에 등장하는 것은 거의 없지만, 칼리케부스 아우레이팔라티이*Callicebus aureipalatii*라는 학명의 황금색 작은 티티원숭이는 예외였다.

칼리케부스 아우레이팔라티이는 2006년에 이 공원의 동쪽 가장 자리 저지대에 있는 투이치강과 혼도강을 따라 수집된 표본을 기준으로 기재 및 명명되었다. 이곳의 숲은 야자수가 우점종이고 강이 가로질러 흐르는 탁 트인 지역이다. 이곳의 티티원숭이는 공원의 다른 곳에 서식하는 원숭이들과는 생김새나 행동이 다르다. 이 새로운 발견을 발표한 논문은 여러 면에서 그다지 주목할 만한 게 없었다. 신종이 목격된 장소와 기준표본이 수집된 장소를 보고하고, 종의 생김새와 형태, 행동을 기재했으며, 개체군의 크기를 추정하고 보전의 필요성을 논의했다. 또한 이 원숭이에게 학명을 주었는데, 겉으로 보기엔 이 역시 별로 특별하지 않았다. 칼리케부스*Callicebus*는 이 신종이 속한 티티원숭이 속이고, 아우레이팔라티이*aureipalatii* 역시 익숙한 라틴어 이름이다. 그러나 좀 더 자세히 들여다보면 어딘가 이상한 면이 있다. 'aureipalatii'는 황금색이라는 뜻의 'aureus'와 궁전이라는 뜻의 'palatium'으로 구성된다. 황금색은 원숭이의 색깔을 나타내므로 이해할 수 있다. 그런데 궁전이라는 말은 왜 붙였을까?

칼리케부스 아우레이팔라티이의 '궁전'은 특이한 배경이 있는 이름으로 밝혀졌다. 이 새로운 영장류를 발견한 과학자가 명명권을 경매에 부쳤는데 온라인 카지노인 황금궁전닷컴*GoldenPalace.com*이 낙찰받은 것이다. 아우레이팔라티이라는 이름은 단순히 이 카지노 이름을 라틴식으로 옮긴 것에 불과하다(끝에 붙은 알파벳 i는 이 학명이 다른 이름을 따서 지어졌다는 것을 나타내는 접미사다). 그래서 이 황금궁전원숭이의 이름이 뉴스에 등장했다. 이 종의 발견이 의미하는 과학적 중요성이나 이 원숭이의 거부할 수 없는 카리스마 때문이 아니라, 그저 저녁 뉴스 방송을 마무리하기에 딱 적합한 화젯거리였기에 이 카지노도 입찰에 참여했을 것이다.

이런 상황을 어떻게 생각해야 할까? 이는 정상적인 과학에 대한 황당하고 당황스럽고 뻔뻔할 정도로 속물적인 왜곡으로 보일 수도 있다. 온라인 카지노가 연관되었다는 사실은—충분히 대중의 이목을 끌고 논란을 일으킨 것으로 알려진—분명히 쉽게 그런 인상을 준다. 또한 65만 달러(한화 약 7억 5,000만 원)라는 놀라운 낙찰가도 한몫한다. 사실 황금궁전원숭이는 학명이 팔린 첫 번째 사례도, 마지막도 아니다. 과학자들 중에는 이런 관행의 가치를 깎아내리는 사람도 있지만, 지지자도 많다. 옹호자들은 명명권을 팔아서 과학과 자연에 좋은 일을 할 수 있다고 주장한다. 예를 들어 황금궁전원숭이라는 이름을 위해 지불된 비용 65만 달러는 마디디 국립공원의 보전 활동을 위해 쓰이도록 지정되었고 그중에서도 지역 주민을 공원 관리자로 고용하는 데 사용되었다. 이는 일거양득의 효과를 냈다. 지역 주민을 공원과 연계해 보호구역이 그들의 삶에 짐이 아닌 기회가 되게 했고, 보호구역으로서 공원의 입지를 확실히 다졌다. 그러나 경제적인 이점만 있는 것은 아니다. 명명권의 경매 자체가 마디디(그리고 다른 곳에서) 보전의 필요성, 그리고 더 나아가 신종을 동정하고 기재하는 일의 중요성에 사람들의 관심을 집중시켰다. 종 발견에 대한 대중의 관심은 특별한 가치가 있다. 그만큼 드물기 때문이다. 보전 분야에는 데이비드 애튼버러(영국의 동물학자이자 방송인 - 옮긴이)와 PBS의 다큐멘터리 〈네이처〉가 있고, 학교에서도 교과과정으

로 보전을 가르친다. 그러나 종 발견은 내세울 만한 공공의 대변자
가 없다. 유명인사의 이름으로 지은 학명이 그랬듯이, 논란의 여지
가 있는 입찰자에게 명명권이 낙찰되는 세간의 이목을 끌 수 있는
경매는 각계각층의 사람들로 하여금 지구의 생물다양성을 기록하고
이해하려는 과학자들의 노력을 알고 생각하게 만들 수 있다.

칼리케부스 아우레이팔라티이는 지금까지 가장 비싼 돈을 주
고 명명의 권리를 사온 사례인데, 명명권 판매의 예는 생각보다 더
많다. 가장 잘 자리잡은 명명권 판매 프로그램은 BIOPAT(독일어
로 Patenschaften fur biologische Vielfalt, 즉 '생물다양성 후원' 프로그램)이다.
BIOPAT은 바이에른 주립 동물학 센터, 알렉산더 쾨니히 동물 연구
박물관, 젠켄베르크 생물다양성 연구 센터 등 여러 독일 연구 기관
이 협력단을 이루어 운영한다. 1999년에 출범한 후 166종의 학명을
후원자와 연결했는데, 후원자들은 최소 2,600유로(한화 약 350만 원)를
기부했다.

BIOPAT을 통해 명명된 학명 대부분은 사람 이름에서 왔지만 그
나름대로 다양하다. 우선 꽤 많은 후원자들이 '자신의' 이름을 종
의 이름으로 선택했다. 예를 들면, 개구리(*Boophis fayi*, *Phyllonastes
ritarasquinae*)와 도마뱀(*Enyalioides sophiarothschildae*, *Enyalioides
rudolfarndti*, *Paroedura bordiesi*) 중에 그런 이름이 있다. 각각의 신종
발표 논문에는 후원자에 대한 감사 인사가 포함된다. 일례로 개구리
부피스 페이이*Boophis fayi*의 명명자는 "이 학명은 안드레아스 노베르트
페이Andreas Norbert Fay가 BIOPAT 사업을 통해 연구 활동과 자연 보전

에 후원한 것을 감사하는 뜻에서 지어진 이름이다"라고 명시했다.[1]

가족을 위해 이름을 사는 후원자들도 있다. 과학소설 작가 앨런 딘 포스터는 한 볼리비아 개구리에게 아내의 이름으로 힐라 조안나이*Hyla joannae*라는 학명을 지어주었다(자신의 라틴 이름이 최소한 발음은 할 수 있는 것이길 바라는 사람들에게는 큰 타격이겠지만, 이 종은 나중에 덴드롭소푸스속*Dendropsophus*으로 재배정되었다. 다행히 종소명은 그대로 유지되었다). 콜롬비아 물고기 테트라는 생일 선물이 되었다. 히페소브리콘 클라우스-안니*Hyphessobrycon klaus-anni*는 클라우스-피터 랭*Klaus-Peter Lang*이 어머니 안니의 80세 생일을 맞아 아버지 클라우스의 이름을 함께 넣어 지었

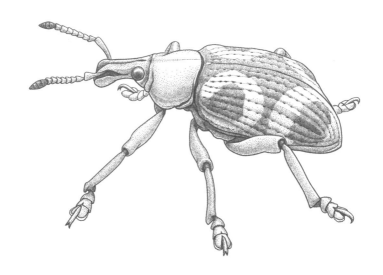

**스탠 블라심스키의 바구미***Eupholus vlasimskii*

다. 스탠 블라심스키Stan Vlasimsky는 한 걸음 더 나아가 아내인 레즐리를 위해 난초Epidendrum lezlieae를, 네 명의 아이 클라우디아, 리암, 마그델라인, 케이든을 위해 개구리 두 마리, 나비 한 마리, 도마뱀 한 마리(Dendrobates claudiae, Boophis liami, Plutodes magdelinae, Euspondylus caidenii)의 명명권을 샀다. 블라심스키는 가족 행사에 자신도 빼놓지 않았다. 그는 자신을 위해 화려한 뉴기니 바구미Eupholus vlasimskii를 후원해 모든 가족이 생물의 이름으로 하나가 되었다. 그러나 BIOPAT을 통한 종의 명명은 후원자의 가족에 그치지 않는다. 옛 소련 지도자 미하일 고르바초프Mikhail Gorbachev의 친구가 그의 이름을 딴 난초Maxillaria gorbatschowii를 70세 생일 선물로 주었다. 한편 미국 팝 가수 아나스타샤Anastacia에게 한 팬이 난초Polystachya anastacialynae를 후원했다. 회사들도 이름을 후원했다. 덴마크의 냉난방장치 회사 댄포스Danfoss는 한 쥐여우원숭이Microcebus danfossi를, 독일 인터넷 서비스 회사 팝-인터랙티브Pop-Interactive는 개구리Boophis popi에게 이름을 주었다. 이 회사들은 황금궁전원숭이의 돌풍을 기대하고 후원에 나섰겠지만, 둘 다 그만큼의 관심은 끌지 못했다.

　BIOPAT은 이름을 판매해 총 58만 2,000유로를 모았다. 이것은 칼리케부스 아우레이팔라티이의 판매 금액인 65만 달러에 가깝다. 황금궁전원숭이라는 이름과 맞먹는 판매액을 모으기 위해 BIOPAT이 20년간 166종의 명명권을 팔아야 했다는 사실에서 다음을 알 수 있다. 황금색 털이 달린 열대 원숭이처럼 카리스마 넘치는 종은 드물다. 그리고 BIOPAT은 명명권 판매가 지나치게 상업화되지 않도록 주의를 기울였다. 58만 2,000유로로도 좋은 일을 충분히 할 수 있고 또 그래왔다. BIOPAT 수익은 참가 연구 기관과 생물다양성 연구, 보전 지원 프로그램에 똑같이 분배됐다. 연구 기관으로 들어 간 돈은 그렇지 않으면 재정이 빠듯했을 지역에서의 종 발견과 분류학 연구를 지원했다. 이들은 보조금 프로그램으로 신설 보호구역 또는 보호구역 지정이 제안된 지역의 생물 재고 작성, 공원 관리인 및 생물다양성과 생태학 분야의 정부 사무관 양성, 발견되지 않은 동식물상이 예상되는 지역의 탐험 등 전 세계에서 다양한 소규모 프로젝트를 후원하고 있다.

명명권 판매 수익을 연구와 보전 활동에 사용한 것은 보편적이고, 그게 아니라도 보편에 가까운 것처럼 보인다. 2007년, 태평양 서부에서 잡힌 10종의 어류 명명권 경매가 모나코의 알베르 2세Prince Albert II와 국제보전협회Conservation International 주최로 열렸는데, 인도네시아에서 보전과 교육 프로그램을 위해 약 200만 달러를 모금했다. 경매의 스타는 걸어다니는 상어, 이제는 헤미스킬리움 갈레이Hemiscyllium galei라고 알려진 종이었다. 이 종은 재니 게일Janie Gale에게 50만 달러에 낙찰되어 그녀의 남편 제프리 게일Jeffrey Gale의 이름을 받았고, 이 기금은 인도네시아 서부 파푸아에서 와약섬 주위의 해양 보호 지역 순찰에 쓰였다. 이 지역은 현재 상어 번식이 이루어지는 양어장이자 지역 주민들의 경제적 엔진이다. 2000년대 중반에 크게 예산이 삭감된 이후 스크립스 해양 연구소는 명명권을 판매해 표본 수집을 지원하고 확장했다. 고등학교 수학 교사인 제프 굿하츠Jeff Goodhartz가 5,000달러를 기부하고 한 열대 깃털먼지털이벌레 *Echinofabricia goodhartzorum*에 자신의 이름을 붙인 것을 비롯해 다양한 해양 무척추동물이 명명되었다. 더 작은 규모로는 브리티시컬럼비아 고속도로를 건너는 야생동물을 위한 일회성 기금 모금 행사로 지의류 1종이 경매에 부쳐졌고, 그 결과 야생동물 예술가 앤 한센에게 낙찰되어 그녀의 작고한 남편인 헨리 콕Henry Kock의 이름을 딴 브리오리아 코키아나*Bryoria kockiana*로 명명되었다.

　명명권 판매에 반대하는 많은 과학자들은 대개 과학의 상업화에 반대한다. 그들은 돈이 뜻하지 않은 동기를 만들어낼 수 있다고 염려한다. 예를 들면, 명명권을 더 많이 팔 수 있도록 '신종'을 더 많이 지어낼 수도 있으니까 말이다. 그러나 그보다는 자연과 자본주의가 중첩되는 것에 대한 철학적 반발이 더 크다. 그들은 종과 종의 이름은 우리가 함부로 사고팔 수 있는 것이 아니며, 돈을 받고 원하는 대로 명명해주는 행위가 과학의 신성함을 더럽힌다고 생각한다. 특히 분류학자들이 개인적 이익을 위해 명명권을 판다면 더 크게 반대할 것이다. 그러나 설사 그런 일이 일어난다고 해도(그런 분류학자라면 걸리지 않도록 암암리에 판매하겠지만), 이런 식의 명명권 판매는 극히 드문 것 같다. 여기에는 실제로 흥미롭고 또 놀라운 측면이 있다. 개인의 부를 위해 종을 명명하는 행위에 기술적 또는 법적 장애가 있는 것은 아니며, 명명규약이 이를 금지하지도 않는다는 점이다. 그렇다면 다음 둘 중 하나는 사실임에 틀림없다. 아마도 보편적으로 분류학자들은 개인의 이익을 위해 명명권을 파는 일을 윤리적인 측면에서든 동료들의 비난이 두려워서든 꺼리는 경향이 있다는 것. 또는 이름을 사는 사람들에게 그 이름을 통해 선행을 베풀려는(또는 적어도 그런 것처럼 보여지고자 하는) 동기가 있다는 점이다. 제프 굿하츠와 그의 깃털먼지털이벌레를 생각해보자. 그는 이렇게 말했다. "정말 마음이 들떴어요. 과학자처럼 직접 연구해서 얻은 것은 아니지만, 스크립스 연구소에게 도움이 된다면 나쁠 것도 없잖아요?"**2** 아무튼 과학자들의 이타심 또는 후원자들의 박애주의 본능은 모두 큰 안심을 준다.

물론 명명권 판매에는 장난질의 가능성도 도사리고 있다. 만약 누군가 돈을 내고서라도 매력적이지 않은 종에 의도적으로 원수의 이름을 붙이겠다고 하면 어쩌겠는가? BIOPAT은 일찌감치 이런 문제에 당면했다. 어느 의뢰인이 못난 곤충의 이름에 장모의 이름을 쓰고 싶다고 했다. BIOPAT은 이 제안을 거절했다. 반면에 이것이 '문제'가 아니라 더 많은 기회가 된다면 어떤가? 2014년에 도미닉 에반젤리스타라는 박사과정 학생이 '보복의 분류학'이라고 이름 붙인 경매에서 바퀴벌레에 대한 명명권 판매를 제안했다. 그는 반 농담으로 이렇게 썼다. "우리는 최근에 바퀴벌레 크세스토블라타속*Xestoblatta*에서 신종을 발견했습니다. 이 벌레는 못났고 구립니다. 하지만 이 벌레에게도 이름이 필요합니다. (…) 사람들 대부분이 바퀴벌레에 부정적인 감정을 갖습니다. 그렇다면 앙심과 경멸을 갖고 복수를 한다는 뜻에서 이 바퀴벌레에 원수의 이름을 붙여보는 것은 어떨지? 바람난 전 남친? 혐오스러운 상사? 아니면 뉴스에서 보는 것조차 짜증나는 특정 연예인? 크세스토블라타 저스틴비버리*Xestoblatta justinbieberii*는 어떻습니까? 무슨 뜻인지 다들 알겠죠?"[3]

에반젤리스타는 이 경매가 홍보된 것에 비해 의뢰가 많지 않은 것에 놀랐다. 낙찰된 사람은 메이 베렌바움May Berenbaum이라는 곤충학자였는데, 그는 이 신종 바퀴벌레에 자신의 이름을 넣어달라고 부탁했다. 그래서 크세스토블라타 베렌바우마이Xestoblatta berenbaumae가 된 이 벌레는 결국 복수의 도구로는 쓰이지 못했다. 베렌바움이 기부한 돈은 에반젤리스타가 가이아나에서 연구하는 비용을 댔고, 그는 건조한 사바나가 종의 이동에 장벽이 될 수 있는지, 따라서 바퀴벌레뿐 아니라 남아메리카 동식물상 전반에 걸쳐 새로운 종이 진화하는 데 일조했는지에 대한 대답을 찾고 있다. 바퀴벌레 또한 좀 더 카리스마 넘치는 사촌들처럼 우리에게 알려줄 중요한 비밀을 갖고 있다.

명명권 경매를 위험하고 철저히 상업적이며 과학의 이상을 비도덕적으로 왜곡한 것이라고 비난해야 할까? 아니면 종 다양성과 보전에 대한 사회의 경각심을 높이고 기금을 모으는 영리한 도구라고 환영해야 할까? 이것은 흥미로운 질문이지만, 중요한 면에서 잘못된 질문이기도 하다. '제대로 된' 질문은 이것이다. 어쩌다 신종 발견의 과학이 연구비 지원을 받지 못해 명명권을 팔아 연구비를 구하는 게 더 쉬운 지경까지 간 것입니까?

우리는 곤충(또는 진드기, 벌레)에 의해 새로운 전염성 질병이 확산되는 세상에 살고 있지만, 그 매개체 역할을 하는 곤충(또는 진드기, 벌레)이 얼마나 많은지 알지 못한다. 우리는 대기에 방출된 이산화탄소로 인한 기후변화가 생존의 위협이 되고, 녹색식물과 해조류가 대기에서 이산화탄소를 제거하는 가장 중요한 방법인 세상에 살고 있다. 하지만 우리는 세상에 얼마나 많은 식물과 해조류가 있는지조차 알지 못한다. 지구의 생물다양성은 신약 발견, 화학 살충제를 쓰지 않는 작물 재배, 그 밖에 많은 것들의 열쇠를 쥐고 있다. 그런데 여전히 믿을 수 없을 정도로 이 생물다양성은 알려진 것이 없다. 단순히 종의 수를 세는 것으로는 세계의 많은 문제를 해결하지 못한다. 그러나 진정한 해결책에는 기초가 필요하고, 지구의 생물상에 대한 합리적이고 완결된 설명은 결코 소홀히 할 수 없는 토대가 된다. 종 발견은 우주 탐사나 생물 의학 연구처럼 매력적인 과학으로 보이지 않을지 모르지만, 그렇게 되어야 한다. 또한 신종 발견은 공공의 자금을 투자할 가치가 있는 분야로 여겨져야 한다. 박물관과 분류학 연구에 대한 만성적인 자금 부족으로 브라질 국립박물관 화재와 같은 비극적인 결과가 발생한다. 명명권 판매로 거둬들이는 돈은 지구 생물다양성을 기록하는 중요한 사업에 대한 적절한 사회적 관심을 얻는 썩 바람직한 대안은 아닐지 모르나 없는 것보다는 낫다.

지구상의 모든 살아 있는 생물종을 기록하고 명명하는 종 발견의 과제를 완수하는 데 얼마나 많은 시간이 걸릴까? 분명 엄청난 작업일 테지만, 비현실적일 정도는 아니다. 분류학자들을 교육하고, 대학과 박물관을 비롯해 그들의 일자리를 만들고, 그들이 일하는 연구비를 대고 그 결과물인 수집품을 수용하기 위한 글로벌 투자가 필요하다. 지구 생물다양성을 철저히 파악해야 한다는 최초의 심각한 요청은 E. O. 윌슨이 아직 발견되지 않은 종이 1,000만이라고 했을 때,

약 2만 5,000명의 분류학자가 평생을 바쳐 일해야 한다는 추정에서 비롯했다. 만약 이것이 어처구니없는 규모의 인력 투입으로 보인다면, 항공우주산업의 경우, 보잉사에서만 4만 5,000명의 엔지니어와 10만 명에 이르는 인력을 고용한다는 사실을 고려해보길 바란다.[4] 사실 이 프로젝트는 2000년 초, 샌프란시스코에서 열린 어느 저녁 만찬에서 시작되었다. 과거 마이크로소프트사의 최고 기술 책임자였던 네이선 미어볼드는 자신을 포함해 민망할 정도로 부자인 동료들이 자금을 댈 만한 프로젝트를 찾고 있었다. 한 가지 제안된 것이 윌슨이 말한 지구의 종 목록 작성이었고, 그렇게 2001년에 '지구 생물종 재단All Species Foundation'이 발족되어 25년 안에 지구의 전체 생물종 목록을 작성하기 위해 30억에서 200억 달러로 추산되는 기금을 마련하는 것을 목표로 운영되었다. 이 재단은 사무실과 직원, 초기 보조금을 마련했지만 2002년에 닷컴 주식시장의 버블이 붕괴하는 바람에 5조 달러에 달하는 돈이 사라졌고, 결국 지구 인벤토리 작성의 기금을 댈 수 있는 쉽게 모인 돈의 시대는 끝이 난 것처럼 보였다. '지구 생물종 재단'과 그 노력은 중단되었다.

다시 시작하면 마침내 지구의 인벤토리를 완성할 수 있을까? 최근 페르난도 카베이요와 안토니오 마르케스가 추정한 바에 따르면 동물의 경우에만 2,600억 달러(한화 약 300조 원)가 든다. 이는 지구 생물종 재단이 추산한 것보다 훨씬 높은 비용이지만 이 과제에 필요한 모든 과학 기반시설의 비용까지 신중하게 따져 확실한 근거하에 계산한 것이다. 사실 이것도 여전히 낮은 수치다. 카베이요와 마르케

스는 기재되어야 하는 동물을 540만 종 정도로 추산했지만, 실은 그
보다 훨씬 많을 것이다. 그리고 식물 균류, 미생물에 대한 비용은 따
져보지도 않았다. 만약 이 수치를 세 배로 늘리고 적당히 반올림하
면, 지구의 모든 살아 있는 종을 발견하고 기록하고 명명하는 데 약
8,000억 달러가 든다고 추산할 수 있다. 이는 분명 아주 많은 돈이
다. 아폴로 계획의 세 배이고 국제우주정거장 비용의 네 배를 웃돈
다. 그러나 시도하지 못할 정도는 아니다. 여기에는 새로운 분류학
자들을 훈련하고 시설을 짓는 기간이 소요되므로 어차피 하룻밤 사
이에 이루어질 수는 없다. 따라서 속성으로 진행된다고 가정해 총
20년을 잡으면 1년에 400억 달러가 드는 셈이다. 400억 달러는 세
계가 커피에 쓰는 돈의 절반도 안 되고, 우리가 아마존닷컴에서 쇼
핑하는 비용의 4분의 1에도, 전 세계 군비의 2.5퍼센트에도 못 미치
는 돈이다. 다시 말해 지구 생물다양성의 완벽한 인벤토리는 우리
사회가 마음만 먹으면 그리 어렵지 않게 달성할 수 있다는 뜻이다.
지금까지 우리는 선택하지 않았을 뿐이다.

　이름을 판매한다는 바로 그 사실이 종 발견의 중요성을 확신하는
분류학자들과 그렇지 않은 정부(그리고 그들을 선출한 사회까지 포함해) 사
이의 긴장에서 비롯한다. 이런 긴장이 지속되고, 조만간 해소될 기
미가 보이지 않는 한 명명권 경매는 계속될 것이다. 그것을 어리석
은 상업성 이벤트로 보든 긴요한 사업에 대한 후원자를 모집하는 영
리한 전략으로 보든 모두 우리에게 달렸다. 조바심이 주는 약간의
전율과 함께, 나는 후자를 택하겠다.

# 메이블 알렉산더의 파리

A Fly For Mabel Alexander

**19장**

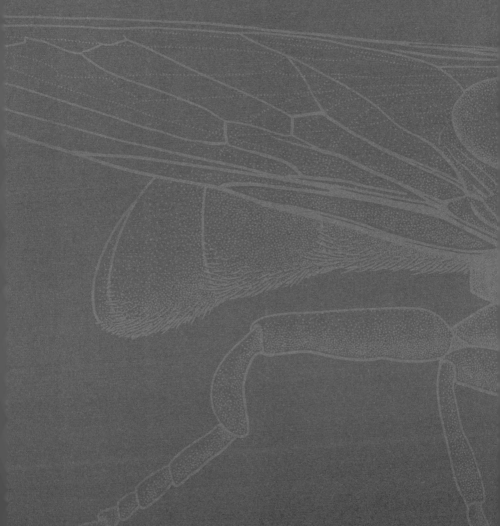

누군가는 고작 파리냐고 말할지도 모른다. 하지만 파리치고 꽤 멋지다. 금속성 푸른색에 작고 선명한 주황색 더듬이, 커다란 눈, 강하고 민첩한 비행 실력을 암시하는 근육질 흉곽까지. 꽃등에과의 약 6,000종 중 하나고, 종종 꽃꿀을 찾아 꽃 위를 맴도는 모습이 목격된다. 이 파리는 1999년에 스미스소니언 연구소 곤충학자인 크리스 톰프슨이 브라질 상파울루 대학 수집품에 있는 표본 상자에서 발견해 명명했다. 이 파리의 이름은 케파 마르가리타*Cepa margarita*이고, 독자가 예상하듯 이 이름에도 비하인드 스토리가 있다. 파리 얘기가 아닌 동명의 메이블 '마르가리타' 알렉산더Mabel "Margarita" Alexander의 이야기지만.

메이블의 이야기는 하나가 아닌 2개다. 둘 다 진실일 수도, 진실이 아닐 수도 있다. 단, 두 이야기를 합치면 좀 더 큰 이야기를 끌어낼 수 있다.

메이블 마르게리트 알렉산더(결혼 전 성은 밀러)는 1894년 6월 29일

뉴욕 알바니 근처에서 태어났다. 젊어서 비서 교육을 받았고 일리노이 자연사 서베이에서 비서로 일했다. 일리노이 서베이는 오늘날까지 미국에서 가장 규모가 큰 주립 연구기관으로 일리노이주 동식물 다양성 연구가 주요 과제다. 이곳의 박물관 소장품은 규모가 크고 중요한데, 그중에서도 곤충 소장품이 뛰어나다(전 세계에서 수집된 약 700만 점을 보유한다). 곤충이 있는 곳에는 곤충학자들이 오게 마련이고, 그래서 메이블은 그곳에서 찰스 폴 '알렉스' 알렉산더Charles Paul 'Alex' Alexander를 만났다.

알렉스 알렉산더는 메이블의 고향에서 북서쪽으로 불과 50킬로미터 떨어진 글로버스빌에서 자랐고 아마 그 연결고리가 일리노이주 샘페인에서 그들의 첫 만남을 자연스럽게 해주었을 것이다. 알

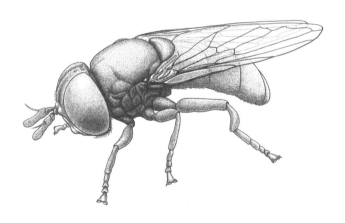

**메이블 알렉산더의 꽃등에** *Cepa margarita*

렉스는 1903년인 열세 살 때 새에 대한 관심으로 짧은 첫 논문을 발표하면서 박물학자의 길을 걷기 시작했다. 그러다 1910년에 각다귀를 발견하고 뉴욕 풀턴 카운티의 각다귀 동물상에 대한 논문을 출판했다. 각다귀는 대단히 흔한 곤충으로 유충은 민물이나 젖은 흙, 썩어가는 유기물질에 살고, 성충은 자유롭게 날아다니다 단명하며 종종 몸집이 큰 모기로 오인된다. 알렉스는 1917년에 코넬 대학에서 각다귀를 주제로 대학원을 마쳤고, 이후로 이 파리목 분류군은 그가 평생 학문적 열정을 쏟은 대상이 되었다. 그가 일리노이 서베이에 온 것도 그곳에 소장된 각다귀를 연구하기 위해서였다. 각다귀에 대한 열정은 그의 인생에 다른 열정도 함께 불러왔다. 메이블. 둘은 1917년 11월에 혼인했다.

이후로 메이블은 1979년에 사망할 때까지 62년을 알렉스와 함께했다. 그 60년 동안 메이블은 알렉스와 함께 각다귀를 연구했는데, 처음에는 전임 비서이자 야외 조수로, 나중에는 훨씬 많은 일을 도맡아 했다. 이는 남편의 성공을 뒷받침하기 위해 헌신적으로 내조하는 아내라는 익숙한 옛 시대의 이야기와 잘 들어맞는다. 그러나 다른 관점으로도 생각할 수 있다. 우리가 메이블을 어떻게 볼 것인지는 물어볼 만한 질문이다. 그러나 질문을 하기 전에, 즉 메이블 이야기의 진실을 결정하기 전에 먼저 알렉스의 이야기로 무대를 꾸며보자. 아마 과학자로서의 알렉스, 그리고 '그가' 이룬 과학적 업적을 중심으로 다소 진부하게 틀을 짜는 것이 제일 쉽고 익숙하겠다. 그러나 메이블의 진실은 알렉스의 이야기에도 영향을 미친다.

알렉스가 학부 시절 각다귀에 관심을 가지게 되었을 때 세계적으로 약 1,500종의 각다귀가 알려져 있었지만, 실제 총수에는 한참 미치지 못했다. 열대우림의 알려지지 않은 야생종은 물론이고 뉴욕주 동부에서 채집한 알렉스 자신의 수집품에도 아직 기재되지 않은 종이 있었다. 알렉스는 체계적으로 각다귀를 수집해 신종을 찾고 기재하기 시작했다. 그는 메이블과 결혼하고 매사추세츠 대학에서 교수로 있던 37년 내내 계속해서 이 작업을 했고, 은퇴하면서 교직과 행정에서 자유로워진 이후에도 20년 넘게 자신이 좋아하는 각다귀 연구에 매진했다. 그는 각다귀에 대해 1,000편 이상의 논문을 발표했고, 마지막 논문을 쓸 무렵에는 무려 1만 1,000종 이상의 신종에 이름을 붙였다.

잠시 이 작업의 규모에 대해 생각해보자. 따져보면 그가 일주일에 평균 3종 이상의 각다귀를 기재하고, 그 속도를 70년 동안 유지했다는 뜻이다(그중 60년을 메이블과 함께했다). 그러나 당연히 혼자서 저 많은 신종을 다 수집한 것은 아니고, 전 세계에서 수집가들로부터 표본을 받았다. 그 자신도 여름이면 노바스코샤주에서 알래스카, 캘리포니아까지 다니면서 각다귀와 곤충을 수집했다. 새로 발견된 종들이 정말 신종인지 확인하려면 알려진 다른 모든 각다귀와 비교하는 절차를 포함해 신중하게 조사해야 했다. 신종임이 확인되면 우선 속(즉, 해당 신종과 가장 가까운 친척)을 할당한 다음, 신종으로서의 지위를 증명하고, 다른 종들 사이에서 차지하는 위치를 정당화하기 위해 상세한 형태 기재를 해야 했다. 그 '형태'란 날개 모양이나 색깔처럼 눈으로 쉽게 확인할 수 있는 것이 아니었다. 다른 곤충들처럼 각다귀도 미세한 털의 위치나 생식기의 상세 구조가 분류에 매우 중요하므로 정교한 해부와 현미경 조사가 함께 이루어져야 했다. 그리고 마지막으로 당연히 각각의 신종에는 이름이 필요했다. 알렉스는 이 모든 과정을 1만 1,000번 반복했다. 그리고 그가 세상을 떠난 지 거의 40년이 지난 지금도 1만 1,000개의 '그의' 신종은 여전히 지금까지 알려진 전 세계 각다귀의 3분의 2 이상을 차지한다. 세계 어디에서든 각다귀 전문가라면 그의 논문을 읽지 않고는, 또는 그가 명명한 종을 식별하지 않고는 각다귀를 연구할 수 없을 것이다.

　그런데 놀랍게도 지금까지 가장 많은 신종을 발표한 기록을 세운 사람은 알렉스 알렉산더가 아니다. 1874년에 사망한 영국 곤충학자 프랜시스 워커가 유산으로 2만 3,506개의 이름을 남겼다. 그러나 이것은 자랑스러워할 기록도, 유산도 아니다. 워커의 연구는 부실했고 그가 새로 이름 붙인 '종' 중 수천이 아예 신종이 아닌 것으로 밝혀졌다. 대부분은 이미 다른 이들이 기재하고 명명한 종이었으므로(심지어 워커 자신이 먼저 명명한 종도 있었다), 워커가 지은 이름들은 후행이명일 뿐이다. 세상을 떠난 사람에 대해 나쁘게 말하면 안 되겠지만, 영국 곤충학 학술지에 실린 워커의 부고 첫 문장은 다음과 같다. "그의 과학적 평판에 비하면 20년이나 늦게, 그리고 가늠도 안 되는 막대한 차원으로 곤충학에 상처를 입힌 후 프랜시스 워커는 우리 곁을 떠났다."[1]

　알렉스의 연구는 워커의 연구와는 전혀 달랐다. 물론 알렉스가 신종으로 기재한 것 중 신종이 아닌 것으로 드러난 사례도 소수 있지만, 그것은 많은 종을 기재하고 명명하는 사람들에게 흔히 일어나는 일이다. 곤충학자 마이클 올은 알렉스의 '이명 비율'이 3~5퍼센트 정도라고 추정했는데, 이것은 놀라울 정도로 낮은 비율이다(참고로 워커는 30퍼센트를 훨씬 넘었다). 사태가 모두 진정되고 나면(150년이 지난 지금도 워커의 학명들은 아직 다 정리되지 않았다), 알렉스가 워커보다 그리고 다른 누구보다 유효한 종을 더 많이 명명했을 가능성이 아주 높다.

그렇다면 이 과정에서 메이블은 어디에 있었는가? 이 여인은 어디에나 있었다. 메이블은 수집된 각다귀를 정리하고 목록을 정리해 알렉스가 신속하게 비교 집단을 찾을 수 있게 했다(이것은 결코 만만한 일이 아니다. 알렉산더 부부의 수집품에는 약 1만 3,000종에 해당하는 수만 점의 표본이 있었고, 그에 더해 해부된 생식기 및 기타 부위가 포함된 현미경 슬라이드도 5만 점이 넘었다). 그리고 논문 출판과 관련해 필사, 타자, 교정, 제출, 출간, 교신하는 일을 했다. 메이블은 또한 방대한 문서 자료 파일을 관리했는데, 이것은 비단 각다귀 관련 도서나 논문뿐 아니라 알렉스가 주고받은 수많은 교신, 곤충학사와 곤충학자에 대한 어마어마한 분량의 노트와 논문까지 포함한다. 여름 채집에 나설 때면 언제나 메이블이 운전했고(알렉스는 운전을 배운 적이 없다), 낮에는 알렉스와 곤충을 채집하고 밤이면 채집한 것들을 분류했다. 메이블이 손대지 않은 각다귀 연구는 거의 없었던 것으로 보인다. 알렉스가 세미나에 참석하거나 집으로 대학원생들이나 동료들을 초대해 곤충학에 대한 얘기를 나눌 때면 메이블도 거기에 있었다. 대개는 조용히 있거나 이야기를 조금 거드는 정도였지만, 그녀는 항상 거기에 있었다.

　여기가 바로 메이블에 대한 두 이야기 중 하나를 말하고 들을 수 있는 지점이다. 알렉스 옆에서 조용히 서 있던 메이블, 학자인 남편의 일을 뒷받침하며 60년 동안 일해온 메이블이 그 하나다. 이 이야기는 여성이 과학 또는 사회의 거의 모든 분야에서 독자적인 경력을 쌓고 그에 대한 보상을 받을 기회가 없던 시절에 뿌리를 둔다. 남편의 경력을 지원하기 위해 무급으로, 공을 인정받지 못한 노동을 제공한 여성들의 길고 안타까운 역사가 있다. 이 맥락에서 메이블을 생각하기는 쉽다. 특히 메이블이 타이핑, 파일 관리, 정리, 필사 등 비서의 일로 경력을 시작했고 이후에도 이런 일들이 업무에 포함됐다는 점을 고려하면 더 그러하다. 이런 일들은 과거에 그리고 아마 지금도 여전히 '여자가 하는 일'로 널리 받아들여지고 또 하찮게 여겨지는 기술이다. 낮게 평가되는 일을 했기 때문에 여성의 경력이 그 방향으로 간 것인지, 혹은 인과관계가 그 반대인지는 분명하지 않다. 그러나 각다귀에 대한 메이블의 헌신은 거의 절대적이었다. 이 부부는 아이를 가지지 않았고, 메이블은 알렉스와 결혼 후 일리노이 서베이를 떠나 남편의 첫 직장이 잡힌 캔자스주에 따라간 후로 다른 일을 했던 것 같지 않다. 평생 알렉스는 메이블의 역할에 대해 공식적 또는 공개적으로 인정한 적이 거의 없었다. 여성의 내조가 흔하고 당연하게 여겨지던 시대였으므로 알렉스 역시 흔한 관습이 만든 상황을 기꺼이 받아들였고 그것이 각다귀에 대한 열정을 추구하는 데 엄청난 도움이 되었을 것이다. 이것이 메이블의 첫 번째 이야기다. 무보수로 제 공로를 인정받지 못한 채 남편 뒤에서 불공평하게 강등되고 종속된 내조자.

그러나 이 첫 번째 이야기를 깊이 생각하지 않고 받아들인다면 결코 단순하지 않은 이야기를 지나치게 단순화하는 것이다. 그것은 메이블에게, 그리고 알렉스에게도 불공평하다. 그렇다면 다른 버전의 메이블 이야기를 생각해보자. 이 버전에서 메이블과 알렉스의 파트너십은 비서 훈련으로 준비한 직업보다 훨씬 흥미롭고 보람된 삶을 그녀에게 제공했다. 사회는 적어도 그녀가 아이를 가져 육아를 위해 직장을 그만둘 때까지 업무 지시를 받아 적고 송장을 철할 것을 기대했다. 그러나 대신 그녀는 평생 세계 최고의 각다귀 수집품을 큐레이트하고, 대륙을 여행하며 신종을 수집했다. 아마도 메이블은 자신이 정리, 분류, 목록 작성을 좋아하고 잘한다는 것을 발견했을 것이다(애초에 그런 이유로 비서 훈련을 선택했는지도 모르지만). 분류학은 과학 분야 중에서도 이런 일거리를 가장 많이 제공한다. 이 사실이 분류학이라는 학문을 폄하하는 건 아니다. 오히려 그 반대다. 분류학은 지구상에서 생명의 조직, 수십억 년 진화의 역사를 반영하는 조직을 발견하려는 시도다. 메이블이 알렉스의 연구에 합류함으로써 1910년 비서 학교에서 제공한 그 어떤 것보다 크고 신나고 중요한 문제를 다룰 수 있음을 깨달았다고 쉽게 상상할 수 있다. 이 버전의 메이블 이야기에서 그녀는 협력자였다. 단순히 내조에 그친 것이 아니라, 과학적 측면에서 자료를 수집하고 분류하고 시료를 준비하고 수집품을 큐레이팅하고 논문 초안을 만드는 적극적이고 확장된 역할의 협력자였다. 이 버전에서 그녀가 알렉스 뒤에 조용히 서 있었던 것은 종속성에 대한 상징이 아니라, (그녀를 아는 사람에 따르면) 단지 그녀가 아주 내성적인 사람이었기 때문이다. 이 버전에서 그녀는 과학에 필수적이었고, 그저 부르는 대로 타자나 치는 사람이 아니라 발견과 함께 우리가 그 공을 인정해야 할 현역 곤충학자였다.

이 두 번째 버전의 메이블 이야기는 첫 번째 이야기가 부인한 그녀를 하나의 주체로 인정하고 있다. 사회 관습에 의해 내조자 역할로 격하된 여성이 아니라, 과학에서 적극적인 역할을 스스로 선택할 수 있는 여성이다. 이 이야기에서는 메이블이 비서에서 아내, 어머니의 길로 가는 사회적 기대를 뒤엎으며 내적 충만을 찾기 위해 자신이 직면한 제약을 극복하는 모습을 볼 수 있다. 비록 그녀의 길이 오늘날 우리가 전통적이고 전문적인 것이라고 인지하는 것은 아닐지라도 말이다. 이 이야기에서는 사회의 시선을 신경 쓰지 않고 사랑하는 사람과 함께 사랑하는 것에 자신의 삶을 바치는 한 여성의 모습이 보인다.

그렇다면 어느 이야기가 진실일까? 나는 둘 다라고, 그러므로 둘 다 아니라고 생각한다. 1900년대 초 작은 마을에서 다섯 아이 중 넷째로 태어난 메이블이 제한된 기회를 가졌던 것은 사실이다. 비서 훈련이 수입을 보장하기도 했겠지만, 그녀가 원했더라도 과학을 전공해서 대학원 학위를 따기는 어려웠을 것이다. 알렉스와의 결혼을 통해 메이블이 과학으로 입문한 길은 당시 여성에게는 아주 제한된 기회였을 가능성이 크다는 말이다. 초기에는 알렉산더 부부의 각다귀 연구에 메이블이 공헌한 바는 주로 비서 업무였을 것이다. 그러나 60년이 넘는 결혼 생활과 연구 과정에서 점점 주체적인 파트너로 성장해 성공적인 연구에 더 중요한 존재가 된 것은 명확하다.

메이블의 역할에 대한 중요성은 여러 출처에서 증거를 찾을 수 있다. 우리는 지금까지 사람 이름을 딴 학명 이야기를 해왔기에 알렉스가 메이블의 이름을 딴 다음 14종으로 시작하겠다. *Atarba margarita, Ctenophora margarita, Discobola margarita, Erioptera margarita, Hexatoma margaritae, Molophilus margarita, Pedicia margarita, Perlodes margarita, Phacelodocera margarita, Protanyderus margarita, Ptilogyna margaritae, Rhabodmastix margarita, Symplecta mabelana, Neophrotoma mabelana*. 이 중 2개는 메이블을 사용했고 나머지 12개는 '마르가리타margarita'를 사용했는데, 메이블의 중간이름인 '마르게리트'에서 온 것으로 알렉스가 애정을 담아 그녀를 부르는 별칭이다. 물론 과학자들은 언제나 배우자의 이름으로 학명을 짓곤 하고, 대부분은 과학적 공헌에 대한 헌사가 아닌 사랑의 표시인 경우가 흔하다. 그러나 알렉스는 자신의 논문에 두 가지 이유를 모두 기록했다. 알렉스는 초반에 종종 메이블이 수집을 도운 것을 감사하는 뜻에서 그녀에게 이름을 바쳤다. 예를 들어 1936년에 명명한 강도래 페를로데스 마르가리타*Perlodes margarita*는 "뉴햄프셔 마운트 워싱턴의 남동쪽 사면의 높은 곳"에서 채집되었는데, 알렉스는 "이 종의 기준표본과, 미국 및 캐나다의 여러 지역에서 많은 새롭고 희귀한 곤충을 수집한 내 아내 메이블 마르게리트 알렉산더를 기념하며 이 흥미로운 강도래의 이름을 짓는 기쁨을 누린다"라고 썼다.[2] 그러나 나중에는 메이블의 폭넓은 기여를 인정하는 헌사를 썼다. 예를 들어 1978년 몰로필루스 마르가리타*Molophilus margarita*에 대해서는 이렇게 썼다. "이 독특한 종은 사랑하는 아내이자 평생 각다귀과 연구를 함께한 협력자를 기념하기 위해 명명했다."[3] 이 명명은 실제로 메이블을 과학자로 '인정'한 것이다. 그저 '사랑하는 아내'일 수 있었음에도.

알렉스가 말년에 메이블의 공헌을 깨닫고 인정했음이 명명에 반영된 것은 다른 패턴으로도 뒷받침된다. 1,000편이 넘는 알렉스의 논문은 거의 단일 저자로 출간되었지만, 1967년부터 메이블이 공동 저자로 인정받은 여덟 편의 연속적인 논문이 있다. 그것은 거대한 두 개요서《미국 남부의 파리목 목록》과《동양의 파리목 목록》의 챕터들이다. 알렉산더 부부가 맡은 챕터에는 500페이지에 걸쳐 6,000종이 넘는 파리의 세부 항목이 실렸다. 그것은 그들의 공동 각다귀 연구를 종합한 작품이다. 공동저자는 그것이 공동저작물임을 인정하는 것이다. 1960년대에 알렉스의 대학원생이었던 (그리고 나중에 케파 마르가리타를 명명한) 크리스 톰프슨은, 이 목록들은 알렉스의 관점에서 달라진 인식을 나타낸다고 말했다. "알다시피 알렉스는 학계에 있는 다른 모든 사람들처럼 살아왔어요. 논문을 내지 않으면 도태되는 거죠. 그런데 갑자기 신열대구 목록에서 깨달은 거죠. 모든 일을 메이블이 다 했다는 걸!"[4]

아마도 초기에 알렉스는 메이블의 기여를 다소 당연하게 받아들였을 것이다. 그는 각다귀에 메이블의 이름을 붙여주는 것으로 공을 인정했지만, 과학자들 사이에서 기여도에 대한 진정한 인정으로 여겨지는 것, 즉 저자의 자리는 공유하지 않았다. 그가 이것을 후회했는지는 알 길이 없지만, 케파 마르가리타를 명명한 논문에서 톰프슨은 알렉스가 말년에 "충실한 팀원인 메이블이 없었다면 그의 출판 및 새로운 분류군에 대한 기록은 이룰 수 없었을 것이라고 분명히 말했다"라고 지적했다.[5]

알렉스는 1979년 9월, 메이블이 세상을 떠난 후 아내의 역할에 대해 가장 힘 있고 가슴 아프게 인정했다. 크리스 톰프슨이 메이블의 장례를 위해 애머스트에 갔다가 알렉스가 허공을 바라보며 의자에 앉아 있는 것을 발견했다. 알렉스가 말했다. "다 끝났어, 크리스. 와서 곤충 표본들을 가져가게."[6] 메이블 없는 각다귀 연구는 존재하지도, 존재할 수도 없기 때문이었을 것이다.

인생 일이 흔히 그렇지만, 우리는 아마도 메이블의 두 이야기 중 어느 것이 진실에 가까운지 알지 못할 것이다. 하지만 나는 두 이야기를 나란히 놓았을 때 비로소 더 큰 그림을 볼 수 있다고 생각한다. 메이블을 과학 파트너로 온전히 인정하는 알렉스의 점진적인 깨달음은 여성의 참여를 확대하고 심화하는 과학의 (느린) 진보를 보여준다. 만약 알렉스와 메이블이 요즘의 고등학생이었다면 이야기가 다르게 전개되었으리라는 데는 의심의 여지가 없다. 메이블은 더 많은 교육과 직업의 선택권을 가졌을 것이고 알렉스는 배우자의 역할에 대한 선입견을 덜 가졌을 것이다. 그리고 어쩌면 일리노이 서베이에서 과학자와 비서가 아닌 동료로 만났을지도 모른다. 1,000편의 논문은 처음부터 공동저자로 냈을 테지만 연구는 똑같이 진행되었을 것이다.

메이블의 꽃등에, 케파 마르가리타는 어떤가? 그것은 알렉스가 아닌 그의 학생 크리스 톰프슨이 알렉스 사후 18년, 메이블 사후 20년 뒤에 붙인 이름이다. 사실 톰프슨은 케파 마르가리타와 케파 알렉스*Cepa alex*를 동시에 명명했다(처음에는 속명으로 크셀라*Xele*를 사용했으나 그 이름은 이미 화석 삼엽충의 한 속으로 밝혀져 명명규약에 따라 꽃등에에 할당될 수 없었다). 톰프슨은 자신의 대학원 지도교수인 알렉스뿐만 아니라 메이블을 함께 기리고 그들의 연구에서 그가 본 동등한 파트너 관계를 인정하고 싶었다. 그래서 그는 2종이 속한 속을 골라 각각에 이들의 이름을 붙였다. 서로 아주 닮은 종인데, 나는 이 점이 매우 중요하다고 생각한다. 다른 하나가 더 크지도, 더 밝지도, 더 널리 퍼지지도, 더 중요하지도 않다. 케파 알렉스의 더듬이는 짙고, 케파 마르가리타의 더듬이는 주황색이다. 그리고 날개의 색조와 시맥翅脈에 미묘한 차이가 있다. 그 외에 둘은 매우 비슷한 한 쌍이다. 톰프슨이 설명했듯이 "본 종을 분류학자들 중에서도 가장 생산적인 팀이었던 알렉스와 메이블 알렉산더에게 바친다. 그들은 1만 종의 각다귀를 포함해 1만 1,000종에 가까운 신종을 기재했고 (…) 그들의 출판물은 제목만도 총 1,017개 이상이고 2만 쪽을 넘는다. (…) 알렉스는 개인적으로 자신의 출판 기록과 새로운 분류군 기재가 그의 충실한 팀 동료인 메이블 마르가리타가 없이는 이루어질 수 없었을 것이라고 말했다. 그래서 우리는 이 속을 알렉산더 부부에게, 그리고 이 속에 속한 2종을 각 팀원에게 바친다."[7]

그렇다면 케파 마르가리타라는 학명은 메이블의 중요성을 알리려는 톰프슨의 선언이다. 그런다고 메이블의 이름이 최초 1,000편의 논문에 나오지 않았다는 사실이나 1910년 그녀의 진로가 사회의 기대치에 의해 제한되었다는 사실이 보상되는 것도 아니고, 과학에서 여성을 위한 동등한 기회나 인정을 향한 커다란 진보가 일어나는 것도 아니다. 하지만 작은 한 걸음 정도는 된다. 그리고 과학에서 앞으로 나아가는 길은 모두가 이바지할 수 있고, 이바지한 모두가 인정받을 수 있도록 큰 진보와 작은 발걸음을 모두 포함해야 한다. 케파 마르가리타는 메이블을 기억하고 기념함으로써, 그리고 그녀의 이야기, 아니 그녀의 두 이야기에 주의를 환기함으로써, 작은 발걸음으로 나아가고 있다.

케파 마르가리타와 케파 알렉스, 메이블의 파리와 알렉스의 파리. 메이블과 알렉스는 60년의 사회 변화를 아우르는 과학 인생을 함께했다. 그들은 꽃등에속 안에서 영원히 함께할 것이다.

# 베르트 부인의
# 쥐여우원숭이

Epilogue: Madame Berthe's Mouse Lemur

## 맺음말

이제 우리는 출발점이었던 마다가스카르 서부의 열대 낙엽수림으로 돌아와 이 여행을 마친다. 12월, 장장 9개월의 긴 가뭄이 끝나고 내리는 비로 모두가 안도할 때, 나뭇가지에서 부드럽게 재잘대는 소리가 인간의 가장 작은 영장류 친척인 베르트 부인의 쥐여우원숭이, 미크로케부스 베르타이*Microcebus berthae*의 존재를 알려온다. 왜 베르트인가? 물론 쥐여우원숭이들은 자기가 무슨 이름으로 불리든 상관하지 않는다. 숲 하층에서 바스락바스락 부지런히 다니면서 이들이 걱정하는 것은 당장의 먹고사는 문제, 그러니까 먹이를 확보하고 포식자를 피하고 짝을 찾는 일이다. 그러나 독자와 나는 궁금해 할 수 있다.

미크로케부스 베르타이라는 학명은 2000년에 로딘 라솔로아리슨, 스티브 굿맨, 외르크 간츠호른이 지었다. 이 세 영장류학자—마다가스카르인, 미국인, 독일인—는 함께 협력하여 마다가스카르 서부 숲속에 사는 미크로케부스속 쥐여우원숭이의 다양성을 밝히는 일을 한다. 이제 우리는 적어도 24종의 쥐여우원숭이가 마다가

**베르트 부인의 쥐여우원숭이** *Microcebus berthae*

스카르 숲을 공유한다는 사실을 알게 되었다. 종마다 색깔, 형태, 행동, 지리적 분포가 다르다. 라솔로아리슨과 동료들은 2000년 논문에서 마다가스카르 서부에 서식하는 7종의 쥐여우원숭이를 식별했고, 그중 3종을 신종으로 인지해 다음과 같이 명명했다. 미크로케부스 타바라트라*Microcebus tavaratra*, 미크로케부스 삼비라넨시스*Microcebus sambiranensis*, 미크로케부스 베르타이*Microcebus berthae*. 그중 앞의 2종의 이름은 지명을 뜻한다. 타바라트라는 마다가스카르 언어로 '북쪽에서'라는 뜻이다. 반면 삼비라넨시스는 마다가스카르 북서부 삼비라노 지역을 가리킨다. 세 번째, 미크로케부스 베르타이는 베르트 라코토사미마나나(보통 베르트 부인으로 불린다)라는 여성을 기리기 위한 것이다.

베르트 라코토사미마나나*Berthe Rakotosamimanana*(1938~2005)는 세계적으로 알려진 이름이 아니다. 마다가스카르 사람이거나 영장류 전공자가 아닌 이상 그녀에 대해 들어본 사람은 거의 없을 것이다. 그러나 그녀의 이름은 쥐여우원숭이에 아주 잘 들어맞는다. 왜냐하면 그녀는 사람들이 마다가스카르 동물상의 풍부한 생물다양성을 인지하고 보전하는 노력에 중추적인 역할을 했기 때문이다.

베르트 라코토사미마나나는 마다가스카르 동부 우림에 있는 광산촌이자 농촌인 안다시베에서 태어났다. 당시 마다가스카르는 프랑스 식민지였다. 20세기로 넘어갈 무렵 명백한 이중 교육이 시작되었다. 프랑스 시민과 마다가스카르의 소수 지배층 자녀를 위한 엘리트 학교 시스템과, 별다른 발전의 기회 없이 생산적인 일꾼을 훈련시키도록 설계된 토착민 시스템이 그것이다. 제2차 세계대전 이후에는 교육 시스템이 재편성되면서 마다가스카르 젊은이들을 위한 기회가 늘어났고, 베르트 부인은 그 기회를 활용했다. 공공학교를 마친 후, 그녀는 학부에서 과학을 전공한 뒤 프랑스로 가서 파리 대학에서 생물인류학으로 박사학위를 땄다. 1967년, 그녀는 (이제는 프랑스에서 독립한) 고국으로 돌아와 안타나나리보 대학에서 가르쳤다. 거기서 오래 교직 생활을 하면서 최초로 고생물학 기관을 설립했고, 20년 후에는 고생물학 및 생물인류학 학과를 세웠다. 대학에서 31년 동안 그녀는 과학을 전공하는 수천 명의 마다가스카르 학생들을 가르쳤다. 그것만으로도 존경을 받아 마땅하지만, 베르트 부인은 더 중요한 일의 중심에 있었다.

마다가스카르는 아프리카 대부분의 나라처럼 식민지 이후 고통스러운 역사를 맞이했다. 프랑스 식민 지배에 대한 반동으로 1970년대 마다가스카르는 팽창 중인 강력한 소비에트 지배하에 있는 공산주의 정부와 오랜 기간 정치적 격동의 시기를 겪었다. 국가는 매우 고립되고 빈곤해졌다. 여기서 빈곤이란 경제적인 측면을 말하는 것이고, 생물다양성의 측면에서는 마다가스카르가 놀라울 정도로 풍부한 생명의 고향이라는 점이 점점 더 분명해졌다. 상당 지역이 아직 연구되지 않았고 대부분은 긴급한 보호가 필요했다. 불행히도, 과학과 보전 모두 그곳에서는 힘들었다. 나라가 가난하다는 것은 마다가스카르 과학자들이 과학적 질문을 추구하고 보전 문제를 해결할 자원이 부족하다는 뜻이었고, 마다가스카르의 정치적 고립은 외국 과학자 또는 보존 단체들이 마다가스카르에서 활동하는 것을 극도로 어렵게 만들었다. 베르트 부인의 공헌은 이런 배경에서 판단해야 한다.

베르트 부인을 통해 너무나 많은 과학적 진보와 보전 활동이 이루어졌으므로 그녀의 중요성은 과대평가되었다고 할 수 없다. 공산주의 시대에 마다가스카르 정부는 외부인들에 대한 의심이 극도로 심해서 유럽이나 북아메리카 연구자들이 마다가스카르 입국 허가를 받거나 그 나라 안에서 연구하는 것은 거의 불가능했다. 심지어 사진 찍기조차 불필요한 요식 절차로 가득 차 있었다. 연구자가 마다가스카르에서 찍은 사진을 가지고 출국하려면 문화부의 허가를 받아야 했다. 베르트 부인은 외국인 연구자들, 특히 영장류학자들이 마다가스카르에 와서 동물상을 연구할 수 있게 도왔다. 그녀는 연구 허가를 받도록 주선하고, 인맥을 이용해 그들이 나라 안에서 수월하게 다니도록 도와주는 필수적인 접촉자였다. 연구원들에게 현지 협력자, 토지 관리인, 또는 야외 조수를 소개해주었고, 연구 표본이 국경을 넘어갈 수 있게 했다. 그러면서도 절대로 공동저작권이나 그밖의 것을 요구하지 않았다. 그들의 연구 결과물에 이름이 공식적으로 언급되지 않았더라도, 베르트 부인은 대단히 중요한 사람이었다.

베르트 부인이 없었다면 마다가스카르에서 외국인들이 수행하는 과학은 불가능에 가까웠으리라는 데는 의심의 여지가 없다. 그러나 그녀의 가장 중요한 역할이자 진정한 유산은 젊은 마다가스카르 과학자들과 환경보호론자들을 훈련시킨 것에 있다. 마다가스카르 대학에서 그녀가 있었던 학과를 거쳐가거나 그녀의 수업을 들었던 많은 학생들이 과학이나 보전 분야로 진출했다. 베르트 부인은 대학원 수준, 특히 영장류학에서도 수십 명의 학생을 가르쳤다. 현지 학생을 외국인 연구원과, 또는 그 반대로 연결하여 국제적인 측면에서 서로 도움이 되도록 애썼다. 그녀의 학생들은 학부생, 대학원생 할 것 없이 이제 마다가스카르 전역에서 보전 활동에 몸담고 있고 그중 다수가 자신의 과학으로 공헌하고 있다.

베르트 부인은 생물인류학이라는 과학의 기술적 측면뿐 아니라 과학과 보전 기풍까지 전달했다. 그녀의 박사과정 학생이었던 조나 랫심바자피는 이런 식으로 표현했다. "우리에게 베르트 부인은 교사였을 뿐 아니라 어머니였다. 그녀는 우리에게 책임감을 가르쳤고 우리가 훌륭한 시민이 되도록 인도했다. 그녀의 꿈은 마다가스카르에 전문적인 훈련 센터를 짓는 것이었다. (…) 마다가스카르의 보물인 쥐여우원숭이의 생존을 보장하기 위해 그녀가 뿌린 씨앗은 성장을 멈추지 않는다."[1] 1994년에 베르트 부인은 마다가스카르 영장류 조사 및 연구 단체(GERP)를 창설했다. GERP는 현재 쥐여우원숭이 연구에 앞장서는 조직체로서 조나 랫심바자피가 사무총장을 맡고 있다.

요약하면 베르트 부인은 한 세대의 마다가스카르 연구자들과 환경보호론자들에게 지침이 되는 빛이었고, 수십 년 동안 마가다스카르 연구와 훈련에 있어 외국인들이 의지한 지렛대이기도 했다. 미크로케부스 베르타이를 명명하면서 라솔로아리슨, 굿맨, 간츠호른은

이 모든 것을 고려했다. 베르트 부인이 없었다면 굿맨과 간츠호른 같은 외국인 과학자는 마다가스카르에서 일할 수 없었을 것이다. 라솔로아리슨은 그녀가 훈련시킨 또 한 명의 마다가스카르 학생이다. 그들은 신종 쥐여우원숭이의 이름으로 'berthae'를 선택한 이유를 이렇게 설명했다. "베르트 부인은 지난 25년 동안 마다가스카르에서 활동한 수백 명의 외국인 연구자들과 안타나나리보 대학에서 공부한 수천 명의 마다가스카르 학생들이 기억하듯이 마다가스카르 동물학, 특히 영장류학 발전의 중요한 힘이었다."[2] 베르트 부인은 쥐여우원숭이에게 완벽하고, 쥐여우원숭이는 그녀에게 완벽하다.

라솔로아리슨과 동료들은 베르트 부인의 이름으로 명명하면서 기뻐했지만, 사람들 말에 따르면 베르트 부인 역시 자신의 이름을 가진 쥐여우원숭이가 생긴 것에 크게 즐거워했다고 한다. 그녀는 이 명명에 대해 자부심과 기쁨, 자기 비하를 섞어서 자주 이야기했다. 그녀는 키가 작고 통통했는데, 미크로케부스 베르타이가 살아 있는 영장류 중에서 가장 작다는 사실을 특히 좋아한 것 같다. 동료들은 그녀가 자신의 쥐여우원숭이 사진을 가리키며 "있잖아요, 세상에서 가장 작은 영장류예요"라고 말한 다음 자신의 발 쪽을 내려다보며 임신한 포즈를 하고 말끝을 흐렸던 것을 기억한다. 그녀는 명문대에 임용되었고 정부에 인맥이 있었고 많은 권력을 가진 여성이었지만, 자신을 농담거리로 만들 기회가 있으면 주저하지 않았다. 안타깝게도 야생에서 미크로케부스 베르타이의 상황은 그다지 좋지 않다. 이 개체군은 멸종위기에 처했고, 황혼에 재잘대는 소리는 줄어들고 있다. 미국에서 가장 작은 주인 로드아일랜드주 면적의 6분의 1에 해당하는 500제곱킬로미터의 숲에 약 8,000마리의 성체가 사는 것으로 추정된다. 열세 개의 다른 미크로케부스속 종들도 비슷한 (또는 좀 더 심각한) 멸종위기 상태이고, 네 종은 취약 상태다. 그들의 곤경은 마다가스카르에서는 흔한 것이다. 세계에서 가장 빈곤한 나라 축에 드는 이곳에서 사람들은 경관을 이용해 겨우 생계를 꾸려나간다. 숲은 태워지고 벌목되고 조각난다. 토양은 퇴화되고 침식되어 실트silt와 함께 붉은 강이 바다로 흘러간다. 동물들은 식용으로, 그리고 세계 반려동물 시장에 팔기 위해 과도하게 사냥된다. 아시아두꺼비, 틸라피아, 구아버 같은 침입종이 서식처에서 토종 동식물을 몰아낸다.

마다가스카르에서 멸종은 가설이 아니다. 약 2,000년 전에 인간이 이곳을 식민지화하면서 멸종의 물결이 일었다. 초기의 희생자들 중에 대형늘보쥐여우원숭이(고릴라 무게에 해당하는 160킬로그램까지 나가는 종), 코끼리새(최대 700킬로그램, 키 3미터에 이름)를 포함한 화려한 거대 동물들이 있었다. 둘 다 약 1,000년 전 멸종될 때까지 사냥되어 세상에서 자취를 감췄다. 그리고 크고 작은 다른 수십여 종의 동물들이 뒤를 이었다. 이 중에는 사람 이름을 가진 생물도 있다. 예를 들어 뻐꾸기과의 드랄랑드쿠아뻐꾸기Coua delalandei는 1827년에 네덜란드 동물학자 쿤라트 테밍크가 피에르 앙투안 드랄랑드Pierre-Antoine Delalande(1787~1823)를 기념하기 위해 지었다. 드랄랑드는 프랑스 박물학자로 남아프리카에 2년짜리 원정을 다녀왔다. 그는 파리 자연사박물관에 1만 9,000점 이상의 아프리카 표본을 보냈다. 이 표본 중에 2,000점의 새, 1만 점의 곤충, 6,000점의 식물 그리고 23미터짜리 남방참고래의 완벽한 골격이 있는데, 드랄랑드가 "끔찍하고 전염성 있는 악취"를 맡으면서도 두 달에 걸쳐 사체를 해부해낸 것이다.[3] 드랄랑드가 마다가르카스뻐꾸기를 수집한 공로로 테밍크가 이 새에 그의 이름을 붙이긴 했지만, 실은 그가 발견한 것 같지 않다는 점은 의문으로 남는다. 드랄랑드가 많은 새를 수집한 것은 사실이지만, 이 새는 오로지 마다가스카르 북동쪽 섬인 노시 보라하에만 서식했는데, 그의 남아프리카 원정 보고서에는 그곳에 방문했다는 언급이 없기 때문이다. 어쩌면 다른 때에 마다가스카르를 방문해 그 뻐꾸기를 보았을지도 모르지만 그의 인생은 짧았다. 드랄랑드는 남아프리카에서 돌아온 지 불과 3년 만인 37세의 나이에 그가 사랑하던 박물관에서 죽었다. 이 뻐꾸기의 생명도 짧았다. 산림 파괴, 무분별한 사냥, 그리고 노시 보라하에 유입된 들쥐 때문에 1850년에 멸종되었다. 드랄랑드의 이름은 이제 뼈와 거죽으로만 기려진다. 베르트 부인의 이름은 다행히 살아 있는 육신으로, 숲속에서 눈빛과 재잘대는 소리로 영광을 받는다. 그러나 그녀의 쥐여우원숭이 역시 드랄랑드의 뻐꾸기처럼 멸종의 뒤를 따르지 말라는 법은 없다.

장담은 못 하겠지만, 아마도, 희망은 있다. 마다가스카르의 생물다양성은 대중에게 잘 알려져 있다. 생태 관광은 재정적 자원을 제공하고, 자연 지역과 그 안에 사는 생물을 보호하려는 동기를 부여함으로써 이 나라의 경제에 중요한 역할을 하고 있다. 보전을 위한 자금이 이 나라로 흘러 들어오고 있다. 전 세계에서 보전 단체들이 베르트부인여우원숭이와 그 동포를 대신해 일하고 있기 때문이다. 마다가스카르에서도 풀뿌리 보전 단체들이—많은 곳들이 베르트 부인이나 그녀의 학생들이 훈련시킨 마다가스카르 환경보호자들이 이끌어가며 일하고 있다—이 나라 전역에서 활발히 활동한다. 과학 연구는 마다가스카르 사람들과 국제 과학자들의 협력 속에서 계속된다. 다시 한번, 베르트 부인의 영향력은 지속된다. 이 연구에서 많은 마다가스카르 파트너들은 그녀에게 훈련받았고, 많은 국제 파트너들이 그녀의 후원하에 마다가스카르 연구를 시작했다. 이 모든 연구의 결과로, 새로운 종이 마다가스카르에서 매해 발견되며 우리가 이미 알고 있는 종에 대해서도 더 많은 것이 밝혀진다. 이 두 부분 모두 대단히 중요한데, 왜냐하면 종의 습성과 분포와 행동에 대한 지식 없이 종을 보호하려는 시도는 어둠 속 보이지 않는 곳에서 팔다리를 휘젓는 것과 마찬가지이기 때문이다. 마다가스카르의 경관과 동식물상은 여전히 절박한 상황에 빠져 있다. 그러나 우리는 무엇을 해야 하는지 알고 있고, 실천하기 시작했다. 만약 이 노력이 성공해 앞으로 계속해서 미크로케부스 베르타이가 황혼녘 숲에서 재잘댄다면, 그것은 베르트 부인의 열정과 에너지 그리고 그녀가 우리에게 남긴 연구와 연구자들의 유산이 결코 작지 않기 때문일 것이다.

이렇게 미크로케부스 베르타이라는 이름 뒤에는 많은 것이 존재한다. 이 이름에는 베르트 부인과 그녀의 유산, 그리고 '그녀'의 쥐여우원숭이와 그 이름을 지은 마다가스카르인 및 서양 과학자들 사이의 관계가 있다. 베르트 부인의 이야기는 충분한 가치가 있으므로 학명이 불려질 때마다 그 이야기가 전달될 수 있다면 그건 좋은 일이다. 베르트 부인의 이야기뿐만 아니라 수천 가지 훌륭한 이야기가 수천 가지 동명의 라틴명 뒤에 있다. 이 책은 슬쩍 맛만 보여주었을 뿐이다. 시드 비셔스에서 리처드 스프루스까지, 윌리엄 스펄링에서 찰스 다윈까지, 오르바르 이스베리에서 프라사나 다르마프리야까지, 피에르 앙투안 드랄랑드에서 베르트 라코토사미마나나까지. 사람 이름을 딴 학명들은 세계를 하나로 엮는다. 그렇게 함으로써 그 이름을 품은 생물들과 그들이 기념하는 사람들뿐 아니라, 그 이름을 붙인 과학자들의 사고와 성격에 대해서도 많은 것을 드러낸다.

수치스러운 일과 용기 있는 행동, 무명과 명성, 적의와 애정, 상실과 희망. 이 모든 것이 라틴어로 된 학명 안에 모두 들어 있다.

# 감 사 의 말

많은 친구와 동료가 집필을 도왔다. 어떤 분들은 원고를 읽고 의견을 나누어주었다. 자료와 문헌 찾기를 돕거나 제공해주신 분들, 역사나 분류학 관련해서 모호한 부분에 대해 답변해주신 분들도 있었다. 자신이 명명한 학명이나 해당 종에 대한 인터뷰 요청에 친절히 응해주신 분들, 읽기 어려운 독일어, 이탈리아어, 라틴어, 스웨덴어, 러시아어 등을 번역해주신 분들의 도움도 컸다. 꼭 다루어야 하는 이름들을 제안해주신 분들도 있었다(혹시 그 이름이 이 책에 나오지 않은 분들께는 사과드립니다).

그분들을 다 나열하자면 한이 없겠지만, 그중에서도 다음 분들께 특히 감사드린다. 리처드 윌란Richard Willan, 프리안사 위게싱헤Priantha Wigesinghe, 헤미 화앙아Hēmi Whaanga, 알렉사 알렉산더 트루시악Alexa Alexander Trusiak, 에이드리언 트론슨Adrian Tronson, 에릭 통Eric Tong, 닉 티퍼리Nic Tippery, 톰 손턴Tom Thornton, 미카엘라 톰프슨Michaela Thompson, 크리스 톰프슨Chris Thompson, 애덤 서머스Adam Summers, 존 스태니식John Stanisic, 알렉스 스미스Alex Smith, 닐 슈빈Neil Shubin, 데이비드 쇼트하우

스David Shorthouse, 야나 시벨Yana Shibel, 캐서린 셔드Catherine Sheard, 마누 손더스Manu Saunders, 게리 손더스Gary Saunders, 찰스 사코비Charles Sacobie, 레베카 로저스Rebekah Rogers, 리 앤 리드먼Leigh Anne Riedman, 데이비드 라이더David Rider, 줄리언 레사스코Julian Resasco, 조나 랫심바자피Jonah Ratsimbazafy, 디네시 라오Dinesh Rao, 사산카 라나싱헤Sasanka Ranasinghe, 에이미 파라크노위치Amy Parachnowitsch, 로버트 오웬스Robert Owens, 마이클 오어Michael Orr, 패트릭 누난Patrick Noonan, 캐린 니켈슨Kärin Nickelsen, 바즈릭 나자리Vazrick Nazari, 슈타판 뮐러-빌레Staffan Müller-Wille, 피터 문라이트Peter Moonlight, 아니 무어스Arne Mooers, 지오프 몬티스Geoff Monteith, 줄리아 플리나렉Julia Mlynarek, 러스 미터마이어Russ Mittermeier, 켈리 미첼Kelly Mitchell, 켈리 밀러Kelly Miller, 레이너 멜저Rainer Melzer, 잭 맥라클란Jack McLachlan, 빌 맷슨Bill Mattson, 칼 마그나카Karl Magnacca, 웨인 매디슨Wayne Maddison, 댄 루이스Dan Lewis, 한스-월터 랙Hans-Walter Lack, 외른 쾰러Jörn Köhler, 프랑크 쾰러Frank Köhler, 이트카 클리메쇼바Jitka Klimešová, 루이스 켈리Lewis Kelly, 니클라스 얀스Niklas Janz, 존 휘스먼John Huisman, 크리스티 헨리Christie Henry, 스티브 헨드릭스Steve Hendrix, 레베카 헬름Rebecca Helm, 크리스티 허드Kristie Heard, 제이미 허드Jamie Heard, 말로리 헤이즈Malorie Hayes, 미카엘 길스트롬Mikael Gyllström, 스티브 굿먼Steve Goodman, 도나 길버슨Donna Giberson, 미샤 기아슨Mischa Giasson, 앤 마리 고웰Ann Marie Gawel, 외르크 간츠호른Jörg Ganzhorn, 재니스 프리드먼Jannice Friedman, 데이비드 프랭크David Frank, 그레이엄 포브스Graham Forbes, 레슬리 플레밍Lesley Fleming, 젠 폴크스Zen Faulkes, 닐 에벤휘스Neal Evenhuis, 도

미닉 에반젤리스타Dominic Evangelista, 에밀리 댐스트라Emily Damstra, 레스 퀴나Les Cwynar, 더그 퀴리Doug Currie, 줄리 크룩섕크Julie Cruikshank, 팻 콤벤Pat Comben, 데일 클레이턴Dale Clayton, 토니 카마이클Toni Carmichael, 알렉산드로 카마고Alexssandro Camargo, 조지 바이어스George Byers, 더그 바이어스Doug Byers, 마이크 브루턴Mike Bruton, 펜자 브로도Fenja Brodo, 알렉스 본드Alex Bond, 페르디난도 보에로Ferdinando Boero, 제이슨 비텔Jason Bittel, 클라우스 베트케Claus Bätke, 빅토어 바라노프Victor Baranov, 토니 아이엘로Tony Aiello, 제이브드 아메드Javed Ahmed.

트위터나 블로그에 게시한 질문에 의견과 답변을 올려놓으신 수많은 팔로워와 독자 분들께도 감사드린다. UNB 도서관, 특히 문서 전달 부서에 계신 직원들은 가장 찾기 어려운 출판물도 찾아주셨다. (한번은 대학 도서관 직원에게 캠퍼스 도서관 상호 대출 신청 중에서 가장 이상한 책 주문 대회가 있으면 내가 우승하겠냐고 물었다. 그녀는 "글쎄요" 하고 잠깐 뜸을 들이더니 이렇게 덧붙였다. "미리 말씀드리면 안 되는데…")

예일대 출판부의 진 톰슨 블랙Jean Thomson Black, 마이클 디닌Michael Deneen, 필 킹Phil King은 인내심을 가지고 내 질문에 대답해주었고 원고가 한 권의 책이 되도록 방향을 잡아주었다. 해리슨 맥케인 재단의 학자 도서 출판 지원 연구비가 이 프로젝트에 필요한 자원을 제공해주었다. 마지막으로 크리스티 허드와 제이미 허드는 이 책을(그리고 내 이전 책도) 쓰는 긴 시간 동안 놀라울 정도로 인내심을 갖고 지켜봐주었다. 모두에게 감사한다.

# 옮 긴 이 의 말

이 책은 생물의 이름, 그중에서도 전 세계에서 공통으로 사용되는 공식적인 이름인 '학명'에 관한 책이다. 학명 중에서도 다른 사람의 이름을 딴 이름을 다루므로 결국 이름 속 이름, 다른 생물의 이름에 깃든 사람의 이름에 관한 책인 셈이다.

학명의 기본적이고도 가장 중요한 기능은 한 생물을 지칭하는 전 세계 공통어로서의 표준화 기능이지만, 명명도 결국은 인간이 하는 일이라, 또 저자가 강조하는바 학자도 인간인지라 학명은 원래의 기능을 초월해 학자들의 개성이 고스란히 드러나는 경연 무대가 된다. 그런데 학명에 가족이나 후원자, 존경하는 인물이나 좋아하는 연예인은 물론이고 정부情婦와 원수, 심지어 만화나 영화, 소설 속 가공의 인물까지 그 누구의 이름을 붙여도 무방하지만, 명명자 자신의 이름만은 안 된다는 건 어느 나라의 서운한 법칙인가 싶다. 더 놀라운 건 그게 정식으로 규정된 법칙이 아닌 그저 학자들 사이에서 암묵적으로 지켜지는 불문율이라는 사실이다. 그래서 현재까지 사용되는 학명 체계의 창시자이자 수만 종의 생물에 이름을 지어준 자기애 투철

한 린네조차 린네풀 하나에 겨우 제 이름을 붙였을 뿐이다. 물론 그 것도 정황상 그가 지었을 거라고 의심할 뿐 표면상으로는 다른 사람 이 지어준 이름이다.

20여 년 전 대학원에서 나는 백합과 식물을 공부했는데, 석사학위 심사 때 분류학 전공이 아닌 한 교수님께서 이런 질문을 하셨다. "신 종을 찾으면 이름은 어떻게 짓습니까? 자기 이름을 붙여도 되는 겁 니까?" 당시 뭐라고 대답했는지는 지금 떠오르지 않지만, 긴장 섞인 내 답변에 교수님들께서 웃으셨던 기억만 남아 있는 걸 보면 "네, 당 연하죠!"라고 당당하게 말하며 흑역사에 한 획을 긋지 않았을까 싶 다. 아무튼 자신의 발견에 제 이름을 남기고 싶은 마음은 과학자들 이라고 다를 리 없는 인지상정일 것이다. 그런데도 지금까지 명명된 150만 종의 학명에 명명자의 이름이 들어간 사례가 이 잡듯이 뒤져 야 나올까 말까 한다는 건 자의든 타의든 분류학자들이 자기애라는 본능과 충동을 이겨냈다는 흥미로운 사실을 보여준다. 물론 이건 이 책에서 저자가 학명에 쓰인 다양한 이름들을 '분류해' 독자에게 소 개하고자 하는 수많은 이야기 중 하나에 불과하다.

한편 사람의 이름에서 빌려온 학명에는 분류학자 개인의 개성을 초월하는 상징성과 역사적 의의도 새겨져 있다. 저자는 학명에 존재 하는 이름뿐만 아니라, 학명으로 기려져야 마땅한 이들의 흔적이 학 명 속에 남아 있지 않다는 부재의 사실로 종교, 성, 인종 차별의 역사 를 상기시키며 그저 흥미로운 에피소드 나열에 그칠 수도 있는 명명 의 뒷이야기 속에서 과학뿐 아니라 사회와 역사에 이르는 다양한 생각거리를 끄집어낸다.

이 책에 실릴 만한 우리나라 사례를 찾고 싶어서 친분이 있는 분류학 교수님께 여쭤봤더니 대번에 금강초롱을 말씀하셨다. 초롱꽃과에 속하는 금강초롱의 학명은 하나부사야 아시아티카*Hanabusaya asiatica*로 명명자는 나카이 다케노신이라는 일본 식물분류학자다. 나카이는 일제 강점기에 조선총독부 소속으로 한반도 식물을 연구하며 많은 식물의 학명을 명명했다. 1속 1종의 한반도 특산식물인 금강초롱의 속명이 초대 일본 공사인 하나부사 요시모토의 이름을 갖게 된 이유도 여기에 있다. 한국인이라면 이런 치욕적인 이름을 순순히 받아들이기 어렵고, 실제로 금강초롱의 학명을 개명하려는 큰 노력이 있었지만 이 책에서 설명한 '선취권의 법칙' 때문에 식물학적 오류가 발견되지 않는 한 이 이름을 바꿀 방법은 없다. 북한에서는 하나부사야라는 속명 대신 금강산에서 왔다는 뜻에서 금강사니아*Keumkangsania*로 바꿔서 사용하고 있지만, 식물 명명규약에 어긋나는 이름이라 정명으로 쓰이지는 못한다. 그렇다면 이 금강초롱의 학명에는 이 책에서 저자가 여러 학명을 통해 끄집어냈듯이 우리가 쉽게 잊어서는 안 되는 역사가 기록되어 있는 것이다.

많은 사람들에게 라틴어 학명이 낯설고 어려울 수 있다. 라틴어 발음은 크게 고전 라틴어식과 교회 라틴어식이 있는데 학명의 경우도 전적으로 통일된 기준은 없고 분류를 전공한 사람들은 학명을 영어식으로 발음하는 경우도 많다. 일러두기에서 말한 것처럼 이 책에서는 학명을 한글로 표기할 때 국립국어원의 외래어 표기법을 기본으로 하면서, 지역이나 사람의 이름을 라틴어화한 학명의 경우 그 이름이 속한 언어의 발음에 따라 표기하는 기준을 따름으로서 조금이나마 가독성을 높이고자 했다. 하지만 학명 자체는 저자가 독자를 재밌는 옛날이야기로 데려가 주는 매개체에 불과하다. 분류학을 공부한 적도 있고 또 학명을 적지 않게 다뤄본 축에 속하지만 나는 학명을 이런 식으로 분류해본 적도, 그 속에 이렇게 풍부한 이야기와 의미가 숨어 있으리라고 생각해본 적도 없다. 독자도 얼굴 맞대며 원수처럼 지내던 두 분류학자가 상대에게 바치는 학명을 통해 주거니 받거니 서로 '디스한' 이야기를 읽으며 킬킬대다 보면 외계어 같기만 한 학명이 조금은 친숙하게 느껴질 것이다.

이 '학명의 야사野史'를 쓰며 저자는 궁극적으로 분류학에 대한 대중의 관심, 달리 표현하면 투표권을 가진 시민들의 생물다양성을 향한 관심을 노렸을 것이다. 사실 대부분의 일반인이 아는 학명은 '호모 사피엔스'나 '티라노사우루스 렉스' 정도일 테고, 부정확할지언정 대개는 일반명이 더 익숙할 것이다. 학명은 극소수 분류학자들의 영역이라는 게 대중의 생각이다. 과거 소위 '발견의 시대'에 전성기를 누렸던 박물학은 이미 한참 전에 한물간 학문이고, 박물학을 이어받은 전통분류학 역시 진화의 개념과 분자생물학을 접목한 계통생물학 등으로 거듭나며 발전을 모색한 지 오래다. 그러나 시대를 거치며 모습과 방식은 달라졌을지 몰라도 이 학문들이 본질적으로 다루는 것은 지구의 생물다양성이다. 물론 1758년 발간된 《자연의 체계》에서 린네가 544종으로 기재한 나비목 종들이 오늘날에는 기재된 것만

18만 종으로 늘어난 예에서 단적으로 알 수 있듯, 분류학자들은 이름을 지어도 지어도 계속 신종이 나오는 이 끝없는 다양성을 나중에서야 인지하게 되었을 것이다. 그리고 그 규모가 채 파악되지도 못한 지금 다양성이 급격히 줄어드는 현상을 눈앞에서 지켜보면서 그 중요성을 더욱 실감하고 있다. 이 책에서 저자는 생물다양성 보전의 첫걸음으로 "지구 인벤토리" 제작을 야심 차게 제시한다. 지구 인벤토리란 지구에 현존하는 모든 생물을 파악하고 명명해 작성한 전체 생물 목록이다. 그러나 분류학이 비인기학문이 되고 연구비 순위에서도 끝으로 밀려나는 현실에서 막대한 자금이 필요한 지구 인벤토리 제작은 요원한 꿈이다. 각 생물의 ID를 감옥의 죄수 다루듯 숫자로 표기하지 않는 한, 사어死語인 라틴어로 지은 학명은 생물다양성을 파악하고 보전한다는 목표 아래에서 우리가 가진 가장 강력한 도구이자 이미 수백 년간 쓰이며 다듬어진 훌륭한 ID이다. 이런 이유로 저자는 생물다양성을 전공하는 과학자들뿐 아니라 비전공자인, 그러나 국가 정책에 막강한 영향력을 발휘할 수 있는 일반인들이 학명에 관심을 가지고, 더 나아가 그 관심이 분류학과 생물다양성으로 확장되어 투표권을 행사할 때 반영되길 바라며 간절히 읍소하는 마음으로 이 책을 쓰지 않았을까 싶다.

이 책을 읽으며 독자들도 만약 어떤 기이한 인연으로 신종을 발견하게 된다면 누구의 이름으로 학명을 지을지 한 번쯤 즐거운 상상을 해보면 어떨까(단, 자기 이름 빼고).

# · 주 ·

**머리말**

    1. Kastner 1977:24에서 인용함.

**1장    이름이 왜 필요할까**

    1. Grothendieck 1986:24, 저자 번역.

**3장    이름 속 이름, 개나리와 목련**

    1. Plumier 1703, 저자 번역.
    2. Magnol 1689, 번역본은 Stearn 1961을 참조함.

**4장    만화가 게리 라슨의 이**

    1. D. 클레이튼, 2017년 5월 18일에 스카이프로 저자와 대화한 내용.
    2. Clayton 1990:260.
    3. Larson 1989:171.
    4. Fisher et al. 2017:399.
    5. 닐 슈빈, 2018년 6월 22일에 저자와 전화한 내용.
    6. Kelley 2012:24에서 인용함.

**5장    마리아 지빌라 메리안과 자연사의 변천사**

    1. Todd 2007:173에서 인용함.
    2. Nahakara et al. 2018:285.

**6장    데이비드 보위의 거미, 비욘세의 파리, 프랭크 자파의 해파리**

    1. Lessard and Yeates 2011:247.
    2. Lessard and Yeates 2011:248.
    3. Murkin n.d에서 인용하고 보에로에게 개인적으로 연락해 확인함.
    4. Murkin n.d에서 인용하고 보에로에게 개인적으로 연락해 확인함.

**8장    악마의 이름**

    1. Scheibel 1937:440.

2. Linnaeus 1737, Critica Botanica, 번역본은 Hort 1938:71 참조.
3. Fischer et al. 2014:62.
4. Geilis 2011:638.
5. Miller and Wheeler 2005:126.
6. Cuvier 1798:71.
7. 루이 아가시가 엘리자베스 아가시에게 보낸 편지, Gould 1980: 173에서 인용함.

## 9장 리처드 스프루스와 우산이끼

1. Spruce 1908, I:95.
2. Spruce 1908, I:364.
3. Spruce 1861:10.
4. Spruce 1861:12.
5. 1873년 편지, Spruce 1908:xxxix에서 인용함.
6. Spruce 1908, I:140.
7. 1873년 편지, Spruce 1908:xxxix에서 인용함.

## 10장 나에게 바치는 이름

1. Hort 1938:64.
2. Anonymous 1865:181.
3. Sabine 1818:522.
4. Angas 1849 Plate XXIX.
5. Jamrach 1875:2.
6. Jamrach 1875:2.
7. Tytler 1864:188, 강조는 원문.

## 11장 착한 명명, 나쁜 명명: 로베르트 폰 베링게의 고릴라, 다이앤 포시의 안경원숭이

1. Von Beringe, F. R. 1903. "Bericht des Hauptmanns von Beringe uber seine Expedition nach Ruanda" (르완다 원정에 대한 폰 베링게 대령의 보고서). Deutsches Kolonialblatt (Schaller 1963:390에서 인용함).
2. Niemitz et al. 1991:105.
3. D. 포시, 1976년 7월 I. 레드먼드에게 보낸 편지; de la Bedoyere 2005에서 인용함.

## 12장 원수의 이름으로 학명을 짓는다면?

1. Linnaeus 1729, Praeludia Sponsaliorum Plantarum, 번역본은 Larson 1967을 참조함.
2. Linnaeus 1737, Critica Botanica; 번역본은 Hort 1938:63을 참조함.
3. Isberg 1934:263, 저자 번역.
4. Peterson 1905:212.
5. K. 밀러, 2017년 7월 7일, 저자에게 보낸 이메일.
6. Nazari 2017:89.
7. V. 나자리, 2017년 7월 10일, 저자와의 이메일 교신.

## 13장 찰스 다윈의 뒤엉킨 강둑

1. Wulf 2015:8.
2. G. 몬테이스, 2018년 8월 6일, 저자에게 보낸 이메일.
3. Darwin 1859:490.

## 14장 사랑하는 그대에게 바칩니다

1. Bonaparte 1854:1075, 저자 번역.
2. Lesson 1839:44, 저자 번역.
3. Gross 2016.
4. Miller and Wheeler 2005:89.
5. Hamet 1912, 저자 번역.
6. Haeckel 1899~1904, 번역본은 Richards 2009a을 참조함.
7. Richards 2009b에서 인용하고 번역본을 참조함.
8. Blunt 1971에서 인용하고 번역본을 참조함.

## 15장 학명의 사각지대

1. Markle et al. 1991:284.
2. Le Vaillant 1796:208.
3. Layard 1854:127.
4. Papa 2012:93에서 인용함.

## 16장 해리 포터와 종 이름

1. Mendoza and Ng 2017:26.
2. Ahmed et al. 2016:25.

## 17장 마저리 코트니-래티머와 심원의 시간에서 온 물고기

1. Weinberg 2000:11에서 인용함.
2. Weinberg 2000:2에서 인용함.
3. Smith 1956:27.
4. Smith 1956:41.
5. Weinberg 2000:27에서 인용함.
6. Weinberg 2000:19에서 인용함.
7. Woodward 1940:53.
8. Smith 1939b:749-50.

## 18장 학명을 판매합니다

1. Kohler et al. 2011:219.
2. Chang 2008에서 인용함.
3. Evangelista 2014.
4. The Boeing Company, n.d. General Information, http://www.boeing.com/company/general-info, 2019년 4월 7일 접속.

## 19장 메이블 알렉산더의 파리

1. Anonymous 1874:140.
2. Alexander 1936:24, 27.
3. Alexander 1978:268.
4. F. C. 톰프슨, 2018년 10월 17일, 저자와의 전화 인터뷰.
5. Ibid.
6. Ibid.
7. Thompson 1999:341.

## 맺음말

1. 조나 랫심바자피, 2018년 11월 2일, 저자에게 보낸 이메일.
2. Rasoloarison et al. 2001:1004.
3. Delalande 1822:5.

## 머리말

Byatt, A. S. 1994. "Morpho Eugenia," in *Angels and Insects*. New York: Vintage Books.

Kastner, Joseph. 1977. *A Species of Eternity*. New York: Alfred A. Knopf.

## 서론

Rasoloarison, Rodin M., Steven M. Goodman, and Jörg U. Ganzhorn. 2000. "Taxonomic revision of mouse lemurs (*Microcebus*) in the western portions of Madagascar." *International Journal of Primatology* 21, no. 6: 963 – 1019.

Yoder, Anne D., David W. Weisrock, Rodin M. Rasoloarison, and Peter M. Kappeler. 2016. "Cheirogaleid diversity and evolution: Big questions about small primates." In *The Dwarf and Mouse Lemurs of Madagascar: Biology, Behavior and Conservation Biogeography of the Cheirogaleidae*, edited by Shawn M. Lehman, Ute Radespiel, and Elke Zimmermann, 3 – 20. Cambridge: Cambridge University Press.

## 1장

Giller, Geoffrey. 2014. "Are we any closer to knowing how many species there are on Earth?" *Scientific American*. Springer Nature. April 8, 2014. https://www.scientificamerican.com/article/are-we-any-closer-to-know ing-how-many-species-there-are-on-earth/

Grothendieck, Alexander. 1985. *Récoltes et semailles: Réflexions et témoignages sur un passé de mathématicien* [Harvests and sowings: Reflections and testimonies on a mathematician's past]. Université des Sciences et Techniques du Languedoc, Montpellier, et Centre National de la Recherche Scientifique. Accessed May 31, 2017. lipn.univ-paris13.fr/~duchamp /Books&more/Grothendieck/RS/pdf/RetS.pdf.

Johnson, Kristin. 2012. *Ordering Life: Karl Jordan and the Naturalist Tradition*. Baltimore: Johns Hopkins University Press (especially with respect to trinomials, Chapter 2, "Reforming Entomology" and Chapter 3, "Ordering Beetles, Butterflies, and Moths").

Lewis, Daniel. 2012. *The Feathery Tribe: Robert Ridgway and the Modern*

*Study of Birds.* New Haven: Yale University Press (especially with respect to trinomials, Chapter 6, "Publications about Birds").

Moss, Stephen. 2018. *Mrs. Moreau's Warbler: How Birds Got Their Names.* London: Faber and Faber.

Stearn, William Thomas. 1959. "The background of Linnaeus's contributions to the nomenclature and methods of systematic biology." *Systematic Zoology* 8, no. 1: 4–22.

Wright, John. 2014. *The Naming of the Shrew: A Curious History of Latin Names.* London: Bloomsbury Publishing.

## 2장

Burkhardt, Lotte. 2016. *Verzeichnis Eponymischer Pflanzennamen* [Index of Eponymyic Plant Names]. Botanic Garden and Botanical Museum Berlin.

Figueiredo, Estrela, and Gideon F. Smith. 2010. "What's in a name: Epithets in *Aloe* L. (Asphodelaceae) and what to call the next new species." *Bradleya* 28: 79–102.

Lewis, Daniel. 2012. *The Feathery Tribe: Robert Ridgway and the Modern Study of Birds.* New Haven: Yale University Press (Chapter 5, "Nomenclatural Struggles, Checklists, and Codes").

Turland, Nicholas J., John H. Wiersema, Fred R. Barrie, Werner Greuter, David L. Hawksworth, Patrick S. Herendeen, Sandra Knapp, Wolf-Henning Kusber, De-Zhu Li, Karol Marhold, Tom W. May, John McNeill, Anna M. Monro, Jefferson Prado, Michelle J. Price, and Gideon F. Smith (eds.). 2018. *International Code of Nomenclature for Algae, Fungi, and Plants (Shenzhen Code) Adopted by the Nineteenth International Botanical Congress Shenzhen, China, July 2017.* Regnum Vegetabile 159. Glashütten: Koeltz Botanical Books. https://doi.org/10.12705 /Code.2018

International Commission on Zoological Nomenclature. 1999. "International Code of Zoological Nomenclature, 4th ed." *The International Trust for Zoological Nomenclature.* http://www.nhm.ac.uk/hosted-sites /iczn/ code/

Winston, Judith E. 1999. *Describing Species: Practical Taxonomic Procedure for Biologists.* New York: Columbia University Press.

# 3장

Aiello, Tony. 2003. "Pierre Magnol: His life and works." *Magnolia, the Journal of the Magnolia Society* 38, no. 1: 1 – 10.

Dulieu, Louis. 1959. "Les Magnol" [The Magnols]. *Revue d'histoire des sciences et de leurs applications* 12, no. 3: 209 – 224.

Magnol, Petrus. 1689. *Prodromus Historiae Generalis Plantarum in quo Familiae Plantarum per Tabulas Disponuntur* [Precursor to a General History of Plants, in Which the Families of Plants Are Arranged in Tables]. Montpellier.

Plumier, P. Carolo. 1703. *Nova Plantarum Americanarum Genera* [New Genera of American Plants]. Paris.

Smith, Archibald William. 1997. *A Gardener's Handbook of Plant Names: Their Meanings and Origins.* Mineola, New York: Dover Publications. (Forsythia: pp. 160 – 161)

Stearn, William Thomas. 1961. "Botanical gardens and botanical literature in the eighteenth century." In *Catalogue of Botanical Books in the Collection of Rachel McMasters Miller Hunt,* 2(1), edited by Allan Stevenson, xli – cxl. Pittsburgh: The Hunt Botanical Library.

Treasure, Geoffrey. 2013. *The Huguenots.* New Haven: Yale University Press.

# 4장

Barrowclough, George F., Joel Cracraft, John Klicka, and Robert M. Zinck. 2016. "How many kinds of birds are there and why does it matter?" *PLoS ONE* 11:e0166307.

Clayton, Dale H. 1990. "Host specificity of *Strigiphilus* owl lice (Ischnocera: Philopteridae), with the description of new species and host associations." *Journal of Medical Entomology* 27, no. 3: 257 – 265.

Fisher, J. Ray, Danielle M. Fisher, Michael J. Skvarla, Whitney A. Nelson, and Ashley P. G. Dowling. 2017. "Revision of torrent mites (Parasitengona, Torrenticolidae, *Torrenticola*) of the United States and Canada: 90 descriptions, molecular phylogenetics, and a key to species." *ZooKeys* 701: 1.

Kelley, Theresa M. 2012. *Clandestine Marriage: Botany and Romantic Culture.* Baltimore: Johns Hopkins University Press.

Kohler, Robert E. 2006. *All Creatures: Naturalists, Collectors, and Biodiversity, 1850–1950.* Princeton: Princeton University Press (Chapter 6, "Knowledge").

Larson, Gary. 1989. *The Prehistory of the Far Side*. Kansas City: Andrews and McMeel Publishing.

## 5장

Davis, Natalie Z. 1995. *Women on the Margins: Three Seventeenth-Century Lives*. Cambridge: Harvard University Press.

Merian, Maria Sibylla. 1675. *Neues Blumenbuch* [New Book of Flowers]. Nuremburg: Johann Andreas Graffen.

———. 1679. *Der Raupen Wunderbare Verwandlung und Sonderbare Blumennahrung* [The Wonderful Transformation of Caterpillars and Their Remarkable Diet of Flowers]. Nuremberg and Frankfurt: Andreas Knorz, for Johann Andreas Graff and David Funck.

———. 1705. *Metamorphosis Insectorum Surinamensium* [Metamorphosis of the Insects of Suriname]. Amsterdam: Gerard Valk.

Nakahara, Shinichi, John R. Macdonald, Francisco Delgado, and Pablo Sebastián Padrón. 2018. "Discovery of a rare and striking new pierid butterfly from Panama (Lepidoptera: Pieridae)." *Zootaxa* 4527, no. 2: 281 – 291.

Rücker, Elisabeth. 2000. *The Life and Personality of Maria Sibylla Merian*. Preface to *Metamorphosis Insectorum Surinamensium*. Pion, London: Pion Press reprint.

Stearn, William Thomas. 1978. "Introduction," in *The Wondrous Transformation of Caterpillars: 50 Engravings Selected from Erucarum Ortus*, by Maria Sybilla Merian (1718). London: Scolar Press.

Todd, Kim. 2007. *Chrysalis: Maria Sibylla Merian and the Secrets of Metamorphosis*. New York: I.B. Taurus.

## 6장

Boero, Fernando. 1987. "Life cycles of *Phialella zappai* n. sp., *Phialella fragilis* and *Phialella sp.* (Cnidaria, Leptomedusae, Phialellidae) from central California." *Journal of Natural History* 21, no. 2: 465 – 480.

Jäger, Peter. 2008. "Revision of the huntsman spider genus *Heteropoda* Latreille 1804: Species with exceptional male palpal conformations (Araneae: Sparassidae: Heteropodinae)." *Senckenbergiana Biologica* 88, no. 2: 239 – 310.

Lessard, Bryan D., and David K. Yeates. 2011. "New species of the Australian horse fly subgenus *Scaptia* (*Plinthina*) Walker 1850 (Diptera: Tabanidae), including species descriptions and a revised key." *Australian Journal of Entomology* 50, no. 3: 241 –252.

Murkin, Andy. (n.d.) "Here's your jelly, Frank!" Andymurkin dotcom. Accessed February 28, 2017. www.andymurkin.net/Resources/MusicRes/ZapRes / jellyfish.html (confirmed via personal correspondence with F. Boero).

## 7장

Anonymous. 1854. "Supposed murder of a portion of the passengers and crew of the ketch Vision." *Moreton Bay Free Press*, November 21, 1854; reprinted, *Sydney Morning Herald*, November 29, p. 4.

Angus, George French. 1874. *The Wreck of the "Admella," and Other Poems*. London: Sampson, Low, Marston & Searle.

Australian National Herbarium. "Strange, Frederick (1826 – 1854)." Council of Heads of Australasian Herbaria, Biographical Notes. Accessed February 4, 2017. www.anbg.gov.au/biography/strange-frederick.html.

Comben, Patrick. 2018. *The Mysteries of Frederick Strange, Naturalist*. Brisbane: Self-published.

New South Wales. Parliament. Legislative Council. 1855. *Search by H.M.S. Ship "Torch" for the survivors of the "Ningpo," and for the remains of the late Mr Strange and his companions*. Sydney: New South Wales Legislative Council.

Gee, Jane, et al. 2008 – 2015. *Murdered in Australia 10.1854*. British Genealogy. Accessed February 4, 2017. Thread of posts: www.british-genealogy. com/threads/25880-murdered-in-Australia-10.1854.

Iredale, Tom. 1933. "Systematic notes on Australian land shells." *Records of the Australian Museum* 19, no. 1: 37 –59.

———. 1937. "A basic list of the land Mollusca of Australia.—Part II." *Australian Zoologist* 9, no. 1: 1 –39.

Kloot, Tess. 1983. "Iredale, Tom (1880 – 1972)." In *Australian Dictionary of Biography. Volume 9, 1891–1939, Gil–Las*, edited by Bede Nairn, Geoffrey Serle and Chris Cunneen. Melbourne: Melbourne University Press.

Kohler, Robert E. 2006. *All Creatures: Naturalists, Collectors, and Biodiversity, 1850–1950*. Princeton: Princeton University Press (Chapter 4, "Expedition").

MacGillivray, John, George Busk, Edward Forbes, and Adam White. 1852. *Narrative of the Voyage of HMS Rattlesnake, Commanded by the Late*

*Captain Owen Stanley, R.N., F.R.S. &c. During the Years 1846–1850. Including Discoveries and Surveys in New Guinea, the Louisiade Archipelago, etc. to which is Added the Account of Mr. E.B. Kennedy's Expedition for the Exploration of the Cape York Peninsula.* London: T. & W. Boone.

Meston, Archibald. 1895. *Geographic History of Queensland.* Brisbane: E. Gregory, Government printer.

Morgan, E.J.R. 1966. "Angas, George French (1822 – 1886)." In *Australian Dictionary of Biography. Volume 1, 1788–1850, A–H,* edited by Douglas Pike. Melbourne: Melbourne University Press. Accessed online February 4, 2017. http://adb.anu.edu.au/biography/angas-george-french-1708 / text1857.

Noonan, Patrick. 2016. "Sons of Science: Remembering John Gould's Martyred Collectors." *Australasian Journal of Victorian Studies* 21, no. 1: 28 – 42.

van Wyhe, John. 2018. "Wallace's Help: The many people who aided AR Wallace in the Malay Archipelago." *Journal of the Malaysian Branch of the Royal Asiatic Society* 91(1), no. 314: 41 – 68.

Whitley, Gilbert Percy. 1972. "The life and work of Tom Iredale (1880 – 1972)." *Australian Zoologist* 17, no. 2: 65 – 125.

Whittell, Hubert Massey. 1941. "Frederick Strange: A biography." *Australian Zoologist* 11: 96 – 114.

## 8장

Cuvier, George. 1798. *Tableau Elementaire de l'Histoire Naturelle des Animaux* (Elementary Table of the Natural History of Animals). Paris: Baudouin, imprimeur.

Fischer, Valentin, Maxim S. Arkhangelsky, Gleb N. Uspensky, Ilya M. Stenshin, and Pascal Godefroit. 2014. "A new Lower Cretaceous ichthyosaur from Russia reveals skull shape conservatism within Ophthalmosaurinae." *Geological Magazine* 151, no. 1: 60 – 70.

Gielis, Cees. 2011. "Review of the Neotropical species of the family Pterophoridae, part II: Pterophorinae (Oidaematophorini, Pterophorini) (Lepidoptera)." *Zoologische Mededelingen* 85: 589.

Gould, Stephen J. 1980. *The Panda's Thumb: More Reflections in Natural History* (Chapter 16, "Flaws in a Victorian veil"). New York: Norton.

Guthörl, Paul. 1934. "Die Arthropoden aus dem Carbon und Perm des-Saar-

Nahe-Pfalz-Gebietes" [Carboniferous and Permian age arthropods from the Saar-Nahe region]. *Abhandlungen der Preußischen Geologischen Landesanstalt* (N.F.) 164: 1–219.

Hort, Arthur. 1938. *The "Critica Botanica" of Linnaeus*. London: Ray Society.

Menand, Louis. 2001. "Morton, Agassiz, and the origins of scientific racism in the United States." *The Journal of Blacks in Higher Education* 34: 110–113.

Miller, Kelly B., and Quentin D. Wheeler. 2005. "Slime-mold beetles of the genus *Agathidium* Panzer in North and Central America, Part II. Coleoptera: Leiodidae." *Bulletin of the American Museum of Natural History* 291: 1–167.

Reidel, Alexander, and Raden Pramesa Narakusumo. 2019. "One hundred and three new species of *Trigonopterus* weevils from Sulawesi." *ZooKeys* 828: 1–153.

Scheibel, Oskar. 1937. "Ein neuer *Anophthalmus* aus Jugoslawien" [A New Anophthalmus from Yugoslavia]. *Entomologische Blätter* 33, no. 6: 438–440.

## 9장

Ayers, Elaine. 2015. "Richard Spruce and the trials of Victorian bryology." *The Public Domain Review*. October 14, 2015. publicdomainreview.org/2015/10/14/richard-spruce-and-the-trials-of-victorian-bryology/

Gribben, Mary, and John Gribben. 2008. *The Flower Hunters*. Oxford: Oxford University Press. (Chapter 8, "Richard Spruce")

Honigsbaum, Mark. 2003. *The Fever Trail: In Search of the Cure for Malaria*. London: Pan Macmillan.

Seward, M.R.D., and S.M.D. FitzGerald (eds.). 1996. *Richard Spruce (1817–1893): Botanist and Explorer*. London: Royal Botanic Gardens, Kew.

Spruce, Richard. 1861. *Report on the Expedition to Procure Seeds and Plants of the Cinchona succirubra, or Red Bark Tree*. London: Her Majesty's Stationery Office.

———. 1908. *Notes of a Botanist on the Amazon & Andes*, edited by A. R. Wallace. London: MacMillan.

## 10장

Angas, George French. 1849. *The Kafirs Illustrated in a Series of Drawings Taken Among the Amazulu, Amaponda, and Amakosa tribes.* London: J. Hogarth.

Anonymous. 1865. "Malacologie d'Algérie (review)." *American Journal of Malacology* 1, no. 181.

Blunt, Wilfrid. 1971. *The Compleat Naturalist: A Life of Linnaeus,* introduction by William T. Stearn. London: Collins.

Bourguignat, Jules René. 1864. *Malacologie de l'Algerie, ou Histoire Naturelle des Animaux Mollusques Terrestres et Fluviatiles Recueillis jusqu'à ce Jour dans nos Possessions du Nord de l'Afrique* [Malacology of Algeria, or Natural History of Terrestrial and Fluvial Molluscs Collected to this Day in Our Possessions from North Africa]. Paris: Challamel Aîné.

Caleb, John T. D. 2017. "Jumping spiders of the genus *Icius* Simon, 1876 (Araneae: Salticidae) from India, with a description of a new species." *Arthropoda Selecta* 26, no. 4: 323–327.

Cartwright, Oscar Ling. 1967. "Two New Species of *Cartwrightia* from Central and South America (Coleoptera: Scarabaeidae: Aphodiinae)." *Proceedings of the United States National Museum* 124, no. 3632: 1–8.

Dance, S. Peter. 1968. "J. R. Bourgignat's *Malacologie de l'Algérie.*" *Journal of the Society for the Bibliography of Natural History* 5, no. 1: 19–22.

Farber, Paul L. 2000. *Finding Order in Nature: The Naturalist Tradition from Linnaeus to E. O. Wilson.* Baltimore: Johns Hopkins University Press. (Chapter 1, "Collecting, Classifying, and Interpreting Nature," on Linnaeus's vanity)

Hort, Arthur. 1938. *The "Critica Botanica" of Linnaeus.* London: Ray Society.

Jamrach, William. 1875. "On a new species of Indian rhinoceros." Reproduced in *The Rhinoceros in Captivity* by L. C. Rookmaaker. The Hague: SPB Academic Publishing, 1998.

Linnaeus, Carl. 1729. *Spolia Botanica.* Handwritten manuscript. The Linnean Society of London, *The Linnaean Collections online.* http://linnean-online.org/61284/

———. 1730. *Fundamenta Botanica.* Handwritten manuscript. The Linnean Society of London, *The Linnaean Collections Online.* http://linnean-online.org/61328/

Sabine, Joseph. 1818. "An account of a new species of gull lately discovered on the west coast of Greenland." *Transactions of the Linnean Society of*

*London* 12: 520–523.

Sanderson, Ivan Terence. 1937. *Animal Treasure.* New York: Viking Press.

Spangler, Paul J. 1985. "Oscar Ling Cartwright, 1900–1983." *Proceedings of the Entomological Society of Washington* 87, no. 3: 690–692.

Tytler, Robert Christopher. 1864. "Description of a new species of *Paradoxurus* from the Andaman Islands." *Journal of the Asiatic Society of Bengal* 33, no. 294: 188.

Wright, John. 2014. *The Naming of the Shrew: A Curious History of Latin Names.* Bloomsbury Publishing.

## 11장

de la Bédoyère, Camilla. 2005. *No One Loved Gorillas More: Dian Fossey, Letters from the Mist.* Vancouver: Raincoast Books.

Greenbaum, Eli. 2017. *Emerald Labyrinth: A Scientist's Adventures in the Jungles of the Congo.* Lebanon, N.H.: University Press of New England. (Chapter 2, on Rudolf Grauer)

Hayes, Harold T. P. 1990. *The Dark Romance of Dian Fossey.* New York: Simon and Schuster.

Mowat, Farley. 1987. *Virunga: The Passion of Dian Fossey.* Toronto: McClelland and Stewart.

Niemitz, C., A. Nietsch, S. Warter, and Y. Rumpler. 1991. "*Tarsius dianae:* A new primate species from Central Sulawesi (Indonesia)." *Folia Primatologica* 56, no. 2: 105–116.

Schaller, George B. 1963. *The Mountain Gorilla: Ecology and Behaviour.* Chicago: University of Chicago Press.

Shekelle, Myron, Colin P. Groves, Ibnu Maryanto, and Russell A. Mittermeier. 2017. "Two new tarsier species (Tarsiidae, Primates) and the biogeography of Sulawesi, Indonesia." *Primate Conservation* 31: 61–69.

Stapleton, Timothy J. 2017. *A History of Genocide in Africa.* Santa Barbara, Calif.: Praeger.

## 12장

Greuter, Werner. 1976. "The flora of Psara (E. Aegean Islands, Greece)—an annotated catalogue." *Candollea* 31: 191–242.

Gribben, Mary, and John Gribben. 2008. *The Flower Hunters.* Oxford: Oxford

University Press. (Chapter 1, "Carl Linnaeus")

Hort, Arthur. 1938. *The "Critica Botanica" of Linnaeus*. London: Ray Society.

Isberg, O. 1934. *Studien über Lamellibranchiaten des Leptaenakalkes in Dalarna: Beitrag zu einer Orientierung über die Muschelfauna im Ordovicium und Silur* [Studies on Lamellibranchiates of the Leptaena Limestone in Dalarne: Contribution to a Guide to the Mussel Fauna in Ordovician and Silurian periods]. Lund: Häkan Ohlssons Buchdruckerei.

Larson, James L. 1967. "Linnaeus and the natural method." *Isis* 58, no. 3:304 – 320.

Linnaeus, Carl. 1729. *Praeludia Sponsaliorum Plantarum*. Thesis.

Miller, Kelly B., and Quentin D. Wheeler. 2005. "Slime-mold beetles of the genus *Agathidium* Panzer in North and Central America, Part II. Coleoptera: Leiodidae." *Bulletin of the American Museum of Natural History* 291: 1 – 167.

Nazari, Vazrick. 2017. "Review of *Neopalpa Povolný*, 1998 with description of a new species from California and Baja California, Mexico (Lepidoptera, Gelechiidae)." *ZooKeys* 646: 79.

Peterson, O. A. 1905. "Preliminary note on a gigantic mammal from the Loup Fork beds of Nebraska." *Science* 22, no. 555: 211 – 212.

Siegebeck, Johann G. 1736. *Letter to C. Linnaeus, 28 December 1736* (in Latin). Letter. The Linnaean Correspondence. http://linnaeus.c18.net/Letter / L0119.

Sloan, Robert E. 1996. *The Autobiography of Robert Evan Sloan*. Unpublished. https://studylib.net/doc/13045745/autobiography-of-robert-evan-sloan. Accessed July 8, 2017.

Stevens, Peter F. 1994. *The Development of Biological Systematics: Antoine-Laurent de Jussieu, Nature, and the Natural System*. New York: Columbia University Press.

Warburg, Elsa. 1925. "The trilobites of the Leptæna limestone in Dalarne: With a discussion of the zoological position and the classification of the Trilobita." *Bulletin of the Geological Institute of Uppsala* XVII.

## 13장

Beccaloni, George. 2008. "Plants and animals named after Wallace." *The Alfred Russel Wallace Website*. January 12, 2008. http://wallacefund.info /plants-and-animals-named-after-wallace.

Bushnell, Mark. 2017. "A Vermonter's life in plants remembered."
　　*Vermont Daily Digger*, July 2, 2017. https://vtdigger.org/2017/07/02/
　　a-vermonters-life-in-plants-remembered.

Darwin, Charles. 1859. *On the Origin of Species by Means of Natural Selection,
　　or the Preservation of Favoured Races in the Struggle for Life*. London:
　　John Murray.

Miličić, Dragana, Luka Lucˇiʹc, and Sofija Pavkoviʹc-Lucˇiʹc. 2011.
　　"How many Darwins?—List of animal taxa named after Charles Darwin."
　　*Natura Montenegrina* 10, no. 4: 515–532.

Oberprieler, Rolf, Christopher Lyal, Kimberi Pullen, Mario Elgueta, Richard
　　Leschen, and Samuel Brown. 2018. "A Tribute to Guillermo (Willy) Kuschel
　　(1918–2017)." *Diversity* 10, no. 3: 101.

Wulf, Andrea. 2015. *The Invention of Nature: Alexander von Humboldt's New
　　World*. New York: Vintage Books.

## 14장

Araújo, João P. M., Harry C. Evans, Ryan Kepler, and David P. Hughes.
　　2018. "Zombie-ant fungi across continents: 15 new species and new
　　combinations within *Ophiocordyceps*. I. Myrmecophilous hirsutelloid
　　species." *Studies in Mycology* 90: 119–160.

Blunt, Wilfrid. 1971. *The Compleat Naturalist: A Life of Linnaeus*, introduction
　　by William T. Stearn. London: Collins.

Bonaparte, Charles-Lucien Prince. 1854. "Coup d'oeil sur les Pigeons (deuxième
　　parti)" [A glance at the pigeons (part two)]. *Comptes Rendus Hebdomadaires
　　des Séances de l'Académie des Sciences* 39: 1072–1078.

Figueiredo, Estrela, and Gideon F. Smith. 2010. "What's in a name: Epithets in
　　*Aloe* L. (Asphodelaceae) and what to call the next new species." *Bradleya* 28:
　　79–102.

Finsch, Otto. 1902. "Ueber zwei neue Vogelarten von Java" [On two new birds
　　from Java]. *Notes from the Leyden Museum* 23, no. 3: 147–152.

Gross, Rachel E. 2016. "How newly discovered species get their weird names."
　　*Slate*. January 25, 2016. www.slate.com/articles/health_and_science/
　　science/2016/01/how_newly_discovered_species_get_names_from_
　　taxonomists.html.

Haeckel, Ernst. 1899–1904. *Kunstformen der Natur* [Art Forms in Nature].
　　Leipzig: Verlag des Bibliographischen Instituts.

Hamet, M. Raymond. 1912. "Sur un nouveau *Kalanchoe* de la baie de Delagoa" [On a New *Kalanchoe* from Delagoa Bay]. *Repertorium Novarum Specierum Regni Vegetabilis* 11, no. 16–20: 292–294.

Huang, Chih-Wei, Yen-Chen Lee, Si-Min Lin, and Wen-Lung Wu. 2014. "Taxonomic revision of *Aegista subchinensis* (Möllendorff, 1884) (Stylommatophora, Bradybaenidae) and a description of a new species of *Aegista* from eastern Taiwan based on multilocus phylogeny and comparative morphology." *ZooKeys* 445: 31–55.

Lesson, René Primevère. 1839. "Oiseaux rares ou nouveaux de la collection du Docteur Abeillé, à Bordeaux" [Rare or New Birds from Dr. Abeillé's Collection in Bordeaux]. *Revue Zoologique par La Société Cuvierienne* 2: 40–43.

Miller, Kelly B., and Quentin D. Wheeler. 2005. "Slime-mold beetles of the genus *Agathidium* Panzer in North and Central America, Part II. Coleoptera: Leiodidae." *Bulletin of the American Museum of Natural History* 291: 1–167.

Pensoft Editorial Team. 2014. "A new land snail species named for equal marriage rights." *Pensoft blog.* Pensoft. October 13, 2014. https://blog. pensoft.net/2014/10/13/a-new-land-snail-species-named-for-equal-marriage-rights.

Richards, Robert J. 2009a. "The tragic sense of Ernst Haeckel: His scientific and artistic struggles." In *Darwin: Art and the Search for Origins*, edited by Pamela Kort and Max Hollein, 92–103. Frankfurt: Schirn-Kunsthalle Gallery.

———. 2009b. *The Tragic Sense of Life: Ernst Haeckel and the Struggle over Evolutionary Thought.* Chicago: University of Chicago Press. (Especially Chapter 10, "Love in a Time of War")

Velmala, Saara, Leena Myllys, Trevor Goward, Håkon Holien, and Pekka Halonen. 2014. "Taxonomy of *Bryoria* section *Implexae* (Parmeliaceae, Lecanoromycetes) in North America and Europe, based on chemical, morphological and molecular data." *Annales Botanici Fennici* 51, no. 6: 345–371.

## 15장

Ascherson, Paul F. A. 1880. "Ueber die Veränderungen, welche die Blüthenhüllen bei den Arten der Gattung *Homalium* Jacq. nach der

Befruchtung erleiden und die für die Verbreitung der Früchte von Bedeutung zu sein scheinen" [On Variation in Flowers of the Genus *Homalium* Jacq. After Fertilization, and Its Importance for Fruit Distribution]. *Sitzungsberichte der Gesellschaft Naturforschender Freunde zu Berlin* 1880, no. 8: 126 – 133.

Berlin, Brent. 1992. *Ethnobiological Classification: Principles of Categorization of Plants and Animals in Traditional Societies*. Princeton: Princeton University Press.

Clarke, Philip A. 2008. *Aboriginal Plant Collectors: Botanists and Australian Aboriginal People in the Nineteenth Century*. Kenthurst, Australia: Rosenberg.

Doty, Maxwell S. 1978. "*Izziella abbottae*, a new genus and species among the gelatinous Rhodophyta." *Phycologia* 17, no. 1: 33 – 39.

Figueiredo, Estrela, and Gideon F. Smith. 2010. "What's in a name: epithets in *Aloe* L. (Asphodelaceae) and what to call the next new species." *Bradleya* 28: 79 – 102.

Glaskin, K., M. Tonkinson, Y. Musharbash, and V. Burbank (eds.). 2008. *Mortality, Mourning, and Mortuary Practices in Indigenous Australia*. Burlington, Vt.: Ashgate.

Layard, Edgar Leopold. 1854. "V.—Notes on the ornithology of Ceylon, collected during an eight years' residence in the island." *Annals and Magazine of Natural History* 14, no. 79: 57 – 64.

Le Vaillant, François. 1796. *Travels into the Interior Parts of Africa, by Way of the Cape of Good Hope; in the Years 1780, 81, 82, 83, 84, and 85.* Vol. I, 2nd edition. London: G.G. and J. Robinson.

Markle, Douglas F., Todd N. Pearsons, and Debra T. Bills. 1991. "Natural history of *Oregonichthys* (Pisces: Cyprinidae), with a description of a new species from the Umpqua River of Oregon." *Copeia* 1991, no. 2: 277 – 293.

Nicholas, George. 2018. "It's taken thousands of years, but Western science is finally catching up to traditional knowledge." *The Conversation*, February 14, 2018. https://theconversation.com/its-taken-thousands-of-years-but-western-science-is-finally-catching-up-to-traditional-knowledge-90291.

Papa, J. W. 2012. "The Appropriate Use of Te Reo Ma-ori in the Scientific Names of New Species Discovered in Aotearoa New Zealand." M.Sc. thesis, University of Waikato, Hamilton.

Seldon, David S., and Richard A. B. Leschen. 2011. "Revision of the *Mecodema curvidens* species group (Coleoptera: Carabidae: Broscini)." *Zootaxa* 2829: 1–45.

Thornton, Thomas F. 1997. "Anthropological studies of Native American place naming." *American Indian Quarterly* 21, no. 2: 209–228.

van Wyhe, John. 2018. "Wallace's Help: The many people who aided AR Wallace in the Malay Archipelago." *Journal of the Malaysian Branch of the Royal Asiatic Society* 91, no. 1: 41–68.

Whaanga, Hēmi, Judy Wiki Papa, Priscilla Wehi, and Tom Roa. 2013. "The use of the Maori language in species nomenclature." *Journal of Marine and Island Cultures* 2, no. 2: 78–84.

Wood, Hannah M., and Nikolaj Scharff. 2017. "A review of the Madagascan pelican spiders of the genera *Eriauchenius* O. Pickard-Cambridge, 1881 and *Madagascarchaea* gen. n. (Araneae, Archaeidae)." *ZooKeys* 727: 1–96.

## 16장

Ahmed, Javed, Rajashree Khalap, and J. N. Sumukha. 2016. "A new species of dry foliage mimicking *Eriovixia* Archer, 1951 from Central Western Ghats, India (Araneae: Araneidae)." *Indian Journal of Arachnology* 5, no. 1–2: 24–27.

Barbosa, Diego N., and Celso O. Azevedo. 2014. "Revision of the Neotropical *Laelius* (Hymenoptera: Bethylidae) with notes on some Nearctic species." *Zoologia (Curitiba)* 31, no. 3: 285–311.

Butcher, B. Areekul, M. Alex Smith, Mike J. Sharkey, and Donald LJ Quicke. 2012. "A turbo-taxonomic study of Thai *Aleiodes (Aleiodes)* and *Aleiodes (Arcaleiodes)* (Hymenoptera: Braconidae: Rogadinae) based largely on COI barcoded specimens, with rapid descriptions of 179 new species." *Zootaxa* 3457, no. 1: 232.

Hauer, Tomáš, Marketa Bohunicka, and Radka Muehlsteinova. 2013. "*Calochaete gen. nov.* (Cyanobacteria, Nostocales), a new cyanobacterial type from the 'páramo' zone in Costa Rica." *Phytotaxa* 109, no. 1: 36–44.

Heller, John L. 1945. "Classical mythology in the *Systema Naturae* of Linnaeus." *Transactions and Proceedings of the American Philological Association* 76: 333–357.

Mendoza, Jose C. E., and Peter K. L. Ng. 2017. "*Harryplax severus*, a new genus and species of an unusual coral rubble-inhabiting crab from Guam

(Crustacea, Brachyura, Christmaplacidae)." *ZooKeys* 647: 23 – 35.

Moratelli, Ricardo, and Don E. Wilson. 2014. "A new species of *Myotis* (Chiroptera, Vespertilionidae) from Bolivia." *Journal of Mammalogy* 95, no.4: E17 – E25.

Reidel, Alexander, and Raden Pramesa Narakusumo. 2019. "One hundred and three new species of *Trigonopterus* weevils from Sulawesi." *ZooKeys* 828: 1 – 153.

Saunders, Thomas E., and Darren F. Ward. 2017. "A new species of *Lusius* (Hymenoptera: Ichneumonidae) from New Zealand." *New Zealand Entomologist* 40, no. 2: 72 – 78.

## 17장

Anonymous. 2004. "Marjorie Courtenay-Latimer." Obituary. *The Telegraph* (London), May 19, 2004. https://www.telegraph.co.uk/news/obituar ies/1462225/Marjorie-Courtenay-Latimer.html.

Courtenay-Latimer, M. 1979. "My story of the first coelacanth." *Occasional Papers of the California Academy of Science* 134: 6 – 10.

Smith, John L. B. 1939a. "A living fish of Mesozoic type." *Nature* 143, no. 3620: 455 – 456.

———. 1939b. "The living coelacanthid fish from South Africa." *Nature* 143, no. 3627: 748 – 750.

———. 1956. *Old Fourlegs: The Story of the First Coelacanth.* London: Longman, Green.

Thomson, Keith Stewart. 1991. *Living Fossil: The Story of the Coelacanth.* New York: Norton.

Weinberg, Samantha. 2000. *A Fish Caught in Time: The Search for the Coelacanth.* New York: HarperCollins.

Woodward, Arthur Smith. 1940. "The surviving crossopterygian fish, *Latimeria.*" *Nature* 146, no. 3689: 53 – 54.

## 18장

Carbayo, Fernando, and Antonio C. Marques. 2011. "The costs of describing the entire animal kingdom." *Trends in Ecology & Evolution* 26, no. 4: 154 – 155.

Chang, Alicia. 2008. "Immortality all in a name." *The Toronto Star,* July 5, 2008. https://www.thestar.com/life/2008/07/05/immortality_all_in_a_name.html.

Evangelista, Dominic. 2014. "Vengeful taxonomy: Your chance to name a new species of cockroach." *Entomology Today*. The Entomological Society of America. March 20, 2014. entomologytoday.org/2014/03/20/ vengeful-taxonomy-your-chance-to-name-a-new-species-of-cockroach.

Johnson, Kristin. 2012. *Ordering Life: Karl Jordan and the Naturalist Tradition*. Baltimore: Johns Hopkins University Press (see "Conclusion," on biodiversity inventories).

Köhler, Jörn, Frank Glaw, Gonçalo M. Rosa, Philip-Sebastian Gehring, Maciej Pabijan, Franco Andreone, Miguel Vences, and H. L. Darmstadt. 2011. "Two new bright-eyed treefrogs of the genus *Boophis* from Madagascar." *Salamandra* 47, no. 4: 207 – 221.

Montanari, Shaena. 2019. "Taxonomy for Sale to the Highest Bidder." *Undark*, April 10, 2019. https://undark.org/article/nomenclature-auctions-bidder.

Trivedi, Bijal P. 2005. "What's in a species' name? More than $450,000." *Science* 307: 1399.

Wallace, Robert B., Humberto Gómez, Annika Felton, and Adam M. Felton. 2006. "On a new species of titi monkey, genus *Callicebus* Thomas (Primates, Pitheciidae), from western Bolivia with preliminary notes on distribution and abundance." *Primate Conservation* 231, no. 36: 29 – 40.

Wilson, Edward O. 1985. "The biological diversity crisis: A challenge to science." *Issues in Science and Technology* 2: 20 – 29.

## 19장

Alexander, Charles P. 1936. "A new species of *Perlodes* from the White Mountains, New Hampshire (Family Perlidae: Order Plecoptera)." *Bulletin of the Brooklyn Entomological Society* 31: 24 – 27.

———. 1978. "New or little-known Neotropical Tipulidae (Diptera). II." *Transactions of the American Entomological Society* 104, no. 3: 243 – 273.

Alexander, Charles P., and Mabel M. Alexander. 1967. "Family Tanyderidae." Chapter 5 in *A Catalogue of the Diptera of the Americas South of the United States*, 1 – 3. São Paulo: Departamento de Zoologia, Secretaria da Agricultura.

Anonymous. 1874. "Francis Walker." Obituary. *The Entomologist's Monthly Magazine* 11: 140 – 141.

Byers, G. W. 1982. "In memoriam: Charles P. Alexander, 1889 – 1991." *Journal of the Kansas Entomological Society* 55: 409 – 417.

Dahl, C. 1992. "Memories of crane-fly heaven." *Acta Zoologica Cracoviensia* 35, no. 1: 7-9.

Gurney, A. B. 1959. "Charles Paul Alexander." *Fernald Club Yearbook* (Fernald Entomology Club, University of Massachusetts) 28: 1-6.

Knizeski, H. M., Jr. 1979. "Dr. Charles Paul Alexander." *Journal of the New York Entomological Society* 87: 186-188.

Ohl, Michael. 2018. *The Art of Naming.* Translated by Elisabeth Lauffer. Cambridge: MIT Press. (C. P. and Mabel Alexander, pp. 191-195)

Thompson, F. Christian. 1999. "A key to the genera of the flower flies (Diptera: Syrphidae) of the Neotropical Region including descriptions of new genera and species and a glossary of taxonomic terms used." *Contributions on Entomology, International* 3, no. 3: 321-348.

## 맺음말

Barnard, Keppel H. 1956. "Pierre-Antoine Delalande, naturalist, and his Cape visit, 1818-1820." *Quarterly Bulletin of the South African Library* 11, no. 1: 6-10.

Delalande, M. P. 1822. *Précis d'un Voyage au Cap de Bonne Ésperance, Fait par Ordre du Gouvernement* [Summary of a Voyage to the Cape of Good Hope, Made by Government Order]. Paris: A. Belin.

Rasoloarison, Rodin M., Steven M. Goodman, and Jörg U. Ganzhorn. 2000. "Taxonomic revision of mouse lemurs (*Microcebus*) in the western portions of Madagascar." *International Journal of Primatology* 21, no. 6: 963-1019.

# · 찾 아 보 기 ·

## 생물

## 인명, 민족

## 장소, 단체, 기관